Licht und Arbeit

Betrachtungen über Qualität und Quantität des Lichtes und seinen Einfluß auf wirkungsvolles Sehen und rationelle Arbeit

von

M. Luckiesh

Direktor des Forschungslaboratoriums für Beleuchtung der National Lamp Works der General Electric Co.

Deutsche Bearbeitung

von

Ing. Rudolf Lellek

Witkowitz, Č. S. R.

Mit 65 Abbildungen im Text und auf zwei Tafeln sowie einer Farbmustertafel

Berlin

Verlag von Julius Springer

1926

Softcover reprint of the hardcover 1st edition

ISBN 978-3-642-51213-1 ISBN 978-3-642-51332-9 (eBook)
DOI 10.1007/978-3-642-51332-9

Vorwort zur deutschen Bearbeitung.

Es wird kaum einen zweiten Faktor in der täglichen Umgebung des Menschen geben, der so stiefmütterlich behandelt wird wie das Licht. Die wenigsten sind sich dessen bewußt, welch wichtige Lebensnotwendigkeit gerade das Licht für uns bildet; baut sich doch unsere gesamte Tätigkeit, ja unser Sein oder Nichtsein, auf dem Bestehen des Lichtes auf.

Wir brauchen nicht nur Licht, wir brauchen ausreichendes*) und zweckentsprechendes Licht! Aus dieser Erkenntnis heraus hat sich in den jüngsten Jahren ein ganz neuer Zweig der Lichttechnik, die „Lichtwirtschaft", zur Wissenschaft herangebildet. Wir finden in den verschiedensten Staaten beleuchtungstechnische Gesellschaften und Ausschüsse, die sich eifrig mit diesem Problem befassen. Aber auch in den Kreisen der Lichtindustrie hat man sich das Gebiet der „Lichtwirtschaft" zu eigen gemacht und mit einem Aufgebot beträchtlicher Mittel dankenswerte Quellen gemeinnütziger Forschung geschaffen. Ich möchte an dieser Stelle nur auf das von der Osram-Gesellschaft im Januar v. J. in Berlin eröffnete „Lichthaus" hinweisen, wo ständig eine Reihe erster Wissenschaftler forschend und belehrend zu Nutz und Frommen der Allgemeinheit tätig ist.

Genau so wie ich werden auch viele andere, die draußen in der industriellen Praxis täglich und stündlich das Unzureichende unserer herrschenden Beleuchtungsverhältnisse erkennen, das Bedürfnis nach einer Literatur empfunden haben, die uns über den

---

*) Es beträgt z. B. bei uns die mittlere Beleuchtungsintensität, der Wohnungen, die im allgemeinen gewiß reichlicher beleuchtet werden als die industriellen Produktionsbetriebe, nur etwa die Hälfte der in Amerika üblichen; aber auch die Beleuchtung der amerikanischen Wohnungen erreicht im Durchschnitt heute erst $^2/_5$ der erwünschten Norm.

Zusammenhang „Licht und Arbeit“ ein umfassendes, auf wissenschaftlicher Forschung aufgebautes Bild gibt. Wir besitzen gute Zeitschriften auf diesem Gebiet (z. B. „Licht und Lampe“, das offizielle Organ der deutschen beleuchtungstechnischen Gesellschaft in Berlin, oder „Die Lichttechnik“, offizielles Organ der österreichischen lichttechnischen Gesellschaft in Wien) und eine ganze Reihe von Einzelveröffentlichungen führender Beleuchtungsfachleute.

M. Luckiesh, der Direktor des Forschungslaboratoriums für Beleuchtung der National Lamp Works der General Electric Co., hat in seinem 1924 erschienenen Buch „Light and Work“ alles das zusammengetragen, was unsere amerikanischen Berufskollegen auf dem Gebiete der Lichtwirtschaft im Zusammenhang von „Licht und Arbeit“ interessiert. Dieses Buch dem deutschsprechenden Europäer zugänglich zu machen und dem Industrieingenieur sowie dem Erbauer von Lichtanlagen ein reichliches Unterlagenmaterial in die Hand zu geben, war Zweck dieser unter dankenswerter Hilfe von I. M. Witte, Berlin, entstandenen Arbeit. Aber auch die Benutzer der Lichtanlagen, die Fabrikanten und Geschäftsmänner werden so manches Wertvolle über das nachlesen können, was sie von einer rationellen Beleuchtung zu erwarten haben.

Es wird vielleicht einiges in diesem Buch geben, das wir anders zu sehen gewohnt sind. Dabei ist aber stets zu bedenken, daß es in amerikanischem Geist und für amerikanische Verhältnisse geschrieben worden ist. Obwohl die deutsche Ausgabe gegenüber dem Original etwas straffer zusammengefaßt wurde, habe ich mich indessen nicht für berufen gefühlt, gedanklich daran etwas zu ändern oder zu streichen. Der große praktische Wert des Buches ist nicht zu leugnen, und das sei seine einzige und beste Empfehlung.

Zur Einführung in die deutsche Bearbeitung sei über die Terminologie der lichttechnischen Begriffe und Einheiten kurz folgendes gesagt:

Die Internationalisierungsbestrebungen auf dem Gebiete der technischen Einheiten sind noch nicht so weit fortgeschritten, um der ganzen wissenschaftlichen Welt eine einheitliche und eindeutige Definition der verschiedenen technischen Einheiten und Begriffe zu geben. Auch im Bereiche der Lichttechnik werden wir bei den einzelnen Ländern Einheiten und Begriffsauslegungen finden, die voneinander mehr oder weniger abweichen.

So liegt z. B. in dem Begriff Licht (Light) beim Amerikaner dreierlei Auslegung. Einmal ist es die übliche Sehempfindung, die wir haben, wenn strahlende Energie (radiant flux) bestimmter Wellenlängen in ausreichender Intensität und durch genügend lange Zeit die Netzhaut unseres Auges trifft. Die gleiche Auslegung finden wir aber auch für den Lichtstrom (luminous flux), der diese Sehempfindung erzeugt. Es wird aber das Wort Licht (ultraviolettes Licht) auch gebraucht, um die strahlende Energie der Wellenlängen des unsichtbaren Spektrums zu bezeichnen.

Lumen ist die Einheit für den Lichtstrom. Es ist jener Lichtstrom, der von einer punktförmigen Lichtquelle in der Stärke einer internationalen Kerze pro Raumwinkeleinheit gleichförmig ausgestrahlt wird. Lichtmenge = Lichtstrom × Zeit; die Einheit der Lichtmenge ist die Lumenstunde.

Die Lichtstärke ist der Lichtstrom, der von einer punktförmigen Lichtquelle pro Raumwinkeleinheit nach irgendeiner Richtung ausgestrahlt wird. Eine Lichtquelle kann dann als punktförmig angesehen werden, wenn ihre räumlichen Abmessungen im Vergleiche zu der Entfernung, aus der sie beobachtet wird, vernachlässigbar sind.

Kerzenstärke (Candle power) ist die in Kerzen ausgedrückte Lichtstärke; die Einheit ist die internationale Kerze (International candle), wie sie von Frankreich, England und Amerika im Jahre 1909 gemeinsam genormt wurde. — Auch für die Č.S.R. gilt laut den Vorschriften und Normen 1923 des tschechoslowakischen elektrotechnischen Verbandes die internationale Kerze als Einheit der Lichtstärke. — Die vorwiegend in Deutschland übliche Einheit der Lichtstärke, die Hefnerkerze (HK), entspricht 0,9 internationalen Kerzen.

Die Beleuchtungsstärke oder Beleuchtungsintensität (Illumination) einer gleichförmig beleuchteten Fläche ist gleich dem einfallenden Lichtstrom dividiert durch den Flächeninhalt dieser Fläche. Die Einheit ist das Lux; es ist die Beleuchtungsintensität einer Fläche von 1 m², die durch den Lichtstrom von 1 Lumen gleichmäßig beleuchtet wird, oder die Beleuchtungsintensität einer kugeligen Raumfläche von 1 m Radius, die durch eine im Mittelpunkt der Kugel befindliche internationale Kerze erzeugt wird. — Wird als Längeneinheit der Fuß (= 305 mm) gewählt, so erhalten wir als Einheit der Beleuchtungsstärke die Fußkerze (Foot-candle), d. i. 1 Lumen pro Quadratfuß. Wird das Zentimeter als Längeneinheit zugrunde gelegt, ergibt sich als Einheit der Beleuchtungsstärke das Phot = 1 Lumen pro Quadratmeter.

1 Fußkerze (FK) = 10,764 Lux = 1,0764 Milliphot.

Die Helligkeit oder Leuchtdichte (Brightness) einer lichtstrahlenden Fläche ist der Quotient aus der Lichtstärke geteilt durch die Projektion dieser Fläche auf eine Ebene, die sich senkrecht zur gegebenen Beobachtungsrichtung befindet; sie wird in internationalen Kerzen pro Flächeneinheit ausgedrückt oder auch in Lumen pro Flächeneinheit. Die von 1 Lumen pro Quadratzentimeter einer Fläche ausgesandte mittlere Helligkeit heißt 1 Lambert; es ist auch die gleichmäßige Helligkeit einer vollkommen streuenden Fläche, die 1 Lumen pro Quadratzentimeter dieser Fläche aussendet oder reflektiert (s. hierzu die Beziehungen auf S. 97).

Der Lichtwirkungsgrad (Luminous efficiency) der Strahlung einer Lichtquelle ist das Verhältnis ihres Lichtstromes zum Strahlungsstrom und wird gewöhnlich in Lumen pro Watt der Strahlung angegeben. Nicht zu verwechseln damit ist der Wirkungsgrad einer Lichtquelle (efficiency of a source), d. i. das Verhältnis des gesamten Lichtstromes zur gesamten aufgenommenen Leistung, der bei Glühlampen in Lumen pro Watt ausgedrückt wird.

Eine ausführliche Terminologie der amerikanischen lichttechnischen Begriffe und Einheiten, wie sie vom American Engineering Standards Committee im April 1925 angenommen wurde, findet sich in „Licht und Lampe", Berlin 1926, H. 2, S. 42 und in „Lichttechnik", Wien 1926, H. 3, S. 23.

Witkowitz, Č.S.R., im Sommer 1926.

Ing. Rudolf Lellek.

Vorwort des amerikanischen Verfassers.

Der große Fortschritt der letzten Jahrhunderte in der Erzeugung und Ausnutzung künstlichen Lichtes läßt vielleicht zum ersten Male in der Menschheitsgeschichte die berechtigte Hoffnung aufkommen, daß wir in nicht ferner Zukunft ideale Beleuchtungsverhältnisse haben werden. In den vorangegangenen unzähligen Jahrhunderten mußte sich die Menschheit bei hereinbrechender Dunkelheit mit sehr beschränkten Möglichkeiten des Lichtes zufrieden geben; es ist noch nicht zwanzig Jahre her, seitdem die künstliche Beleuchtung sich bemüht, ein gewichtiger Konkurrent des natürlichen Lichtes in geschlossenen Räumen zu werden. Heute können wir sagen, daß diese Konkurrenz nicht nur hinsichtlich der Kosten, sondern auch vom Standpunkt der Stetigkeit und Gleichmäßigkeit ernst zu nehmen ist.

Die ständige Verbilligung des künstlichen Lichtes macht es uns möglich, in immer steigendem Maße die Qualität des Tageslichtes nachzuahmen und wünschenswerte Beleuchtungsintensitäten zu schaffen.

Die im vorliegenden Buch gemachten Ausführungen hätten vor etwa zwanzig Jahren nur ein gewisses wissenschaftliches Interesse besessen, heute sind sie von hohem praktischen Wert. Die Erkenntnis der Anwendungsmöglichkeiten des künstlichen Lichtes hat unser Interesse an Licht, Farbe und Sehen wachgerufen und auf dem Wege der Forschung, sowohl im Laboratorium als auch in der Praxis, wertvolle Ergebnisse gezeitigt, die durch eine entsprechende Interpretation von höchstem praktischen Nutzen sind. Allerdings gibt es noch viele Fragen auf diesem Gebiete, die einer Beantwortung harren: je mehr wir uns in ein Wissen vertiefen, um so mehr wollen wir wissen!

Qualität ist die Grundlage des Lichtes und Quantität die Grundlage der Beleuchtung. Diese beiden Faktoren sollen bei den nachfolgenden Erörterungen immer vor Augen gehalten werden. Nicht die Konstruktion von Beleuchtungskörpern steht hier zur Erörterung; Zweck des Buches ist es, für den Entwurf und die Benutzung von Beleuchtungskörpern grundsätzliche Unterlagen zu geben.

Den Ausgangspunkt bildet das natürliche Tageslicht im Freien, das in der Entwicklungs- und Anpassungsperiode des Menschen an seine Umgebung ein machtvoller Faktor war. Als nächstes wird das natürliche Tageslicht als Raumbeleuchtung besprochen. Das künstliche Licht wird vom Gesichtspunkt der Qualität, Quantität und Kosten behandelt. Grundsätzliches über das Sehen und die Sehfunktionen wird mit dem Ziel: zweckentsprechendes Sehen, erörtert. Eine Besprechung der Zeitelemente des Sehens führt zur Untersuchung des Einflusses der Beleuchtungsintensität auf die Produktion. Es wird versucht, die Grenzen der zweckentsprechendsten Beleuchtungsintensität und die beste Qualität des Lichtes vom Standpunkt eines wirkungsvollen Sehens bei der Arbeit festzulegen. Das alles zeitigt überraschende Schlußfolgerungen bezüglich der Wirtschaftlichkeit ausreichender und zweckentsprechender Beleuchtung und über den Umfang des künstlichen Lichtes, den wir uns heute schaffen können. Es wird der Hoffnung Raum gegeben, daß sich das Buch für den Beleuchtungsfachmann, für den Angestellten und Arbeiter und für jene, die an dem Problem „Beleuchtung" vom Standpunkt der Sicherheit, der Leistungsfähigkeit, der Produktion und der Zufriedenheit des Menschen interessiert sind, als eine gewisse Hilfe erweisen wird.

M. Luckiesh.

Inhaltsverzeichnis.

I. Licht und Leben.

Von dem Augenblick an, wo der primitive Mensch eigene Möglichkeiten in sich fühlte, den Fügungen seiner Umgebung zu widerstehen, war und ist er bemüht, für sich und seine Nachkommen eine künstliche Welt aufzubauen. Ständig ist er daran, die Geheimnisse der Natur zu erforschen und sie seinen Zwecken dienlich zu machen. Daß der Mensch ein Geschöpf der Natur ist und von ihren Gesetzen abhängig bleibt, ist wohl eine unumstößliche Erkenntnis; trotzdem müßte er auf Grund der Kenntnis dieser Gesetze und der durch die natürliche Umgebung empfangenen Eindrücke imstande sein, sich eine bessere Umwelt zurechtzuzimmern, als sie ihm die Natur von Anfang an zugewiesen hat.

Es ist nicht Aufgabe dieser Schrift, zu untersuchen, ob dieses Bemühen die Menschheit als solche weiter entwickelt oder degeneriert. Jedes fundamentale Element der Naturwelt bildet für uns ein ungeheures Problem. Licht und sein Gefolge — Farbe, Beleuchtung und Sehen — sowie deren Einfluß auf die Tätigkeit des zivilisierten Menschen sind die ersten Probleme in diesem künstlichen Weltbau. Die Menschheit entwickelte sich aus einer Umgebung, in der eine ausreichende Beleuchtung durch ein besonderes Licht genau so ein Faktor war wie „Luft, Erde und Wasser" und es auch heute noch ist. Der Ausbau von Wohnstätten hatte eine Ein- bzw. Beschränkung des Tageslichtes zur Folge, und der Mensch war gezwungen, künstliche Beleuchtung dort zu schaffen, wo das natürliche Licht nicht mehr hingelangte oder zeitlich aufhörte.

In dem Bemühen, für die Dunkelheit „ein Licht zu schaffen", finden wir den Menschen dabei, die Kunst des künstlichen Lichtes zu entwickeln, und zwar mit der Dunkelheit beginnend, die soweit von jenen ungeheuren Lichtintensitäten entfernt ist, die ihn und seine physiologischen sowie psychologischen Eigenschaften werden ließen. Wie groß mag die Ekstase gewesen sein, als dieses Bemühen den ersten Erfolg zeitigte! Und doch ist bis heute wenig mehr im Vergleich zur natürlichen Beleuchtung geschaffen worden, als die Dunkelheit in der Umgebung unserer Lichtquellen etwas zu zerstreuen. Da der Mensch aber nunmehr in der Lage ist, hier und da etwas zu sehen, fährt er in seiner Tagesarbeit fort, in der Meinung, eine ausreichende Beleuchtung von richtiger Beschaffenheit erzielt zu haben. Nur schwach kommt es ihm zum Bewußtsein, daß er die Dunkelheit durch ein Medium des Lichtes zerstreut; er ist sich nicht voll der Tatsache bewußt, daß eine künstliche Beleuchtung, die sich auf den Grundgesetzen des natürlichen Lichtes aufbaut und wünschenswerte Verbesserungen der natürlichen Beleuchtung hinzunimmt, seine Bemühungen in wirkungsvollster und angenehmster Weise ergänzt.

Da fast sämtliche Errungenschaften der Menschheit vor allem vom Sehen abhängig sind, ist der wirtschaftliche Wert dieser Bestrebungen, in denen die Sehvorgänge eine wichtige und notwendige Rolle spielen und die auf eine Verbesserung unserer heutigen künstlichen Beleuchtung hinzielen, ein ungeheurer. Es ist vor allem notwendig, sich voll ins Bewußtsein zu rufen, daß die bloße Tatsache des Lichtes und zufälliger Beleuchtung wohl die Dunkelheit bannen kann, nicht aber die besten und zweckmäßigsten Beleuchtungsverhältnisse schafft, die in unserem heutigen frühen Stadium ein Loslösen von den natürlichen Bedingungen oder ihre Verbesserung ermöglicht. Es ist daher Zweck dieses Buches, natürliche Beleuchtung zu analysieren, ihre wichtigsten Grundregeln festzulegen, Verbesserungen vorzuschlagen, die Beziehungen zwischen Beleuchtung und Sehen aufzudecken und die wirtschaftlichen Möglichkeiten entsprechender und ausreichender Beleuchtung zur Förderung der Sicherheit, Leistungsfähigkeit und Zufriedenheit der Menschheit zu zeigen.

Umgebung.

Eine Betrachtung der umgebenden Verhältnisse, aus denen die Menschheit hervorging, gibt uns eine annähernde Vorstellung von der Macht des Lichtes bzw. von den Möglichkeiten einer neuzeitigen Beleuchtung. Das Licht, oder allgemeiner gesagt, die Ausstrahlung der Sonne, ist einer der allerwichtigsten dieser Umgebungsfaktoren; Qualität und Quantität des Sonnenlichtes waren bestimmend für die Ausbildung der Gesichtsorgane; in der Entwicklung des menschlichen Körpers bildete sich die Physiognomie in einer Weise, um dem Einfluß dieses herrschenden Lichtes am besten entsprechen zu können. Es traten die Augenbrauen hervor, um die Augen vor den bestehenden Lichtquellen — Sonne und Himmel — zu schützen.

Aus jener Entwicklungszeit des Menschen ist auch das Empfinden über die Verteilung der Helligkeit zurückgeblieben; eine „natürliche" Verteilung der Helligkeit ist eine verhältnismäßig geringere Helligkeit unterhalb des Horizonts im Vergleiche zu jener im oberen Teil des Gesichtsfeldes, oder mit anderen Worten: der Himmel erscheint uns von den großen Flächen als das Hellste und ist auch unseren Augen das Angenehmste. Aber auch die Sonne muß als eine unmittelbare Lichtquelle angesehen werden, deren Wirkung von dauerndem Einfluß auf das Menschengeschlecht war.

Die Jahrtausende währende Adaptation an diese Einflüsse hat uns zu dem werden lassen, was wir heute sind. Die psychologischen Spuren dieser Einflüsse wären vielleicht am ehesten einer Änderung zugänglich; sicher ist aber anzunehmen, daß die physiologischen Faktoren des Sehens abermals Jahrtausende langer Anpassung an eine andere Umgebung erfordern würden — es würde z. B. die Anpassung an eine veränderte Stellung der vorherrschenden Lichtquellen sehr lange Zeitläufe beanspruchen, um die Stellung der unsere Augen schützenden Augenbrauen zu verändern. Die Auffangflächen des menschlichen Auges haben sich darauf eingerichtet, bestimmte Wellenlängen von Ausstrahlungen und bestimmte Lichtintensitäten sowie aber auch noch andere Faktoren aufzunehmen, über die im Verlaufe dieser Schrift näher gesprochen werden soll.

Wollen wir aus den Beleuchtungsquellen und den Menschen das Beste herausholen, dann dürfen wir alle diese Faktoren, denen wir die Ausbildung unserer Sinnesorgane verdanken, nicht außer acht lassen. Und trotzdem werden sie fast gänzlich außer acht gelassen! Welche Gedanken werden bis nun an all den Stätten, wo gearbeitet wird, diesen Fragen gewidmet, wer fragt heute nach der Bedeutung des Lichts, insbesondere nach einer geeigneten und ausreichenden Beleuchtung? Sogar jene, die dazu berufen sind, ein gutes Licht zu schaffen, vergessen nur zu leicht den Zusammenhang zwischen den zu schaffenden Beleuchtungsverhältnissen und jenen, die die Natur uns gab.

In unserer heutigen schnellebigen Zeit sind wir mehr denn je vom künstlichen Licht abhängig. Die nachfolgenden Abschnitte sollen einen Überblick über die Beleuchtungsverhältnisse geben, denen sich unser Auge, unser Körper und unser Geist im Laufe der Zeiten anpassen mußte, und die wir bei der Schaffung künstlichen Lichtes berücksichtigen müssen. Vorher sollen aber kurz einige Grundsätze erörtert werden.

Lebewesen.

Das Licht ist einer der Grundpfeiler des Universums und für die meisten Lebensarten ebenso wichtig wie für das Sehen. Es ist eines der wichtigsten Stoffe, aus denen der Mechanismus der Welt geschaffen und belebt ist. Blicken wir in jene geologische Entwicklungsperiode zurück, in der die Erde noch dampfte, so müssen wir feststellen, daß die Dunkelheit die gleichen Chancen hatte wie das Licht. Jene ergab sich aber dem Lichte als einer gewaltigen, belebenden Kraft und von da ab ist die Dunkelheit die Zeitspanne allgemeiner Ruhe.

In einem dunklen Keller oder in einer Höhle entwickelt sich das Leben ganz anders als im Licht. Das Pflanzenleben ist geisterhaft, zart und unwirklich. Das Tierleben ist unansehnlich, abstoßend. Die Vögel schlafen zur Nachtzeit, nur der Spottvogel macht sich bemerkbar, sonst ist aber die Nacht nur den Eulen und Fledermäusen überlassen. Das Raubtier ist auch in der Dunkelheit tätig — die Betätigung der Raubtierinstinkte sucht den Schutz der Dunkelheit. Nur die Schwachen oder Unheilstiftenden betätigen sich unter dem Schutz der Dunkelheit. Selbstverständlich wird sich auch der Mensch an eine beschränkte Tätigkeit im Dunkeln gewöhnen können. Ein Beweis dafür ist uns der Blinde; aber sein tastender Weg sagt uns, daß ihm die Sicherheit und das Selbstvertrauen fehlen, die uns das Licht gibt.

Allenthalben spüren wir den lebenspendenden Wert des Lichtes. Das meiste Licht braucht die Pflanze, sie braucht mehr Licht als Tier und Mensch, ungefähr hundertmal mehr als wir es in der Intensität unserer normalen künstlichen Lichtquellen finden. Auch im gut beleuchteten Raum wächst die Pflanze dem Fenster zu, sie ist ans Licht im Freien gewöhnt und wird unter der Einschränkung des Lichtes, das der Mensch für sich schuf, fahl und müde.

Der primitive Mensch.

War es gut oder schlecht, daß die Menschheit Kleidung anlegte und Wohnstätten bezog? Die Vorfahren unserer Zivilisation waren danach geschaffen, die im Freien herrschenden großen Lichtintensitäten auszuhalten. Die primitive Rasse, die auch heute noch unter diesen Verhältnissen lebt, würde eine plötzliche Verpflanzung in unsere Lebensgewohnheiten kaum aushalten. Nur allmählich, mit einer wachsenden Erkenntnis, mit vermehrtem Wissen war dieser Übergang möglich; es war notwendig, gewissermaßen für die Sonne Ersatz zu schaffen. Vermöge ihrer Intelligenz schenkt die Zivilisation sanitären Fragen und persönlicher Hygiene eine gewisse Beachtung; wenn es auch vielleicht nicht immer in ausreichendem Maße geschieht, so geschieht es weit intensiver, als es z. B. der Wilde tun würde, wenn die Sonne plötzlich nicht mehr in dem gewohnten Maße an seinen Körper, seine Wunden oder an seine nur geringe Bekleidung heran könnte. Nehmt dem Wilden die Sonne, und er hört auf zu leben!

Aber trotzdem können unsere Kenntnisse physiologische und psychologische Gesetze und Vorgänge, die das Produkt langer Evolutionen sind, nicht in kurzer Zeit ändern. Das Auge, das sich daran gewöhnte, die größten und schwierigsten Arbeiten im Freien auszuführen, wird unter geringer Beleuchtung ermüden und versagen. Wir müssen daher Beleuchtungsarten, die sich vom Tageslicht, insbesondere vom Sonnenlicht stark unterscheiden und zur Vornahme lang andauernder Arbeiten dienen sollen, genau untersuchen. Auch die psychologischen Auswirkungen derart radikal geänderter Beleuchtungsverhältnisse sind eines Studiums wert. Der Mensch entringt der Natur ihre Geheimnisse und baut sich damit eine künstliche Welt; er hat auch ein Recht dazu, die Natur zu verbessern. Solange er aber nicht davon überzeugt ist, etwas Gleiches oder gar Besseres geschaffen zu haben, ist und bleibt die Natur das Sicherste.

In den Jahrtausenden der Entwicklung, in denen die Menschheit nichts von den physikalischen Gesetzen der Welt wußte, war ihre Entwicklung hilflos und unbewußt, lediglich auf die von ihr und ihren Vorfahren gemachten Erfahrungen gestützt. Erst in den jüngsten Jahrhunderten setzt die experimentelle Forschung ein, und man kann ruhig sagen, daß diese erst in ihrem Anfangsstadium steht. Wir begegnen einer überwältigenden Zahl von

Fragen, die zu beantworten wir nicht imstande sind. Zweifelsohne wissen wir über die physikalischen Phänomene mehr als über die physiologischen und psychologischen Äußerungen des Lebens. Ganz besonders trifft das aber beim Licht und bei der Strahlung im allgemeinen zu.

Licht.

Beim Licht haben wir zunächst die physikalische Energie, von der wir als Strahlung oder strahlende Energie sprechen, zu unterscheiden. Die Energie der Sonne, die wir als Sonnenstrahlung bezeichnen, geht nach allen Richtungen im Raume und wird zum Teil von unserer Erde aufgefangen, wo sie teilweise absorbiert und in Wärme umgewandelt wird. Ein anderer Teil dieser Strahlung wirkt keimtötend, ein weiterer wachstumfördernd, und schließlich wird ein Teil vom Auge aufgefangen und führt zu einer Empfindung von Licht. Es gibt sehr viele interessante Wirkungen der Sonnenstrahlung; wir sind hier vor allem aber am Menschen und an den Wirkungen des Lichtes mit seinen Begleiterscheinungen interessiert (s. Abb. 1).

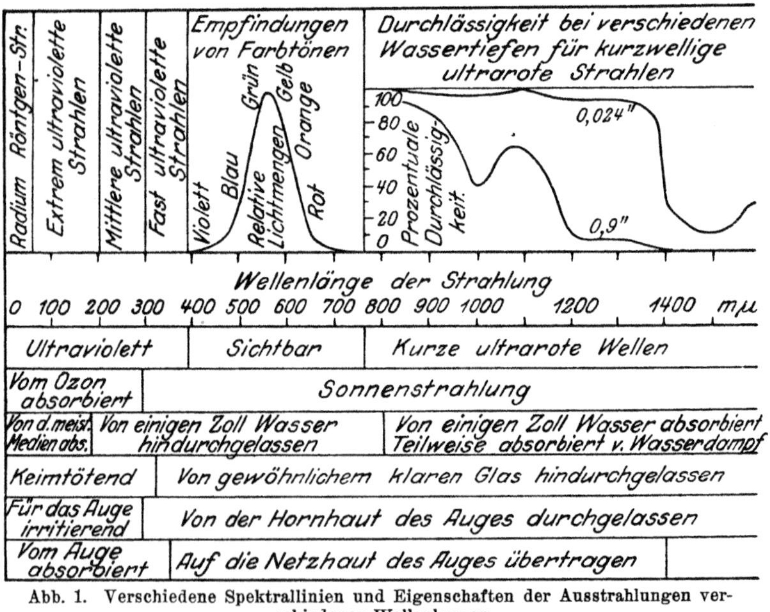

Abb. 1. Verschiedene Spektrallinien und Eigenschaften der Ausstrahlungen verschiedener Wellenlangen.

Die strahlende Energie der Sonne besteht aus vielen Wellenlängen, die sich mit Hilfe von Prismen oder anderen Vorrichtungen entsprechend unterteilen lassen; das Auge reagiert nur auf einen bestimmten Teil der Wellenlängen. Diese strahlende Energie ist eine elektromagnetische Ausstrahlung, die sich nur durch die Wellenlänge von jener unterscheidet, die in der drahtlosen Telegraphie oder im „Radio" benutzt wird. Strahlen verschiedener Wellenlängen, auf die unsere Gesichtsorgane reagieren, erzeugen Farbempfindungen [1])*). Die Empfindung von violett wird durch die kürzeste Welle erzeugt; dieses Farbempfinden ändert sich progressiv mit steigender Wellenlänge und geht durch blau, grün, gelb, orange und rot hindurch; das sind aber nur jene Farben, die kraß unterschieden werden können, theoretisch gibt es diese Trennung nicht. Wir haben ebenso viele Farben, als es innerhalb des Empfindungsbereiches des Auges Wellen verschiedener Länge gibt. Praktisch können wir aber nur etwa 125 dieser Farbentöne unterscheiden. Nimmt ein normales Auge alle diese Strahlungen gleichzeitig auf und etwa in dem gleichen Maße, als sie von der Sonne um die Mittagszeit an einem klaren Tage ausgehen, so gibt diese Kombination aller Farbtöne das Empfinden von annäherndem Weiß. Diese Feststellung ist für unsere weiteren Ausführungen von größter Wichtigkeit.

Entwicklung des Auges.

Es lohnt sich, einen Augenblick bei einer interessanten Tatsache zu verweilen. Wir haben das sichtbare Spektrum oder jenen Bereich der Strahlung erörtert, dessen Wellenlängen von unseren Gesichtsorganen in eine Empfindung von Farbe und Licht umgewandelt werden. Eine Untersuchung der Mittagstrahlen, die von der Sonne die Erde erreichen, zeigt, daß diese größtenteils Wellenlängen haben, die die Empfindung von gelb-grün auslösen. Eine weitere Untersuchung des Auges zeigt, daß dieses gegenüber der Empfindung gelb-grün am sensibelsten ist. Schaffen wir also ein normales sichtbares Spektrum, in dem alle sichtbaren Wellenlängen mit gleicher Energiemenge verteilt sind, dann stellt es sich heraus, daß das Spektrum in seinem gelb-grünen Teil am hellsten ist

*) s. die im Anhang angeführten Literaturquellen.

An sich ist das nicht verwunderlich, da das menschliche Auge das Ergebnis einer Entwicklung von unzähligen Zeitaltern ist, in denen der herrschende Umgebungsfaktor das Sonnenlicht war. Der Entwicklungsprozeß des Tieres vollzieht sich in einer anderen Umgebung, zeigt also auch andersgeartete Charakteristiken. Wassertiefen sind in ihrer Farbe blaugrün, es wird also nur ein Licht dieser Farbe in die Tiefe vordringen. Das Auge der Fische, die in dieser Tiefe leben, ist in seinem Sehbereich in bezug auf Farbe dem Menschen gegenüber beschränkt. In Höhlen oder Meerestiefen, die also außerhalb des Bereiches der Sonnenstrahlung liegen, finden wir die vorhandenen Lebewesen entweder ohne oder nur mit sehr mangelhaft ausgebildeten Sehorganen.

Strahlende Energie oder Ausstrahlung.

Jene Strahlen, auf die das Auge reagiert und als Helligkeiten oder Farbentöne (oder Farben) empfindet, können wir als sichtbare Strahlen und ihre Wirkung auf unseren Gesichtssinn als Licht bezeichnen. Diese wie ein Regenbogen beschaffene Farbenserie nennen wir das sichtbare Spektrum. Neben diesem finden wir in der Sonne oder in anderen strahlenden Energiequellen unsichtbare Ausstrahlungen verschiedener Wellenlänge. Den Bereich jener Strahlen, deren Wellenlänge größer ist als die Empfindung von rot, nennen wir ultrarote Strahlung, der Bereich jener Wellenlängen, die unter der Empfindung violett liegt, wird ultraviolette Strahlung[2]) genannt.

Wir vereinfachen und erweitern zugleich unsere Vorstellung von der strahlenden Energie, wenn wir das Auge als einen jener vielen „Empfänger“ ansehen, die sich in bezug auf die Wellenlängen, auf die sie ansprechen, unterscheiden. So z. B. reagiert die photographische Platte auf blaue und violette, auch auf viele ultraviolette Wellen. Die Pflanzen absorbieren Strahlen verschiedener Wellenlänge. Viele photo-chemische Reaktionen werden durch Strahlung bestimmter Wellenlängen, die ihnen eigen ist, hervorgerufen. Die Absorption strahlender Energie zeitigt stets irgendein Ergebnis, z. B. eine chemische Reaktion oder eine Temperatursteigerung.

Die unsichtbare Strahlung, ist vom Standpunkt des Lichtes betrachtet, nicht von primärer Bedeutung, muß aber in Verbindung mit der natürlichen Beleuchtung berücksichtigt werden, da sie ein Teil jener Umgebung ist, unter der sich das Leben bis heute entwickelt hat. Wir finden sie auch als Begleiter der sichtbaren Strahlung künstlicher Quellen, wo sie vom Standpunkt der Lichtproduktion als eine Verschwendung und Unzweckmäßigkeit bezeichnet werden muß. Ihre Anwendung finden wir aber andererseits in vielen chemischen Reaktionen, in der Therapie, Sterilisation[2]) usw. Wir wissen indessen weniger von ihr als von den sichtbaren Lichtstrahlen; unser Hauptinteresse an den unsichtbaren Strahlen wurzelt in der sicheren Annahme, daß der Mensch jenen, die in der Sonnenstrahlung liegen, angepaßt ist bzw. angepaßt war, ehe er sein Leben in geschlossene Räume verlegte. Die Abb. 1 gibt uns mit der zugehörigen Tabelle 1 zunächst einen maßstäblichen Überblick über die Wellenlängen der ultravioletten, der sichtbaren und der nahen ultraroten Strahlung. Wir sehen den Wellenbereich jener Strahlen, die durch Quarz, Wasser und gewöhnliche Gläser hindurchgehen, den Wellenbereich der Sonnenstrahlen, die bis zu unserer Erde gelangen, sowie den Wellenbereich der keimtötenden Strahlen. Ferner sehen wir die relative Sichtbarkeit des sichtbaren Spektrums und die hierdurch hervorgerufenen Farbempfindungen. Die gegebenen Grenzen sind approximativ, sie lassen sich im allgemeinen nicht genau bestimmen. Die ultrarote Strahlung setzt sich, wie die in der Abbildung offen gelassene rechte Seite andeutet, noch weiter fort; doch ist dieser Bereich für uns von minderem Interesse. Ungenaue Beschreibungen, wie „aktine“ oder „chemische“ Strahlen sind absichtlich vermieden; wenn nicht alle, so besitzen doch die meisten Strahlen irgendwelche chemische Wirkungen.

Tabelle 1. Einige Daten, die sich auf Strahlung beziehen (s. auch Abb. 1).

Wellenlänge in mμ	
... — 200	Extreme ultraviolette Strahlung. Von fast allen Medien absorbiert.
200 — 300	Mittlere ultraviolette Strahlung. Von Quarz und Wasser durchgelassen. Von gewöhnlichen Gläsern und Ozon absorbiert. Zerstört tierische Gewebe. Zerstört Keime.

Tabelle 1 (Fortsetzung).

Wellenlänge in mμ	
290 ...	Approximative Grenze der kurzen Wellen der Sonnenausstrahlung zur Erde. Die Strahlen kürzerer Wellenlängen werden wahrscheinlich vom Ozon in der oberen Atmosphäre absorbiert.
310 ...	Approximative Grenze der langen Wellen mit keimtötender Wirkung.
300—400	Nahe der ultravioletten Strahlung. Von Quarz, Wasser und gewöhnlichen Gläsern hindurchgelassen.
390—760	Sichtbare Ausstrahlungen oder solche, die ein Empfinden von Licht und Farbe erzeugen, und zwar
390—430	Violette Region.
430—470	Blaue Region.
470—500	Blau-grüne Region.
500—530	Grüne Region.
530—560	Gelb-grüne Region.
560—590	Gelbe Region.
590—620	Orange Region.
620—760	Rote Region.
460 ...	Maximalenergie der blauen Himmelsstrahlung.
555 ...	Maximale Sensitivität des Auges.
555 (approx.)	Maximale Energie der Sonnenausstrahlung.
760 bis ...	Ultrarote Strahlen. Von dicken Schichten des Wassers absorbiert. Teilweise absorbiert vom Wasserdampf der Atmosphäre.

Biologische Wirkungen der Strahlung.

Allmähliche Beobachtung des Tageslichtes führte den Menschen zur Erkenntnis jener Bedingungen, die ihm von der Natur aus für seine Entwicklung gegeben waren. Auch der Wilde von heute kennt die heilende Wirkung der Sonnenstrahlen, er weiß, daß sie das Wasser für ihn genießbar machen. Er weiß aber nichts vom Keimen, er weiß nichts von Therapie, nur instinktmäßig und unbewußt nutzt er die wohltätige Wirkung der Sonnenaustrahlung aus. Gegenüber dem modernen Menschen ist er nicht imstande, die Folgen eines Fehlens des Sonnenlichtes vorauszusehen; er wird es wohl kaum verstehen, Reinlichkeit an Stelle der Sonnenstrahlen zu setzen.

Die heilbringende Wirkung der Sonnenbäder hat zur Entwicklung künstlicher Lichtbäder geführt. Manchmal wird hierbei nur das Licht in verschiedenen Farben berücksichtigt, aber auch die unsichtbaren Strahlen, wie z. B. die keimtötenden ultravioletten, haben ohne Zweifel ihre Wirkung. Der herabfallende und sich in Wasserläufen sammelnde Regen hat Abfallstoffe, Krankheitskeime und Ähnliches niedergeschlagen, die durch einen ausgedehnten Sterilisationsprozeß der Sonne vernichtet werden. Deshalb bauen wir z. B. offene Wasserreservoire, um das Wasser für unsere Städte und Dörfer mit Hilfe der Sonne zu sterilisieren.

Zweifellos ist zuviel Sonne schädlich; es gibt aber eine Reihe von Krankheiten, die in den Wintermonaten, also zu Zeiten geringeren Sonnenscheins, viel häufiger auftreten. Von Rachitis weiß man z. B. ziemlich genau, daß ihr häufigeres Auftreten zur Winterzeit auf die geringere Intensität der Sonne bzw. die geringere ultraviolette Strahlung zurückzuführen ist. Wir müssen also in unserem Zeitalter des künstlichen Lichtes die Zusammensetzung und Intensität des Tageslichtes berücksichtigen; jenes künstliche Licht, das den Eigenschaften des Tageslichtes am meisten entspricht, wird sicher auch das beste sein.

Grundlegende Beleuchtungsbedingungen.

Solange sich unsere künstlichen Beleuchtungsbedingungen mit Rücksicht auf Intensität, Spektraleigenschaften, Verteilung und unsichtbare Strahlung wesentlich von den natürlichen unterscheiden, bleibt auch die Frage des künstlichen Lichtes ungeklärt und zwar solange, bis wir nicht ausreichende Kenntnisse über die zugrunde liegenden psycho-physiologischen Gesetze besitzen. Im Hinblick auf die Zeitläufe unserer Entwicklung können wir behaupten, daß das Leben in geschlossenen Räumen erst unmittelbar angefangen hat, und wir müssen uns dessen gewärtig sein, daß es im Übergang vom natürlichen Licht zum künstlichen viele Faktoren geben wird, die sich sowohl visuell als auch physiologisch erst nach vielen Generationen auswirken können.

Glücklicherweise besitzt der Mensch einen gewissen Widerstand gegen schädliche Einflüsse, er kann sich bis zu einem gewissen Grade unnatürlichen Bedingungen anpassen. Wenn wir aber die für diese Anpassung nötige Energie im Menschen für tatsächliche materielle und geistige Leistung frei machen können, wenn wir also natürliche Bedingungen schaffen, ist das sicher der erstrebenswerteste Zustand für unsere Weiterentwicklung. Genau so, wie eine Fabrik durch Beseitigung unnötiger Reibungsverluste und anderer Verschwendungsfaktoren bei gleichem Energieaufwand leistungsfähiger gestaltet werden kann, können wir durch eine zweckmäßige Beleuchtung unsere Leistungsfähigkeit bei gleichem Energieaufwand heben. Hier und da verstreut angeordnete Lichtquellen rufen noch lange nicht die besten Arbeitsbedingungen hervor. Wie intensiv tätig und schaffensfreudig fühlen wir uns doch an einem verhältnismäßig klaren Tag! Oft ist die Lichtintensität eines solchen Tages für ernste Arbeit, wie z. B. für das Lesen, zu stark; mit der allgemein-künstlichen Beleuchtung haben wir aber diesen Zustand noch lange nicht erreicht. Mag man alle diese Fragen wie immer betrachten, wir kommen stets zu dem Schluß, daß es notwendig ist, uns in den künstlichen Beleuchtungsverhältnissen vom dunklen Extrem zu entfernen und uns den im Freien herrschenden natürlichen Lichtverhältnissen anzupassen.

Was gute Beleuchtung erzielen kann.

Bevor wir uns mit den Sonderfragen unserer Aufgabe beschäftigen, wollen wir zusammenfassend die Wirkungen einer ausreichenden und zweckentsprechenden Beleuchtung festlegen:

a) Mit zunehmendem Licht läßt sich die Produktion einer Fabrik steigern, und zwar ist der Erfolg dieser Produktionssteigerung ungleich größer als die zusätzlichen Kosten der Beleuchtung.

b) In der Dunkelheit können wir keine gute Arbeit erwarten. In gleichem Maße, als wir die Beleuchtung verbessern, können wir auch die Qualität der Arbeit steigern, insbesondere werden sich weit höhere Lichtintensitäten, als sie heute vorherrschend sind, bei Präzisionsarbeiten reichlich bezahlt machen.

c) Je besser die Beleuchtung, um so geringer der Ausfall an Produktion durch Fehlarbeit. Erst bei vollkommen ausreichender Beleuchtung erreicht dieser Ausfall sein Mindestmaß.

d) Geeignete Beleuchtungsverhältnisse erhöhen die Sicherheit des Arbeiters.

e) Ungenügende und unzweckmäßige Beleuchtung ermüdet das Auge; in der künstlichen Beleuchtung läßt sich das auf ein Mindestmaß beschränken, wenn wir uns jenen natürlichen Beleuchtungsverhältnissen nähern, unter denen sich das menschliche Auge entwickelt hat.

f) Die Dunkelheit ist die Zeit des Ausruhens, Licht regt an. Ausreichende und zweckmäßige Beleuchtung wird daher die Tätigkeit anregen und gleichfalls aus diesem Grunde zu einer Erhöhung der Produktion führen.

g) Gut erleuchtete Arbeitsplätze und Arbeitsstätten erhöhen die Arbeitslust; umgekehrt ist es Tatsache, daß schlechtes Licht sehr oft Depressionen hervorruft.

h) In der Dunkelheit ist keine Disziplin und Ordnung zu erwarten; hier ist der höchste Erfolg erst durch beste Lichtverhältnisse zu erzielen.

Zweifellos gibt es noch eine Menge von Faktoren, die für eine gute Beleuchtung sprechen. Die aufgezählten mögen aber genügen, um eine gute Beleuchtung als einen Aktivposten der Fabriken, Bureaus, Geschäfte und Wohnungen erkennen zu lassen. Auch im Verkehrsleben spielt das Licht eine hervorragende Rolle; es ist also auch ein großer wirtschaftlicher Faktor.

Licht ist ebenso notwendig wie Luft. Genau so, wie wir wissen, daß viel frische Luft gesund ist, werden wir vielleicht auch eines Tages zu der Erkenntnis kommen, daß wir im gleichen Maße auch auf ausreichende Beleuchtung angewiesen sind.

Die meisten Menschen, deren Interesse aus irgendeinem Grunde auf Beleuchtungsfragen gelenkt wird, werden wohl die primitiven Unterschiede zwischen guter und schlechter Beleuchtung erfassen. Sie werden die Gefahr der Blendung und des schwachen Lichtes erkennen, sie werden sich aber kaum über die physiologischen und psychologischen Wirkungen des Lichtes eine richtige Vorstellung machen können. Diese sind auch nicht so leicht zu erkennen, das Auge läßt sich durch längere Zeit große Mißhandlungen gefallen, aber schließlich gehen die Schädigungen durch schlechtes Licht ja doch auf die Debetseite des menschlichen Hauptbuches. Es geht nicht an, ohne Risiko unsere Sinnesorgane und unseren geistigen Menschen auf Bedingungen einzustellen, die sich radikal von jenen unterscheiden, unter denen wir uns entwickelt und auf die wir uns abgestimmt haben. Die Beleuchtungsverhältnisse der Natur zu erörtern und darauf hinzuweisen, wie wir uns ihnen durch künstliches Licht nähern oder sie unter Umständen gar verbessern können, soll Zweck der nachfolgenden Kapitel sein.

II. Tageslicht im Freien.

Das Hauptinteresse des zivilisierten Menschen am Tageslicht im Freien liegt scheinbar an dessen Einfluß auf die Tagesbeleuchtung in geschlossenen Räumen. In Verbindung mit der menschlichen Tätigkeit — Produktion, Sicherheit und Zufriedenheit — sind jedoch die im Freien herrschenden Beleuchtungsverhältnisse von ausgesprochen fundamentaler Bedeutung. Wie schon wiederholt erwähnt, ist der Mensch ein Produkt seiner Umgebung und wird es auch lange Zeit hindurch noch, wenn nicht immer, bleiben.

Die wichtigsten Faktoren für die Verteilung des Lichtes und der Helligkeit im Freien sind Sonne, Himmel, Atmosphäre, Wolken, Farben und die Reflexionsfaktoren verschiedener rückstrahlender Flächen. Sowohl individuell als auch in anderer Beziehung sind sie alle von Bedeutung und sehr weitreichendem Einfluß.

Sonnenlicht.

Wie ungeheuer die Intensität der durch die Sonne auf der Erde trotz ihrer großen Entfernung möglichen Beleuchtung ist, dürfte den meisten Menschen im Vergleich zu der Intensität des künstlichen Lichtes gar nicht bekannt sein — ein Beweis für den großen Empfindungsbereich unseres Gesichtssinnes und dessen begleitende psycho-physiologischen Prozesse. Die Intensität der unmittelbaren Sonnenbeleuchtung beträgt beim Höchststand der Sonne ca. 10000 Fuß-Kerzen. Eine FK ist die Beleuchtung, die durch eine normale Kerze von ca. 1 Zoll Durchmesser auf einer 1 Fuß entfernten Fläche erzeugt wird; wir müßten also ein Äquivalent von 10000 solcher brennenden Kerzen in der gleichen Entfernung (1 Fuß) von der betreffenden Fläche anordnen, um die vorgenannte Intensität zu erhalten. Nur $^1/_{10}$ dieser Intensität wird von einer

1000 Watt gasgefüllten Wolframlampe erreicht, wenn sich die beleuchtete Fläche 1 Fuß von den Glühfäden entfernt befindet. Bekanntlich nimmt die Beleuchtung im umgekehrten Verhältnis zum Quadrat der Entfernung ab; da nun die Entfernung der Sonne von der Erde 93 Millionen englische Meilen beträgt, kommen wir zu dem Ergebnis, daß die Sonne ein Licht darstellt, das 2,5-Milliarden-Milliarden-Milliarden Kerzen gleichkommt. Diese Ziffer soll uns lediglich die Großartigkeit der natürlichen Beleuchtung vor Augen führen und uns sagen, wie klein und nichtig unsere bisherigen Errungenschaften auf dem Gebiete des künstlichen Lichtes sind. Die leuchtende Fläche einer Lichtquelle und ihre Helligkeit sind maßgebend für ihre Leuchtkraft in einer bestimmten Richtung. Die Sonne ist nicht nur eine große Fläche, sondern sie ist auch viel heller als irgendeine Lichtquelle, die der Mensch bis nun darzustellen imstande war. Wohl ist es gelungen, durch eine explosionsartige Verbrennung von Drähten durch den elektrischen Strom Temperaturen zu erzeugen, die der Sonnentemperatur gleichkommen, ja sogar diese noch übertreffen. Aber auch nur annähernd die Helligkeit der Sonne künstlich zu erzeugen, ist uns bis nun nicht geglückt. Da der Charakter des Lichtes so eng mit der Helligkeit und Temperatur heißer Körper verbunden ist, hat der Mensch zu Mitteln für die künstliche Lichtherstellung gegriffen, auf deren Art später eingegangen werden soll.

Je nach dem Stand der Sonne gibt es eine natürliche Variierung in der Intensität des Lichtes. Je nachdem eine Fläche lotrecht oder wagerecht zu dem Lichtstrom irgendeiner Lichtquelle steht, erhält sie entweder das Maximum an Licht oder gar keines. Eine wagerechte Fläche erhält also im Moment des Sonnenaufganges gar kein Licht, zur Mittagszeit ein Maximum an Licht, immer vorausgesetzt, daß alle anderen Begleitumstände konstant sind.

Die Schwankungen in der Lichtmenge[3]) und der gesamten Ausstrahlung[4]) der Sonne betragen im Höchstfall nach genauen Studien nur einige vom Hundert und besitzen vom Beleuchtungsstandpunkt keinerlei Interesse, obwohl ihnen in anderer Beziehung ein hoher wissenschaftlicher Wert zukommt.

Vom Beleuchtungsstandpunkt interessiert uns vor allem die Qualität und große Intensität des Sonnenlichtes, seine Schwankung infolge der Breitengrade, des Zustandes des Himmels und der Höhe der Sonne und der einzelnen Schatten, die sie wirft.

Den Verlauf der Beleuchtungsintensität von Sonnen- und Himmelslicht an einem ausgesprochen klaren Hochsommertage für mittlere Breitengrade zeigt Abb. 2. Im Vergleich zum Maxi-

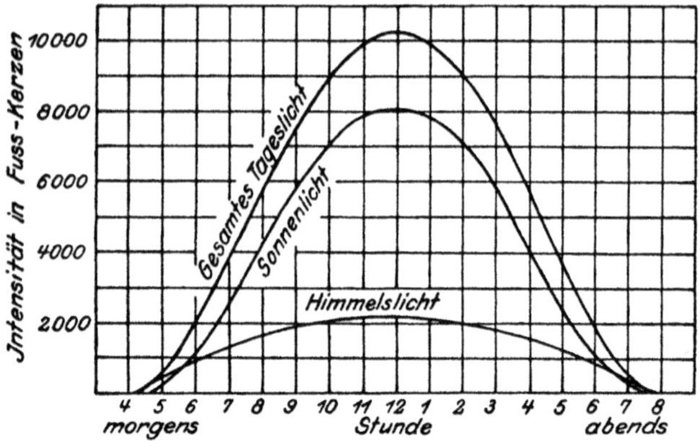

Abb. 2. Schwankungen des Himmelslichtes, des Sonnenlichtes und des gesamten Tageslichtes auf einer horizontalen Oberfläche während eines ausgesprochen klaren Tages im Hochsommer.

mum der gesamten Beleuchtungsintensität des Tageslichtes würde die Intensität des künstlichen Tageslichtes in diesem Diagramm nur einen Teil der Strichstärke der Abszissenlinie betragen. An einem ausgesprochen klaren Wintertage sind die Verhältnisse ähnlich, obwohl die Beleuchtungsintensität wegen der geringeren Höhe der Sonne nicht so stark ist. Die maximale Dauer des direkten Sonnenlichtes (die Zeitspanne zwischen Sonnenaufgang und Sonnenuntergang) schwankt selbstverständlich mit der Jahreszeit und mit den Breitengraden. Abb. 3 zeigt diese Verhältnisse für Hochsommer und Winter.

Das direkte Sonnenlicht auf die Erdoberfläche schwankt in mittleren Breitengraden an einem klaren Tage unmittelbar vor dem Höchststand der Sonne zwischen 7000 FK im Winter und 9000 FK im Sommer, und zwar auf einer senkrecht zu den Sonnenstrahlen liegenden Fläche gemessen. Infolge der Inklination der Sonnenstrahlen ist die Intensität auf einer horizontalen Fläche etwas geringer als wie für den oben auseinandergesetzten Fall eines normalen Einfalles der Strahlen. Bis auf die Stunde nach Sonnenaufgang und vor Sonnenuntergang ist das ganze Jahr hindurch an klaren Tagen die gesamte Lichtintensität auf Flächen, die nicht mehr als 30° von der Horizontalen abweichen, im allgemeinen größer als 1000 FK; in den 2 Stunden um die Mittagszeit erreicht

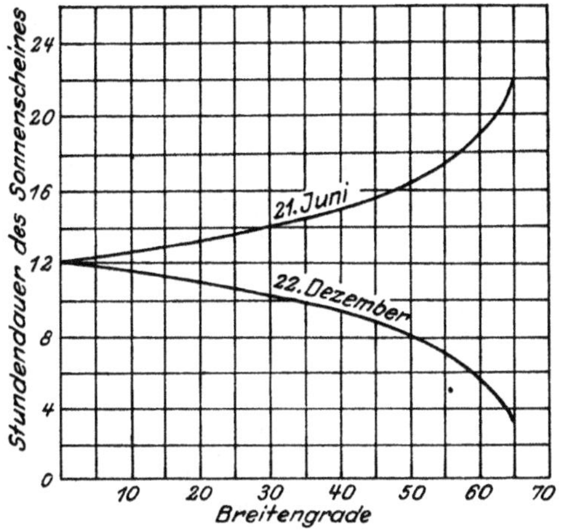

Abb. 3. Maximale Dauer des direkten Sonnenlichtes im Hochsommer und Hochwinter in verschiedenen Breitengraden der nördlichen Hemisphäre.

diese Intensität fast 10000 FK. Von diesem gesamten Tageslicht sind an klaren Tagen etwa 80 vH auf das direkte Sonnenlicht zurückzuführen. Auch auf Flächen, die fast senkrecht und nach Norden stehen, also nur einem Teil des Himmelslichtes und gar nicht der unmittelbaren Sonne ausgesetzt sind, ist die Intensität der Tagesbeleuchtung fast das ganze Jahr hindurch mehrere hundert FK.

Die Wirkung der Atmosphäre.

Diese ist vom Standpunkt des Lichtes und der Strahlung sehr wichtig. Wir leben auf dem Grunde dieses Ozeans der Atmosphäre und sind ihr genau so angepaßt, wie die Fische den Eigenheiten und Wirkungen des Ozeans des Wassers angepaßt sind. Obwohl wir Sauerstoff auch aus anderen Quellen beziehen können und imstande sind, den Pflanzen die Atmosphäre bis zu einem gewissen Grade zu ersetzen, ist es doch sicher, daß ohne Atmosphäre alles Leben sehr rasch eingehen würde. Vom Standpunkt der Beleuchtung interessiert uns die Atmosphäre vor allem deshalb, weil sie die Sonnenstrahlen filtriert, das Licht verteilt und Ursache der großen Schwankungen in der Intensität des Tageslichtes ist (s. Abb. 1 und Tab. 1).

Im allgemeinen sind nicht alle Körper oder Flüssigkeiten für die strahlende Energie aller Wellenlängen durchlässig. Klares Glas ist durchlässig für die sichtbaren Strahlen, also das Licht, undurchlässig aber für ultraviolette Strahlen der mittleren Region (für Wellenlängen kürzer als 300 $m\mu$). In gleicher Weise lassen die Gase der Atmosphäre[5]) die sichtbaren Strahlen durch, absorbieren aber die unsichtbaren Ausstrahlungen (ultraviolett und ultrarot) bestimmter Wellenlängen. So absorbieren z. B. Wasserdampf, Kohlensäure und Ozon ultrarote Strahlen, obwohl der größte Teil der Absorption durch den Wasserdampf der Atmosphäre unmittelbar oberhalb der Erdoberfläche erfolgt. Die ultraroten Strahlen haben mit Rücksicht auf die Beleuchtung bzw. das Sehen keinen unmittelbaren Wert, obwohl sie vom Media des Auges absorbiert werden und im übergroßen Maße schaden können. Der experimentelle Beweis für die Schädlichkeit dieser Ausstrahlung bei der gewöhnlich üblichen, natürlichen oder künstlichen Beleuchtung besteht hingegen bisher noch nicht.

Die Atmosphäre vermindert also den Umfang der strahlenden Energien, die das Tageslicht begleiten und das Auge treffen. Die heutigen künstlichen Lichtquellen besitzen prozentual mehr ultrarote Strahlen als die natürlichen Quellen (Sonne oder Himmel) und erzeugen eine größere Wärmewirkung als natürliches Licht von gleicher Intensität. Hier stoßen wir auf die ersten Schwierigkeiten in der Nachahmung der natürlichen Lichtquellen. Es müssen also dort, wo es sich um die Schaffung eines ausreichenden Ersatzes von Hunderten oder Tausenden von FK für das Sonnenlicht handelt, wie z. B. beim Studium des Pflanzenwuchses, in der Therapie usw., die nötigen Vorkehrungen, zur Fernhaltung dieser Strahlen z. B. durch Vorschaltung von Wasserschichten u. ähnl. getroffen werden.

Dieses Problem wird uns bei den gewöhnlichen künstlichen Lichtquellen so lange nicht stören, solange die heute vorherrschenden Intensitäten nicht um ein Vielfaches vergrößert sind. Dessenungeachtet gehen die Verbesserungen unserer Lichtquellen auch nach dieser Richtung hin, denn das Ideal unserer Lichterzeugung ist ja das „kalte Licht“.

Die Absorption der ultravioletten Strahlen durch die Atmosphäre ist hingegen sehr wichtig. Ein ebenso heißer Körper wie die Sonne hat die gleichen ultravioletten Strahlen wie diese. Jahrelang war es ein Geheimnis, warum in den Sonnenstrahlen, die die Erde erreichen, Wellenlängen der ultravioletten Zone unter 290 $m\mu$ nicht zu finden waren. Der menschliche Körper ist auf diese fehlenden Strahlen nicht eingestellt, sie wirken auf die Pigmentzellen, das Auge usw. irritierend, ja sogar zerstörend. Verschiedene künstliche Lichtquellen, Kohlenbogenlampen, Magnetitlampen, Quarzquecksilberlampen usw. haben ultraviolette Strahlen kürzerer Wellenlänge als das Tageslicht. Um ihren schädlichen Einfluß auf das Auge zu beheben, umgibt man sie mit gewöhnlichem Glas, aber auch dann soll man nicht längere Zeit in diese Lichtquellen schauen. Das Fehlen dieser Strahlen in dem die Erde erreichenden Sonnenlicht wird der Absorption durch den Ozon in den obersten Schichten der Atmosphäre zugeschrieben.

Diese schädlichen ultravioletten Strahlen haben auch andererseits manches Gute an sich. Wo wir sie in der Natur nicht finden, erzeugen wir sie künstlich, um z. B. Keime zu töten, wie in der Therapie und vielen anderen chemischen Prozessen. Glücklicherweise geht die Wellenlänge der keimtötenden Strahlen bis zu 310 $m\mu$, die wir auch in der Sonnenstrahlung finden und die sich auf Grund der großen Menge des Tageslichtes als besonders wirksam erweisen. Wir sehen das auch in den biologischen Wirkungen der Strahlung, z. B. in der Braunfärbung der Haut, die aber einerseits infolge der oberflächlichen Strahlenwirkung, andererseits infolge der Widerstandskraft der Haut ebenso schnell verschwindet, wie sie gekommen ist.

Es wird also durch die Absorption der Atmosphäre das Sonnenspektrum in der ultravioletten Region verkürzt und der Umfang der ultraroten Strahlung ohne nennenswerte Beeinträchtigung der sichtbaren Strahlen stark reduziert; daher ist auch das Auge auf den ergiebigsten Teil der Strahlung besonders empfindlich eingestellt. Der Einfluß der Atmosphäre auf die Lichtverteilung erzeugt das sogenannte Himmelslicht.

Selbstverständlich rufen Wolken die größten Schwankungen in der Intensität des Tageslichtes hervor. Diese Schwankungen sind vielleicht mit Rücksicht auf unsere Tätigkeit in geschlossenen Räumen die am wenigsten erwünschte Begleiterscheinung des Tageslichtes. Derartige Schwankungen des unmittelbaren Sonnenlichtes sind für einige typische Tage[6]) in Abb. 4 festgehalten. Hier haben wir eine Möglichkeit, durch künstliches Licht das Tageslicht zu verbessern, obwohl diese Schwankungen infolge der großen Intensität des Tageslichtes weniger störend sind, als das bei den heutigen künstlichen Beleuchtungsintensitäten der Fall sein würde.

Himmelslicht.

Fast jedes Medium, ob fest, flüssig oder gasförmig, ja sogar das durchsichtigste, scheint Licht zu zerstreuen. Die blaugrüne Helligkeit klarer Wassertiefen ist nur durch zerstreutes Licht zu erklären. Das gleiche ist bei der Atmosphäre der Fall, obwohl, von der Erde aus betrachtet, die größte Helligkeit des Himmels an einem klaren Tage auf beleuchtete Staub-, Rauch- und Wasserteilchen zurückzuführen sein dürfte. Die Messungen, die der Verfasser dieses Buches an einem klaren Morgen durchführte, haben ergeben, daß der Himmel von der Erde aus gesehen 10 mal heller wirkt, als aus einer Höhe von 10000—20000 Fuß betrachtet. Die Streuung des Lichtes ist in den unteren Schichten vor allem auf feste oder flüssige „fremde" Teilchen zurückzuführen, in den höheren Regionen auf Gasmoleküle. Es ist bekannt, daß in den höchsten Regionen wenig oder gar kein Wasserdampf (in Form von Eiskristallen) bestehen könnte.

Je höher wir kommen, um so dunkler wird der Himmel, seine Helligkeit ist also nur durch die Verteilung des Sonnenlichtes erklärlich. Man kann behaupten, daß er bei Nichtvorhandensein von Wasser-, Staub-, Rauch- und Eisteilchen, also bei völlig gasförmiger Luft dunkelblau erscheinen würde. Hätten wir keine Atmosphäre, also eine vollkommene Leere um die Erde, so würden wir eine harte und unerträglich klarscheinende Sonne auf einem sternenbedeckten „Nachthimmel" sehen. Eine Straßenlaterne in der Ebene bei Nacht, also entfernt von Häusern und Bäumen, läßt uns, wenn auch stark abgeschwächt, eine ähnliche Wirkung erkennen. Würden wir Decke und Wände eines Raumes mit schwarzem Samt auskleiden, dann würden wir gleichfalls eine Wiedergabe dieser Wirkung haben. Alles das ist für unser Auge, das an einen hellen Himmel gewöhnt ist, unerträglich. Der „blaue“ Himmel ist darauf zurückzuführen, daß kleine Teilchen und Moleküle das Licht kurzer Wellenlängen (insbesondere blaues Licht) in höherem Maße zerstreuen, als solches von größeren Wellenlängen. Das unmittelbare Sonnenlicht, das von violetten, blauen und grünen Strahlen mehr belebt wird als von gelben, orange oder roten Strahlen, erscheint uns röter als in den oberen Schichten der Atmosphäre. Mit sinkender Sonne haben ihre Strahlen immer größere Schichten der Atmosphäre zu durchdringen, daher die Orange- oder Rotfärbung der untergehenden Sonne. Die Farbenschwankung der untergehenden Sonne ist vor allem auf den verschiedenen Gehalt der Luft an Rauch-, Staub-, Wasser und Eisteilchen zurückzuführen (s. Abb. 18 u. 19).

An einer brennenden Zigarre läßt sich die wahlweise Streuung des Lichtes sehr interessant verfolgen. Der Rauch, der vom brennenden Ende der Zigarre aufsteigt, ist ausgesprochen bläulich, während der aus dem Munde tretende Rauch fast weiß erscheint. Infolge der kondensierten Feuchtigkeit sind in letzterem Fall die „fremden Teilchen“ der Atmosphäre größer und streuen nicht so umfassend, wie die kleineren Teilchen das tun. Eine Rauchwolke erzeugt auf weißer Fläche einen rötlichen Schatten; wir können uns unter dieser Rauchwolke eine Verdichtung der Atmosphäre vorstellen und haben so eine angenäherte Vorstellung für die Erscheinung der rot untergehenden Sonne. Diese Momente, die uns einen blauen Himmel und eine rötliche Sonne bei niedrigem Stand schaffen, sind für uns wichtig. Uns interessiert die schwankende Farbe oder Qualität des Tageslichtes, die, wie wir gesehen haben, auf eine Kombination des Lichtes der Sonne, des Himmels, der Wolken usw. zurückzuführen ist.

Vom Beleuchtungsstandpunkt verdienen die Einflüsse, die auf eine große Himmelsfläche zurückzuführen sind, unsere besondere Aufmerksamkeit; sie mildern nicht nur die Härte der Sonne, sondern auch die Wirkung des Lichtes. Der Himmel schickt sein Licht in die Schatten und mildert sie; die Helligkeit eines Schattens in unmittelbarer Mittagssonne beträgt etwa ein Fünftel der Helligkeit der sonnenbeschienenen Fläche.

In dem Maße, als sich der Himmel „verdichtet“ oder nebliger (dunstiger) wird, erhöht sich die Helligkeit des Schattens, bis er überhaupt verschwindet. Den ungefähren prozentualen Anteil an Himmels- und Sonnenlicht bei verschiedenem Zustand des Himmels zeigt uns Tab. 2.

Tabelle 2. Prozentualer Anteil des unmittelbaren Sonnenlichtes und des Himmelslichtes am Gesamtlicht zur Mittagszeit auf horizontalen Flächen bei verschiedenen Himmelsbedingungen.

	Himmelslicht vH	Sonnenlicht vH
außerhalb der Atmosphäre	0	100
sehr klarer Tag	10	90
durchschnittlich klarer Tag	20	80
schwach dunstiger Tag	30	70
mittelmäßig dunstiger Tag	50	50
stark verzogener Tag	100	0

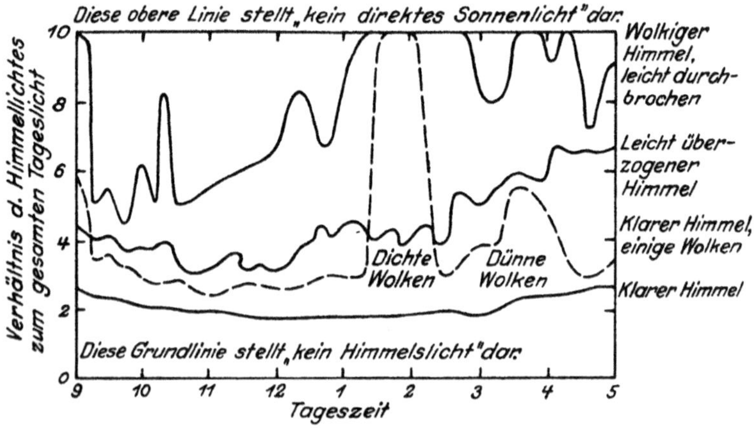

Abb. 4. Verhältnis der Schwankungen in der Intensität der Himmelslichtbeleuchtung zur gesamten Tageslichtbeleuchtung auf einer horizontalen Fläche an vier typischen Tagen. Diese verschiedenen Tage kann man als dunstig-wolkig, als leicht überzogen, als klaren Tag mit leichter Bewölkung und als ganz klaren Tag bezeichnen.

Abb. 4 zeigt uns den Anteil des Himmelslichtes an der gesamten Tagesbeleuchtung auf einer horizontalen Fläche der Erde, und zwar für vier typische Sommertage in mittleren Breitengraden. Wir sehen, daß das Himmelslicht geringeren Schwankungen unterworfen ist als das unmittelbare Sonnenlicht, das ganz extrem von den dahinziehenden Wolken und dem Dunst des Himmels beeinflußt wird. An teilweise bewölkten Tagen ist der Prozentsatz des Himmelslichtes stark veränderlich; der

Durchschnitt gibt aber etwa jene Verhältnisse, die wir bei einer geringen Dunstschicht finden.

In dem Maße, als Dunst oder Bewölkung zunehmen, wird der Anteil des Himmelslichtes am Gesamtlicht immer größer, bis bei verdunkelter Sonne scheinbar alles Licht vom Himmel kommt. Erhellt sich der Himmel, so nimmt das Gesamtlicht, das die Erde erreicht, ab; es sind also im Freien die Maximalintensitäten der Beleuchtung an klaren Tagen zu finden. In geschlossenen Räumen, wo der Himmel als Lichtquelle wichtiger ist als die Sonne, ist das indessen nicht der Fall.

Wir wollen die Helligkeit in einfacher Art durch Kerzen pro Quadratzoll ausdrücken. Betrachten wir den Himmel durch eine Öffnung von 1 Quadratzoll, die wir in ein Kartonpapier geschnitten haben, so können wir die Lichtdichte oder Kerzenzahl des Himmelslichtes (1 Quadratzoll der Himmelshelligkeit) ebenso leicht feststellen wie bei einer anderen Lichtquelle. Die Himmelshelligkeit ist sehr schwankend, gewöhnlich beträgt sie weniger als 4 Kerzen pro Quadratzoll. In Tab. 3 wird der Versuch unternommen, die ungefähre Durchschnittshelligkeit des Himmels bei verschiedenen Bedingungen auszudrücken.

Tabelle 3. Durchschnittliche Helligkeit des Himmels unter verschiedenen Bedingungen.

	Kerzen pro Quadratzoll
außerhalb der Atmosphäre	0,0
sehr klarer Tag	0,5
normaler blauer Himmel	1,0
leichte Dunstschicht	2,0
mäßige Dunstschicht	3,0
dicke Dunstschicht oder dünne Wolkenschicht	4,0
mittelmäßige Wolkenschicht	2,0
stark bewölkt	0,5
stärkste Bewölkung nähert sich	0,0
maximale Helligkeit der sonnenbeschienenen Wolken	20,0

Die Helligkeit sonnenbeschienener Wolken schwankt je nach ihrer Dichtigkeit. Der Verfasser hat festgestellt, daß dichte Wolken bis zu 78 vH des einfallenden Lichtes reflektieren; die maximale Helligkeit sonnenbeschienener Wolken beträgt annähernd 20 Kerzen pro Quadratzoll; sie sind gewöhnlich 5—10 mal heller als die umgebende Fläche des Himmels.

Diese Helligkeiten des Himmels und der Wolken zeigen die annähernde höchste Helligkeit, die das menschliche Auge Aber-Jahrtausende hindurch ertragen konnte. Man kann im Freien die hellen Wolken- und Himmelsflächen bequem betrachten und ihre Helligkeit im Vergleich zur künstlichen Beleuchtung mit voller Sicherheit als maximale Helligkeit bezeichnen. Diese Helligkeit kann aber in geschlossenen Räumen sehr störend wirken, wenn die Beleuchtungsverhältnisse, wie das sehr oft der Fall ist, von jenen im Freien abweichen. (Höhe der Lichtquelle, benachbarte Helligkeiten usw.)

Ohne Himmelslicht gäbe es keine Periode des Zwielichtes vor Sonnenaufgang bzw. nach Sonnenuntergang; der Tag würde plötzlich anbrechen, die Nacht fast augenblicklich da sein. Da wir aber an die milden Übergänge gewöhnt sind, so finden wir hier eine grundlegende Lehre, die wir bei der Schaffung einer wissenschaftlichen, künstlichen Beleuchtung voll berücksichtigen müssen. In der natürlichen Beleuchtung sehen wir, daß große Flächen mit verhältnismäßig geringer Helligkeit eine wünschenswerte Beigabe sind, um sowohl die Härte des unmittelbaren Lichtes als auch der Schatten zu mildern. Das Zwielicht lehrt uns auch, daß dem Auge durch die Natur eine gewisse Zeitspanne gegeben ist, um sich auf extreme Änderungen in der Helligkeit einzustellen.

Die Intensität des Tageslichtes beträgt zur Zeit des Sonnenaufganges und Sonnenunterganges gewöhnlich weniger als 100 FK; sie ist aber viel größer als die maximale Intensität des künstlichen Lichtes, das wir um die gleiche Zeit anwenden. Hat sich das Zwielicht bis auf einige FK vermindert, so haben wir das Empfinden, daß es für unsere Arbeit zu dunkel ist und stecken das künstliche Licht an; es folgt vorübergehend ein Gefühl des Unbehagens der unzureichenden Beleuchtung, gewöhnlich so lange, bis das Tageslicht völlig verschwunden ist und unser Auge sich den künstlichen Beleuchtungsverhältnissen angepaßt hat. Im allgemeinen können wir bei Zwielicht, wenn die Sonne 6^0 unter dem Horizont steht, nicht mehr arbeiten; d. i. für mittlere Breitengrade[7]) etwa $^1/_2$ Stunde vor Sonnenaufgang und $^1/_2$ Stunde nach Sonnenuntergang.

Rauch hat eine ausgesprochene Wirkung auf die Intensität der Tagesbeleuchtung; in rauchigen Städten drückt er diese oft bis auf 50 vH herab. Ist er nicht zu dicht, so haben wir einen Zustand wie bei klarer Atmosphäre, die uns den Himmel heller erscheinen läßt. Dennoch ist auch hier der Enderfolg eine Abnahme der gesamten Menge des die Erde erreichenden Tageslichtes.

Die Menge des verteilten Sonnenlichtes ist am Himmel in der Nähe der Sonne am größten. Es ist daher die Himmelshelligkeit in der Nähe der Sonne am größten, aber auch den größten

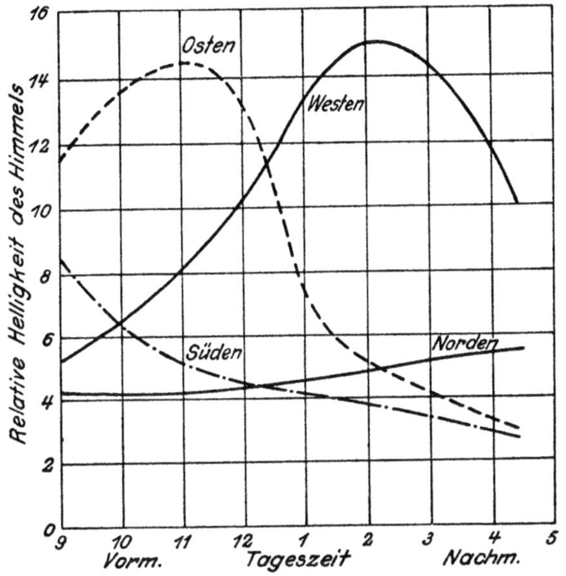

Abb. 5. Schwankungen in der Helligkeit von Himmelsstreifen etwa 20° oberhalb des Horizonts im Norden, Osten, Süden und Westen während eines klaren Tages im August bei 40° nördlicher Breite.

Schwankungen unterworfen. Abb. 5 zeigt uns die Unterschiede in der Helligkeit eines Himmelstreifens von ungefähr 20° oberhalb des Horizontes in den vier Weltgegenden: Norden, Osten, Süden, Westen. Die Messungen wurden in 40° nördlicher Breite in der Zeit von 9 Uhr vorm. bis 5 Uhr nachm. durchgeführt. Wir sehen, daß der östliche Himmel am Vormittag heller ist als am Nachmittag, wo die Sonne am höchsten steht; umgekehrt ist nachmittag der westliche Himmel am hellsten. Der östliche und westliche Himmel schwanken in bezug auf Helligkeit ziemlich stark, während der nördliche und südliche (mit Ausnahme von Bewölkung) diesen

Schwankungen weniger unterworfen ist. Der nördliche Himmel ist in seiner Helligkeit am konstantesten.

Aus diesem Grunde wird der nördliche Himmel von Kunstmalern, Photographen usw. am meisten bevorzugt, da diese für ihre Tätigkeit ein möglichst konstantes Tageslicht brauchen. Bei der Entwicklung der künstlichen Beleuchtung sollte es uns stets gegenwärtig sein, daß das nördliche Himmelslicht Jahrhunderte hindurch vor allem wegen seiner Stetigkeit verwendet wurde, obwohl uns die Eigenschaften des mittägigen Sonnenlichtes in mancher Beziehung offensichtlich als günstiger erscheinen. Es ist aber gerade diese Stetigkeit des Lichtes und weniger sein spektraler Charakter, die uns das Licht des Nordens bevorzugen läßt. Nebenbei sei bemerkt, daß das nördliche Himmelslicht auch in bezug auf seinen spektralen Charakter weit weniger schwankt als das Licht aus irgendeiner anderen Himmelsgegend. Näheres hierüber soll noch in Kap. V gesagt werden.

Mond- und Sternenlicht.

Ohne Mond- und Sternenlicht hätte sich in unserem Auge wohl kaum die sensitive Aufnahmefähigkeit für schwaches Licht erhalten.

Die Natur hat die Eigenschaft, nutzlose Faktoren auszuschalten, und es ist sehr wahrscheinlich, daß jene Elemente der Netzhaut, die uns das Mond- und Sternenlicht vermitteln, allmählich verschwunden wären. Es ist auch möglich, daß wir diese Empfindlichkeit des Auges von unseren Tiervorfahren ererbt haben, die in ihren prähistorischen Anfängen diese sensitiven Sehvorrichtungen im Wasser oder in Höhlen nötig hatten. Es ist schwer, genau zu sagen, was unser Auge in dieser Beziehung von der Vergangenheit ererbt hat.

Wie dem auch sei, wir können beim Mond- und Sternenlicht sehen, obwohl es sich nur um einige Hundertstel FK handelt und nur um einige Millionstel der Maximalintensität des Tageslichtes. Selbstverständlich ist das Sehvermögen beschränkt, wir können bei Nacht Farben nicht unterscheiden und auch Einzelheiten oder Helligkeitsunterschiede nicht erkennen, die uns beim Tageslicht gegenwärtig sind. Trotzdem ist der menschliche Sehprozeß als ein Wunder an Sensibilität zu bezeichnen, ganz besonders im Hinblick auf die Tatsache, daß wir bei diesem gewaltigen Unterschied der Lichtintensität überhaupt noch etwas sehen können.

Die geringe Intensität war für den primitiven Menschen von Wert und ist es auch heute noch für uns, obwohl sie für die Tätigkeit der Zivilisation nicht ausreichend und nicht sicher genug ist. Das Mondlicht ist ein gutes Beispiel von direkter Beleuchtung ohne irgendwelche allgemeine Beleuchtung seitens des Himmels. Es wirkt ähnlich wie das Sonnenlicht ohne Himmelslicht, da die Helligkeit des Nachthimmels bei Vollmond so gering ist, daß sie kaum irgendwelches Licht in die Schatten wirft. Das Licht, das wir in den nächtlichen Schatten sehen, ist vor allem auf reflektiertes Licht benachbarter Objekte zurückzuführen. Die Folge ist, daß wir die Wirkungen des Mondlichtes als „hart“ bezeichnen können.

Die Farbe des Mondlichtes ist fast die gleiche wie das Licht der Mittagssonne, obwohl hier die Meinungen auseinandergehen. Auf der Bühne z. B. wird das Mondlicht blaugrün dargestellt; es ist aber fast weiß, denn es ist nichts anderes als ein von der fast farblosen Oberfläche des Mondes reflektiertes Sonnenlicht.

Die Landschaft in der Natur.

Die Verteilung der Helligkeit und Farbe in der Natur ist für uns vom Beleuchtungsstandpunkt aus sehr wichtig, da der Mensch diesen Verhältnissen angepaßt ist und andersgeartete Bedingungen wohl kaum als besser geeignet finden würde. Die Sonne ist so hell, daß wir sie ohne ernstliches Unbehagen nicht ansehen können; die Natur hat uns dagegen aber auch geschützt und das Auge mit einem „Visier“, den Augenbrauen, ausgestattet. Der Hut- oder Mützenrand ist nichts anderes als ein weiterer Schutz gegen scharfes Licht. Die Helligkeit des Himmels hinterläßt keine ernstlichen Blendungserscheinungen, man kann im Freien ohne weiteres den Himmel anschauen. Im geschlossenen Raume hingegen, wo die allgemeine Helligkeit viel niedriger ist, können wir Kontraste und Helligkeiten von gleicher Intensität wie im Freien nicht ertragen. Diesem Umstand wird nicht genügende Aufmerksamkeit geschenkt; unverhüllte Lichtquellen sehr hoher Helligkeitsgrade, extreme Helligkeitskontraste und geringe Höhe der

Lichtquellen sind naturwidrig; sie müssen sich jenen Bedingungen unterwerfen, denen unser psycho-physiologisches Wesen angepaßt ist.

In den allgemeinen Dekorationsgebilden, die wir uns schaffen, steigern wir die Helligkeit vom Boden gegen die Decke; wir ahmen die Natur nach. Man wird darin eine gewisse Logik suchen und sagen, daß diese Verteilung der Helligkeit stabil ist, d. h. der dunkle Boden scheint die helleren Wände zu stützen und diese wieder die Decke. Woher aber diese Logik? Doch nur wieder von der Natur, in der unsere psycho-physiologischen Eigenschaften begründet liegen. Wohin wir blicken, überall finden wir den Einfluß der Natur, selbst auch ihre Fesseln. Wollen wir eine Unabhängigkeit von der Natur erreichen, so müssen wir uns stets dessen bewußt sein, daß es nicht in unserer Macht liegt, den nur unmerklich langsam fortschreitenden Entwicklungsprozeß der Natur zu beschleunigen.

Die Menge des Lichtes, die von der Erdoberfläche reflektiert wird[8]), ist so klein, daß unsere Landschaft, von der Nähe und in geringer Entfernung gesehen, nur eine mäßige Helligkeit im Vergleich zum Himmel besitzt. Die durchschnittliche Menge des von der Erde reflektierten, lotrecht einfallenden Lichtes ist aus Tab. 4 ersichtlich.

Tabelle 4. Reflexionsfaktoren von Erdoberflächen.

Tiefes, klares Wasser	3—5 vH
Flaches Binnengewässer	5—10 vH
Gras und grüne Felder	5—10 vH
Wälder	3—5 vH
Trockene Erde	8—20 vH
Wolken	78 vH
Schnee	70—80 vH

Es erscheint uns unglaublich, daß die Helligkeitsunterschiede einer Landschaft so groß sein können, wie sie es tatsächlich sind. Wollte ein Künstler diese Helligkeit ihrem „Werte“ nach wiedergeben, so müßte er Gräser und Wälder schwarz, die Wolken weiß malen. Auch das läßt sich schwer glauben, daß die Helligkeit der Wälder einer schwarz bemalten Fläche entspricht, und doch reflektiert eine solche Fläche im allgemeinen nur 3—4 vH des senkrecht einfallenden Lichtes. Die hohe Lichtintensität im

Freien läßt uns diese geringen Reflexionsflächen verhältnismäßig heller erscheinen, als sie tatsächlich sind. In geschlossenen Räumen, wo wir diese Intensitäten nie erreichen, sollten daher die Flächen weit größere Reflexionsfaktoren besitzen, als wir sie im Freien finden.

Eine sonnenbeschienene Schneelandschaft ist etwas Unangenehmes für uns; sie ist in nennenswert bevölkerten Teilen der Erde indessen etwas Seltenes. Unser Auge ist auf diese Helligkeiten unterhalb der horizontalen Sehlinie nicht eingestellt und ermüdet sehr stark. Sonnenbeschienener Schnee ist so hell wie die hellste sonnenbeschienene Wolke, also etwa 5—10mal heller als die Durchschnittshelligkeit eines klaren Tages. Der Schnee reflektiert überdies auch noch ultraviolette Strahlen; obwohl die Menge dieser Strahlen, die von der Sonne aus die Erde erreichen, nur eine geringe ist, so genügt doch die vom Schnee reflektierte ultraviolette Strahlung, um unser Auge zu beschädigen (Schneeblindheit).

Es ist eine Frage der Optik, ob restlos reflektierende Flächen die Helligkeit eines hemisphärischen, von allen Seiten beleuchteten Domes erreichen[6]). Es würde z. B. bei gleichmäßig bedecktem Himmel eine solche auf die Erde gesetzte Fläche die Helligkeit des Himmels besitzen. Würde nun bei klarem Himmel die Sonne dieser Fläche 4mal soviel Licht spenden als dem Himmel, dann würde uns diese Fläche 5—6mal heller als der Himmel erscheinen. Den analogen Fall finden wir bei sonnenbeschienenem Schnee. Da er nur 80 vH des einfallenden Lichtes reflektiert, kann er nur 80 vH so hell wie ein gleichmäßig bedeckter Himmel sein. Ein vom Himmelslicht beleuchteter Gegenstand kann nur in dem Maße die Helligkeit des Himmels erreichen, als sich seine Reflexionsfaktoren der vollen Reflexion nähern. Der klarste Himmel kann nur etwa 95 vH so hell sein wie ein gleichmäßig bedeckter Himmel; der weißeste Puder wird etwa 98 vH erreichen usw. Es ist daher nach dem Vorhergesagten die Helligkeit einer horizontalen Fläche, die Licht sowohl von der Sonne als auch vom gesamten Himmel erhält, unschwer zu errechnen.

Sowohl für die Ausschmückung des Heimes als auch im Zusammenhang mit unserer Tätigkeit an den verschiedenen Arbeitsplätzen ist die psycho-physiologische Wirkung, die das Farbensystem der Natur ausübte, von Interesse. Es wird nicht so ohne weiteres einleuchten, daß Farben gewisse angeborene Kräfte besitzen; so wirkt z. B. grün mehr oder weniger neutral, beruhigend. Warum? Die Zeitalter der menschlichen Entwicklung liegen in einer Umgebung grüner Vegetation; diese Wirkung ist daher ein Ergebnis der Entwicklungszeit unserer Anpassung. Wir können als Umgebung für unsere tägliche Arbeit im geschlossenen Raum wohl kaum eine bessere Farbe als grün wählen. Nicht ganz so auffällig, aber durch die gleich großen Zeitabschnitte begleitet den Menschen der blaue Himmel. Was ist ernster und erhabener als der blaue Himmel? Vielleicht haben wir das Empfinden, daß es da oben kühl sei. Das Himmelslicht beleuchtet die Schatten, es dringt in die Einsamkeit der Natur; warum soll also blau nicht kühl, ernst, beruhigend oder gar bedrückend wirken? Die Sonne erscheint uns im Gegensatz zum blauen Himmel gelblich. Warum soll das helle Gelb nicht Licht und Fröhlichkeit bedeuten? Seitdem wir das Feuer kennen, sind gelborange oder orangerot mit dem Gedanken an Feuer verbunden. Es ist daher nicht überraschend, wenn wir die verschiedenen Töne dieser Farbe als „warm" empfinden. Wir blicken hier in ein sehr umfangreiches und äußerst interessantes Thema[9]). Wir fühlen die Macht unserer Umgebung und sollten uns auch bei unserer Arbeit mit Farben umgeben. Die Natur ist farbenprächtig; warum sollen wir diese Farben bei unserer Arbeit missen? Ist es nicht das Beste, in der Wahl der Farbe für Fabriken und Bureaus dem Farbensystem der Natur zu folgen, ja dort, wo es besonders darauf ankommt, seine Wirkungen noch zu verstärken?

Durch die Macht der Farben können wir auch die Verteilung der natürlichen Helligkeit umstoßen. Wir können der Natur entgegengesetzte Wirkungen erzielen. Doch kommt diese Phase des Farbenproblems in den uns interessierenden Fragen der Arbeitsplätze nicht in Betracht.

Fundamentale Beleuchtungsgrundsätze.

Unter der sicheren Voraussetzung, daß wir den Bedingungen der Natur angepaßt sind, können wir von der im Freien herrschenden Beleuchtung viel Grundsätzliches ableiten. Obwohl das Licht im Freien ein Kompromiß widersprechender Bedingungen darstellt, so sind wir diesen Bedingungen doch gewachsen, ja, wir können sie sogar verbessern. Die großen, z. B. durch ziehende Wolken hervorgerufenen Tageslichtschwankungen, sind nicht nötig; sie geben zwar der Landschaft einen besonderen Reiz, helfen uns aber nicht beim Sehen. Trotzdem sind diese Schwankungen nicht störend, da sie durch die im Freien herrschenden großen Lichtintensitäten kompensiert werden.

Für die Beleuchtung geschlossener Räume wollen wir daher aus dem bisher Gesagten einige Grundsätze ableiten, und zwar können wir in der natürlichen Beleuchtung einige scharf hervortretende Eigenschaften feststellen:

a) Die natürliche Beleuchtung ist durch eine fast den ganzen Tag hindurch herrschende große Lichtintensität charakterisiert. Diese Werte liegen 1000mal höher, als sie der Mensch im allgemeinen künstlich erzeugen kann. In Kap. VIII werden wir lesen, daß sich die Sehvorgänge in zwei Gruppen teilen: in die normalen, die unter Einfluß der Tagesbeleuchtung wirken und die anormalen, die sich unter den gewöhnlichen Intensitäten der künstlichen Beleuchtung einstellen. Man kann sagen, daß im ersten Fall das Auge „hoch", im zweiten „niedrig" eingestellt ist.

b) Das direkte Sonnenlicht wird durch das Licht der Himmelsfläche gemildert, deren Lichtwirkung an einem klaren Tag mit 20 vH am Gesamtlicht beteiligt ist. Dieses Licht mildert nicht nur die Härte der Schatten, sondern sorgt auch für ihre angenehme Sichtbarkeit. In dem Maße, als die Beleuchtung abnimmt, sollte ein größerer Prozentsatz von Licht die Schatten erreichen. Im Freien haben wir überall genügend Licht, wodurch der Zustand von Unsicherheit vermieden, eine große Arbeitsgeschwindigkeit und eine Sicherheit des Verkehrs erreicht wird.

c) Das Licht einer großen Lichtquelle, wie z. B. vom bedeckten Himmel, ist nicht so zufriedenstellend als eine Kombination von unmittelbarem Sonnenlicht und zerstreutem Himmelslicht. Eine gewisse Schattenwirkung ist für ein zufriedenstellendes Sehen notwendig. An überzogenen Tagen sind Schatten nicht scharf genug zu erkennen; schattenfreie oder schattenschwache Beleuchtung wirkt ausdruckslos, uninteressant, ja sogar niederdrückend.

d) Die Helligkeit von Gegenständen an einem überzogenen Tage ist im Vergleich zu jener des Himmels nicht groß genug, um eine Konzentration der Aufmerksamkeit und beste Sehverhältnisse zu erzielen. Im Freien wird dieser Umstand durch die außerordentliche Höhe der Lichtquelle gemildert; im Raume, besonders unter der niedrigen Höhe völlig indirekter künstlicher Beleuchtung, macht sich dieser Umstand jedoch bemerkbar.

e) Im Freien wirft ein Gegenstand nur einen Schatten. Das ist ein fundamentaler Grundsatz für gute Sichtbarkeit. In geschlossenen Räumen wird das nur zu oft übersehen; wir müssen darauf achten, daß immer eine Lichtquelle im Raume vorherrschend ist.

f) Die vorherrschende Lichtquelle befindet sich über uns; das Auge ist so geschützt, daß ein direktes Hineinsehen in diese Lichtquelle vermieden werden kann, die Sonne und der größte Teil des Himmels liegen außerhalb unseres unmittelbaren Sehfeldes.

g) Die Sonne ist außerordentlich hell; auch dem gedankenlosen und gleichgültigen Menschen ist es nicht möglich, unmittelbar in die Sonne hineinzusehen. Die Himmelshelligkeit ist im Vergleich zur Beleuchtung im Freien so mäßig, daß sie ohne weiteres angesehen werden kann; außer der Sonne finden wir die größten Helligkeiten auch in sonnenbeschienenen Wolken (und weißen Gegenständen); ihre Helligkeiten überschreiten nicht 20 Kerzen pro Quadratzoll. Es ist vorteilhaft, in geschlossenen Räumen geringere maximale Helligkeiten zu haben und vor allem jenes Maß nicht zu überschreiten, das unser Auge vertragen kann.

h) Es gibt im allgemeinen keine übertriebenen Kontraste, die auf unser Auge unangenehm wirken. Jenen, die da sind, wie z. B. Sonne und der umgebende Himmel oder das Spiegelbild der Sonne im Wasser oder in anderen reflektierenden Flächen können wir uns entziehen.

i) Die natürliche Helligkeit verteilt sich so, daß Gegenstände im Vordergrund und im allgemeinen Gesichtsfeld bedeutend geringer in ihrer Helligkeit sind als solche (Himmel und Wolken) im oberen Gesichtsfeld. Diese Verteilung „natürlicher Helligkeiten" sollen wir auch in geschlossenen Räumen beibehalten.

j) Das mittägige Sonnenlicht ist in seiner spektralen Zusammensetzung weiß. Das ist auch die beste Qualität des Lichtes für Farbunterscheidungen, da sie keine Farbe in nennenswerter Beziehung „bevorzugt".

k) Nördliches Himmelslicht nördlicher Breitengrade ist jenes, das sowohl hinsichtlich Intensität als auch in seinem spektralen Charakter den geringsten Schwankungen unterworfen ist. Für Farbarbeiten wäre es also die Norm, obwohl es hinsichtlich des Spektrums nicht das beste ist. Es ist ausgesprochen „bläulich", d. h. es „bevorzugt" Farben, die blaues Licht reflektieren, wie z. B. violett, blau, blaugrün und purpur. Das nördliche Himmelslicht wurde vor allem wegen seiner Stetigkeit und nicht seiner spektralen Eigenschaften immer bevorzugt. Für Farbarbeiten sollte ein künstlicher Beleuchter die Stetigkeit des nördlichen Himmelslichtes und angenähert den spektralen Charakter (weißes Licht) des mittägigen Sonnenlichtes haben.

l) Tageslicht ist eine Kombination von Sonnenlicht und dem Licht des blauen Himmels; da der Anteil des letzteren 20 vH nicht überschreitet, so weicht das durchschnittliche Tageslicht vom Lichte der Mittagssonne nicht allzusehr ab. In bezug auf seinen spektralen Charakter ist dieses Licht für das Auge sicher das beste, und es sollte den Augen und dem gesamten psycho-physiologischen Sehprozeß weit mehr zusagen als ein Licht mit irgendeinem anderen Spektrum, vorausgesetzt, daß alle anderen Beleuchtungsverhältnisse die gleichen sind. Experimente und Erfahrungen sprechen auch hierfür, und so sollte das Ideal eines künstlichen Beleuchters jenes sein, dessen Qualität oder Spektrum dem des durchschnittlichen Tageslichtes gleichkommt. Für Farbarbeiten ist ein weißes Licht wünschenswert; es ist also zusammenfassend jenes Licht das beste, das sich der Qualität des mittägigen Sonnenlichtes oder des ihm ungefähr gleichen, durchschnittlichen Tageslichtes nähert.

m) Das visuelle Sinnesorgan ist nicht nur auf die sichtbare Strahlung im Tageslicht eingestellt, sondern hat auch einen gewissen Widerstand gegen Schädigungen der begleitenden unsichtbaren Strahlungen entwickelt. Dementsprechend sollte man einen künstlichen Beleuchter, der Strahlungen durchläßt, die in der Sonnenstrahlung nicht vorhanden sind, so lange mit Vorbehalt aufnehmen, bis sich diese anderen Strahlungen als unschädlich erwiesen haben.

n) Falls im künstlichen Beleuchter Ausstrahlungen fehlen, die im sichtbaren Spektrum der Sonnenstrahlung vorhanden sind, soll man diesen Beleuchter so lange als nicht zufriedenstellend betrachten, bis ein genügender Beweis für seine Zweckmäßigkeit erbracht ist.

III. Tageslicht in geschlossenen Räumen.

Mit dem Fortschritt der Zivilisation zog sich die Tätigkeit und Arbeit des Menschen immer mehr in geschlossene Räume zurück, und da es an nennenswerten künstlichen Lichtquellen mangelte, war es notwendig, dem Tageslicht einen Zugang zu schaffen; dieser war anfangs sehr beschränkt, und wir können uns heute von den anfänglichen Schwierigkeiten kaum eine richtige Vorstellung mehr machen. Als Hauptquelle des natürlichen Lichtes kommt der Himmel in Betracht, da die Sonne oft gar nicht scheint und auch nur eine bedingte Wohltat darstellt, da unmittelbares Sonnenlicht zwar heiter wirkt, aber oft im geschlossenen Raum, je nach seiner Art, Blendungen oder Beschränkungen im Sehen hervorruft.

Der Bauweise unserer Gebäude entsprechend, bestehen die meisten Tageslichtöffnungen aus senkrechten Fenstern in den Wänden, was aber eine sehr ungleichmäßige Lichtverteilung im Raume gibt; nicht nur, daß dieses Licht den Schwankungen des Lichtes im Freien unterworfen ist, es hängt auch von der Größe der Glasfläche, Lage der Fenster oberhalb des Fußbodens, von umgebenden Gebäuden und noch vielen anderen Hemmungen ab, die von dem Benutzer des Raumes meistens gar nicht erfaßt werden können.

Schließlich ist noch zu berücksichtigen, daß das Tageslicht im Raume nicht kostenlos zur Verfügung steht wie im Freien; das Überleiten des Tageslichtes in den Raum kostet Geld; wir sehen, daß das künstliche Licht zu einem achtbaren Konkurrenten des Tageslichtes werden kann, ja es kann Situationen geben, wo es sogar besser und billiger wird als das Tageslicht.

Tageslichtöffnungen.

Um lediglich Licht hineinzulassen, genügt ein Loch in der Wand oder in der Decke; doch würde dadurch einerseits Rauch, Staub und Regen in den Raum eindringen, andererseits ihm eine beträchtliche Wärme entzogen werden. Trotzdem finden wir eine derartige Bauweise bis in die Zeiten des klassischen Griechenlands hinein; einige der frühesten Tempel waren von

„oben“ beleuchtet. In der Entwicklung des Bauwesens haben aber Glaube und Religion, Intelligenz und die Art des verfügbaren Materials wesentlich mitgesprochen. Am einflußreichsten war wohl das Klima. In Persien, einem Land der Sonne, finden wir 450 v. Chr. offene Höfe und Hallen. Die Tempel, wo bei den Zeremonien Licht, Sonne, Mond und Elemente eine wichtige Rolle spielten, waren gegen den Himmel offen. In assyrischen Tempeln gab es schon in den frühesten Jahrhunderten Fenstergeschosse. In griechische und römische Tempel drang das Licht oft nur durch den Eingang herein. An der Wiege der modernen Zivilisation, dem sonnigen Gestade des Mittelmeeres, war es möglich, die Tageslichtöffnungen kleiner zu halten als in den nördlichen Ländern. Ein vollkommen erhaltenes Wahrzeichen altertümlicher Bauweise, das Pantheon in Rom, wird durch eine runde unverglaste Öffnung (von 27 Fuß im Durchmesser und 143 Fuß über dem Boden) in der Kuppel beleuchtet.

Mit der Entwicklung der Glaserzeugung war die Möglichkeit gegeben, die Fensteröffnungen größer zu gestalten. Es ist interessant, um wie vieles diese im Norden größer sind als im Süden, entsprechend den im Norden vorkommenden viel geringeren Tageslichtintensitäten.

Mit dem Stockwerkbau der Gebäude hat sich die uns vertrauteste Tageslichtöffnung entwickelt: das senkrecht in der Wand angeordnete Fenster.

Für diese Tageslichtöffnungen wollen wir im folgenden den Ausdruck „Fenster“ beibehalten, zum Unterschied von Öffnungen im Dach oder in der Decke, die wir ohne Rücksicht auf eine etwaige Schräge als „Himmelslicht“ bezeichnen werden.

Vom Standpunkt einer gleichmäßigen Lichtverteilung auf horizontale Flächen ist das Himmelslicht dem Fenster überlegen. Jenes liegt oberhalb des Gesichtsfeldes, dieses im Gesichtsfeld und ist sehr oft auch von Blendungen und Beeinträchtigungen des Sehens infolge verhältnismäßig dunkler Innenwände des Raumes begleitet. Die natürlichen Beleuchtungsverhältnisse im Raume sind durch das Hilfsmittel der Fenster außerordentlich unzureichend, wenn wir vergleichen, wie sich das Licht im Freien gestaltet, oder was wir durch künstliches Licht erreichen können. In bezug auf Richtung und Verteilung, Stetigkeit, Intensität und Dauer ist das durch die Fenster erzielte Licht alles andere als ideal.

Das Fenster läßt nicht nur Licht herein, es gestattet auch einen angenehmen Ausblick ins Freie, vorausgesetzt, daß sich dieser Ausblick überhaupt lohnt. Aus diesem Grunde finden wir allgemein die niedrig angesetzten Fenster, die in ihrem unteren Teil für die Beleuchtungsverhältnisse horizontaler Arbeitsplätze nicht so wirkungsvoll sind als in ihrem oberen. Oft finden wir ganze Fronten von Gebäuden als Fenster ausgebaut, um genügend Glasfläche zu erzielen. Oft wäre es aber besser, nur den oberen Teil der Wände zum Einlassen des Lichtes auszubauen und so die Himmelsfläche dem üblichen Gesichtsfeld zu entziehen. Fenstergeschosse oder hoch in den Wänden angeordnete Fenster haben sich für die Innenbeleuchtung sehr gut bewährt.

Die einfachste Form für ein Himmelslicht ist das flache (oder fast flache) Oberlicht, das sowohl das direkte Sonnenlicht als auch das Himmelslicht hereinläßt. Im Zusammenhang mit Fabrikbauten wurde dem Dachhimmelslicht[13]) viel Studium gewidmet; ab und zu wird direktes Sonnenlicht gewünscht, oft werden die Glasflächen aber absichtlich gegen die Nordseite angebracht, um nur Himmelslicht einzulassen; auch das von benachbarten Dachflächen und Wänden reflektierte Licht wird mitunter herangezogen, das jedoch nur dann von Wert ist, wenn diese umgebenden Reflexionsflächen große Reflexionsfaktoren haben. Es gibt eine ganze Reihe von Typen solcher Dachoberlichte; sie kommen aber nur für ebenerdig gebaute Gebäude oder nur für die letzten Stockwerke von Hochbauten in Betracht. Einen gewissen Wert haben sie als Ventilation der Arbeitsräume; berücksichtigt man aber die schon vorher erwähnte Unzuverlässigkeit des Tageslichtes und erwägt man weiterhin, daß die meisten Fabriken ohne irgendein System von künstlicher Ergänzungsbeleuchtung nicht durchkommen, so wird es immer verständlicher, daß die künstliche Beleuchtung ein ständig größeres Interesse hervorruft.

Beleuchtungsintensitäten.

Während man im Freien die Tageslichtintensitäten nach Tausenden von FK messen kann, beträgt ihr Wert in geschlossenen Räumen — obwohl es hier außerordentlich große Schwankungen gibt[14]) — kaum mehr als 100 FK, mit Ausnahme jener Flächen, die sich in der Nähe des Fensters oder der Oberlichte befinden.

Messungen der Lichtintensitäten in geschlossenen Räumen haben ergeben, daß Schwankungen von 0—100 FK vorkommen; der allgemeine Durchschnitt beträgt weniger als 10 FK.

Diese niedrige Intensität des Tageslichtes in geschlossenen Räumen erklärt sich daraus, daß das direkte Sonnenlicht hier nicht in Frage kommt, und daß nur ein ganz kleiner Teil des Himmels von einem gegebenen Punkt im Zimmer aus sichtbar ist. Ist an einem klaren Tag der Himmel mit 20 vH am Gesamtlicht beteiligt, so ergibt das für mittlere Breitengrade eine Flächenbeleuchtung von 1500—2000 FK. Hierbei ist angenommen, daß die Fläche Licht vom gesamten Himmel, also in einem hemisphärischen Winkel von 180^0 erhält. Vom geschlossenen Raume aus kommt jedoch nur eine „Lichtpyramide“ in Betracht, in deren Spitze das Auge den Himmel durch die Fensterfläche betrachtet. Es ist klar, daß in diesem Falle der räumliche Winkel nur ein kleiner Teil des früher erwähnten Winkels von 180^0 ist. Wir sehen, daß die von irgendeinem Punkte des Raumes aus sichtbare Himmelsfläche nur einige Prozente des gesamten Himmels beträgt. Nehmen wir an, daß die sichtbare Himmelsfläche 5 vH des gesamten Himmels beträgt, so wäre unter den vorhin angenommenen Verhältnissen die Lichtintensität in jenem Punkte, wo sich das Auge befindet, 100 FK; bei mehreren Fenstern wird sich der gesamte Prozentsatz des sichtbaren Himmels etwas höher stellen als bei einem Fenster. Nach dem Gesagten ist aber klar, daß wir in einem geschlossenen Raume nur einen geringen Bruchteil der im Freien herrschenden Lichtverhältnisse vorfinden werden.

Abweichend vom Zweck dieses Buches soll dieser Frage noch eine kurze Betrachtung gewidmet werden. Die Lichtintensität einer senkrecht zu den Strahlen einer Lichtquelle stehenden Fläche ist gleich der Lichtintensität dieser Lichtquelle, geteilt durch das Quadrat der Entfernung der Fläche von der Lichtquelle. Dieses Gesetz stimmt im allgemeinen nur dann, wenn die Entfernung mindestens 10mal so groß ist als die maximale Dimension der Lichtquelle; für annähernde Betrachtungen genügt es jedoch, wenn die Entfernung doppelt so groß ist wie die größte Dimension der Lichtquelle.

In der Abb. 6 kommt als Lichtquelle die Fensteröffnung in Betracht, da wirklich lichtspendend nur die dem Fenster gleiche Himmelsfläche[15]) ist. Die Kerzenkraft dieser Quelle (des Fensters) finden wir, indem wir die vom Himmel eingenommene Fläche des Fensters in Quadratzoll mit der Helligkeit des Himmels in Kerzen pro Quadratzoll multiplizieren. Dieser Wert wird dann durch das Quadrat der Entfernung (in Fuß) vom Fenster zum fraglichen Punkt dividiert. Das gibt uns die maximale Beleuchtungsintensität einer senkrecht zur allgemeinen Lichtrichtung stehenden Ebene; auf einer Fläche, die zu dieser Ebene geneigt ist, verändert sich die Intensität im Verhältnis zum cos. des Neigungswinkels. Da die horizontalen Flächen eines Zimmers im Verhältnis zur herrschenden Lichtrichtung stark

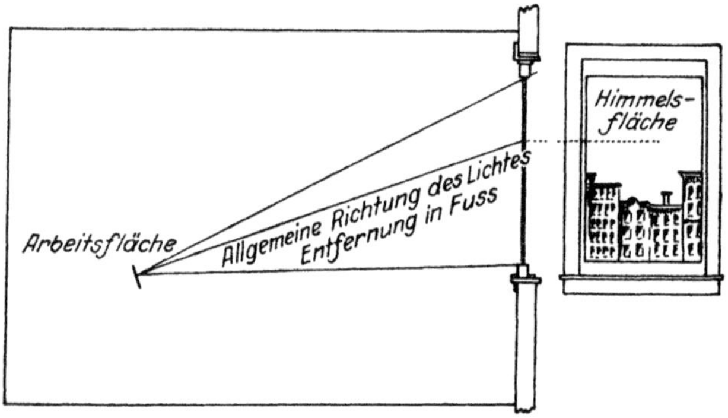

Abb. 6 zeigt den lichtwirkenden Teil des Himmels auf einer Fläche, die sich in einiger Entfernung vom Fenster befindet. Sie zeigt auch die allgemeine Richtung des Lichtes von der Himmelsfläche zu der betreffenden Fläche im Zimmer.

geneigt sind, so erhalten wir weitaus geringere Werte, wie sie bei Flächen, die dem Fenster vollständig zugewendet sind, gefunden werden.

Der Himmel ist nicht einheitlich hell, der klare Himmel ist im allgemeinen in der Nähe des Horizontes heller als im Zenith, bei bewölktem Himmel ist das Gegenteil der Fall. Für Schätzungen und Berechnungen muß man sich daher gewisser Durchschnittswerte bedienen, über die Tab. 3 wertvolle Anhaltspunkte gibt.

Die auf horizontalen Flächen erzielten Lichtintensitäten sind bei Oberlicht im allgemeinen höher als jene, die durch Fenster erzielt werden können, was darauf zurückzuführen ist, daß sich die Lichtquelle oberhalb des Raumes befindet und die horizontale Fläche direkt beleuchtet wird.

Reflexion der Umgebung.

Wir haben bis jetzt den Beleuchtungswert einer Tageslichtöffnung von der sichtbaren Fläche des Himmels und seiner Helligkeit abgeleitet.

Vielfach läßt sich eine Verbesserung des Tageslichtes im Raume dadurch erreichen, daß man die in Betracht kommenden Außenflächen weiß anstreicht, obwohl man sich vorher genau davon überzeugen sollte, daß das auch wirklich die aufgewendeten Kosten lohnt. Die Verwendung von weißem oder hellem Baumaterial ist auf die Erkenntnis zurückzuführen, daß wir durch ein solches Material die Tageslichtbeleuchtung in geschlossenen Räumen verbessern können. Diese Bauweise sollte noch viel mehr berücksichtigt werden, als es heute geschieht, obwohl wir in unseren stark verbauten Städten trotz der „weißen“ Gebäude nach wie vor künstliches Licht verwenden müssen.

Eine vom direkten Sonnenlicht beschienene Fläche kann heller sein als der Himmel an einem klaren Tage; ihre Helligkeit kann man mit 10 Kerzen pro Quadratzoll annehmen, so daß also an sonnigen Tagen eine wesentliche Verbesserung der Beleuchtung erzielt werden kann. An wolkigen Tagen geht aber dieser Vorteil verloren; da beträgt die Helligkeit dieser Fläche nicht viel mehr als 1 Kerze pro Quadratzoll. Insbesondere gilt das von einer vertikalen Fläche, die bestenfalls nur von der einen Hälfte des Himmels Licht erhalten kann, da ihre maximale Helligkeit an einem bewölkten Tag oder dann, wenn sie kein direktes Sonnenlicht erhält, viel geringer ist als die Hälfte der durchschnittlichen Helligkeit des Himmels. Der schneebedeckte Erdboden trägt viel zur Erhöhung der Beleuchtung geschlossener Räume bei, da dieser Licht gegen die Decke reflektiert und dann im ganzen Raume verteilt. Da zur Winterszeit die Tageslichtintensität an und für sich schon viel geringer ist, kommt uns dieser Umstand sehr erwünscht. Lichthöfe mit mehreren weiß gehaltenen Flächen sind besonders wirkungsvoll, da sie das Licht von einer Fläche zur anderen reflektieren[16]). Das vom Fußboden, den Wänden und Decken reflektierte Licht wirkt zerstreuend und steigert so die Lichtintensität auf den Arbeitsplätzen. Es sind daher die Reflexionsfaktoren dieser Flächen bei fensterbeleuchteten Räumen von Wichtigkeit.

Qualität des Lichtes.

Hierüber wird in den Kap. V und VI noch eingehender gesprochen. Die Qualität oder der spektrale Charakter des Himmelslichtes ist für die natürliche Beleuchtung in geschlossenen Räumen sehr wichtig. Wir sagten schon, daß in dieser Beziehung das nördliche Licht am meisten bevorzugt wird, obwohl es eine bläulichweiße Farbe besitzt, was nicht zu den Eigenschaften eines „normalen“ Lichtes gerechnet werden kann.

Das Licht wird durch seine Reflexion von farbigen Gegenständen modifiziert; das von grünem Laub zurückgestrahlte Licht ist grünlich, das von roten Ziegelsteinen rötlich und von gelben Wänden gelblich. Befinden sich solche farbige Flächen in der Nähe der Tageslichtöffnungen, so fügen sie, insbesondere dann, wenn sie direktes Sonnenlicht erhalten, dem unmittelbar vom Himmel kommenden Licht eine nicht unbeträchtliche Menge farbigen Lichtes hinzu. Das stellt eine weitere Schwankung des bereits an sich sehr unbeständigen Tageslichtes dar. Die rote Ziegelwand ist nur einen Teil des Tages von der Sonne bestrahlt; liegt sie im Schatten, dann fällt der rot reflektierte Lichtzusatz fort; inzwischen kann aber eine andersfarbige Fläche Sonnenlicht erhalten und nun ihrerseits einen besonderen Einfluß ausüben. Grüne Vegetationsflächen haben wir nur im Sommer, es ist also auch dieser Lichtzusatz nur auf einen gewissen Teil des Jahres beschränkt. Dort, wo eine besondere Farbenunterscheidung notwendig ist, führen diese verschiedenen zusätzlichen Lichtschwankungen zu unliebsamen Störungen und Verwirrungen. Die Lösung des Problems ist im künstlichen Tageslicht zu suchen, das sowohl im Spektrum als auch in seiner gleichmäßigen Intensität konstant erhalten werden kann.

Wir sehen, daß eine farbige Umgebung auch die Farbe des Lichtes, das schließlich unsere Arbeit erreicht, beeinflußt. Es ist also notwendig, daß in Räumen, wo Farbarbeiten auszuführen sind, die Flächen in möglichst neutralen Farben gehalten werden.

Treibhauswirkung.

Diese ist je nach Erfordernis unerwünscht oder nützlich. Erklärlich ist sie durch eine Absorption der Strahlung. In Abb. 1 sehen wir, daß das Glas im allgemeinen für die Sonnenstrahlen durchlässig ist, es geht also ein großer Teil der ultraroten Strahlen weit über den in der Abbildung ersichtlich gemachten Bereich hindurch. Diese Strahlen werden von Wänden und anderen Gegenständen absorbiert, wodurch sich deren Temperatur erhöht und eine weitere Ausstrahlung bewirkt. Da die auf solche Weise ausgestrahlte Energie im Vergleich zur Sonne von einer niedrigen Temperatur ist, so ist auch ihre Wellenlänge weit größer. Die langwelligen Strahlen werden aber jetzt vom Glas nicht mehr durchgelassen und steigern ganz erheblich die Temperatur des Innenraumes.

Diese Treibhauswirkung hat man zur Aufzucht von Pflanzen in Innenräumen nutzbar gemacht. Im Winter erhöht sie die Temperatur und spart Kohlen, im Sommer hingegen wird sie unbehaglich. Viele Versuche wurden schon durchgeführt, um ein Glas zu schaffen, das ultrarote Strahlen nicht hindurchläßt. Die erzielten Erfolge sind sehr gering. Ein Großteil dieser unerwünschten Strahlung (sowohl der Sonne als auch des Himmels), liegt in der sichtbaren Region und kann daher nicht ohne Beeinträchtigung des Lichtes abgefangen werden. Ferner würde sich das Glas durch eine solche Absorption stark erhitzen und schätzungsweise die Hälfte der so zurückgehaltenen Energie in langen Wellen in den Raum strahlen, wodurch dieser in seiner Temperatur ganz erheblich steigen würde. Der Vorteil eines solchen Glases wäre also sehr problematisch.

Wie wir weiter in der Abb. 1 sehen, werden ultrarote Wellen von 1400 mμ Länge durch eine Wasserschicht von 0,9 Zoll Dicke vollständig absorbiert. Eine solche Wasserschicht würde also die direkte Sonnenstrahlung wesentlich „abkühlen", ohne die Lichtmenge nennenswert zu beeinträchtigen. Durch Verstärkung dieser Wasserschicht könnte die Absorption von ultraroten Strahlen noch weiter erhöht werden. Auch durch eine gesamte Aufsaugung der ultraroten Strahlen würde noch immer eine große Heizwirkung des Sonnenlichtes bleiben, da die maximale Energie des Sonnenspektrums in der sichtbaren Region liegt. Für Sonderfälle ist die absorbierende Wirkung des Wassers und die Treibhauswirkung von Bedeutung.

Im Kap. II wurde darauf hingewiesen, daß der Wasserdampf der Atmosphäre beträchtliche Mengen von ultraroten Strahlen absorbiert. Wasserdampf ist für diese Strahlen etwas durchlässiger als Wasser; der gesamte in der Atmosphäre enthaltene Wasserdampf würde im allgemeinen einer Schicht flüssigen Wassers von etwas mehr als $^1/_2$ Zoll gleichkommen.

Der hygienische Wert der Sonnenstrahlung.

Es ist allgemein bekannt, daß bestimmte ultrarote Strahlen der Sonne keimtötend sind. Diese Strahlen werden von Glas in nur geringem Maße hindurchgelassen. Da das Spektrum der Sonnenstrahlung plötzlich bei einer Wellenlänge von 290 mμ endet, was wohl auf die Absorption der kürzeren Wellen, vermutlich durch die oberen Schichten der Atmosphäre zurückzuführen ist, enthält es nur einen kurzen Bereich von Wellenlängen, die als keimtötend betrachtet werden können.

Diese werden jedoch, wie Abb. 1 zeigt, von gewöhnlichem, klarem Glas nicht hindurchgelassen. Es ist daher die hygienische Wirkung der Sonnenstrahlen, die wir durch Glasfenster in unsere Wohnräume hineinlassen, vielfach überschätzt worden. Obwohl es bei den bestehenden Glasarten große Schwankungen gibt, absorbieren die meisten Gläser Wellen von ca. 350 mμ ab und werden für Wellen von etwa 310 mμ ab undurchlässig; von gewöhnlichem Fenster- und Oberlichtglas können wir sagen, daß es nur wenig keimtötende Strahlen hindurchläßt.

Vielen Forschern ist es wohl bekannt, daß sich die keimtötenden Strahlen auf eine bestimmte Region des Spektrums beschränken; es wird aber keinem von ihnen eingefallen sein, daß gewöhnliches Glas so gut wie alle diese Strahlen absorbiert. Verhoeff und Bell[10]) haben ermittelt, daß Wellenlängen über 305 mμ lebende Zellen nicht in dem Maße beschädigen, daß ihre Fähigkeit, sich wieder zu erholen, vernichtet wäre.

Andere Forscher haben wiederum entdeckt, daß Strahlen von mehr als 310 mμ keine keimtötende Wirkung besitzen. Tatsache der bisherigen Feststellungen ist, daß das Maximum der keimtötenden Wirkung ungefähr bei 280 mμ oberhalb der Grenze der Sonnenstrahlung liegt. Versuche mit einer Quarzquecksilberbogenlampe haben gezeigt, daß die keimtötende Wirkung dieser Strahlen auf mindestens ein Tausendstel ihres ursprünglichen Wertes herunterging, sobald zwischen Lichtbogen und Bakterien ein gewöhnliches Glas eingeschoben wurde.

Die Wissenschaft der Strahlentherapie begegnet noch verschiedenen Meinungen. Es erscheint ziemlich sicher, daß das direkte Licht außer seiner keimtötenden Wirkung auch noch einigen therapeutischen Wert besitzt. Diese schätzenswerten Wirkungen müssen nicht notwendigerweise auf die kurzen Wellenlängen der ultraroten Strahlen begrenzt sein.

Ausblassen des Materials.

Allgemein kann nur das absorbierte Licht oder die absorbierte Strahlung für das Ausblassen des Materials verantwortlich gemacht werden. Es läßt sich aber behaupten, daß ultraviolette, violette und blaue Strahlen etwas tätiger sind als solche anderer Wellenlängen. Tritt Feuchtigkeit und Wärme hinzu, so wird dieser Prozeß beschleunigt. Direktes Sonnenlicht ist infolge der großen Intensität der ultravioletten Strahlen für zarte Farben schädlich, selbst wenn es durch gewöhnliches Glas filtriert wurde. Das Himmelslicht ist infolge seiner schwächeren Intensität von weniger starker Wirkung. Wo es sich um zarte, vergängliche Farben handelt, liegt die Lösung des Problems darin, das starke Tageslicht auszuschalten und an dessen Stelle die „Tageslichtlampe" zu setzen. Das Licht dieser Lampe dringt nicht sehr tief in die ultraviolette Region ein. Der Hauptvorteil liegt aber darin, daß die wesentlich geringere Intensität dieser Lampe gegenüber dem Tageslicht genügt, um das Erkennen und Bewerten von Farben einwandfrei zu ermöglichen. Das Ausblassen der Materialien hat schon viel Beunruhigung hervorgerufen; hier kann einzig und allein die Schaffung einer scharf überwachten künstlichen Beleuchtung von richtiger Qualität und Intensität Abhilfe schaffen.

Kosten des Tageslichtes.

Die Kostenfrage[11]) des natürlichen Lichtes in geschlossenen Räumen hat die meisten Menschen sehr wenig beschäftigt. Im allgemeinen kostet die natürliche Beleuchtung in geschlossenen Räumen ebensoviel wie künstliches Licht, in menschenüberfüllten Städten sogar noch mehr.

Die hauptsächlichsten Kosten, die die natürliche Beleuchtung eines geschlossenen Raumes verursacht, sind folgende:

a) Der Unterschied der Baukosten für Gebäude mit oder ohne Fenster und Oberlicht.

b) Die Grundstückfläche, die für Lichthöfe oder ähnliche Mittel zur Erzielung wirkungsvoller Tageslichtöffnungen freigehalten werden muß.

c) Die Kosten eines besonderen Heizsystems, um den Wärmeverlust durch die Glasfläche auszugleichen.

Hierzu kommen die Betriebskosten einer solchen natürlichen Beleuchtungseinrichtung:

d) Zinsen der Anlagekosten.

e) Abnutzung der Einrichtungen für natürliche Beleuchtung.

f) Reparatur.

g) Reinigung der Glasfenster.

h) Abnutzung des zusätzlichen Heizsystems.

i) Zusätzliches Heizmaterial.

Diese Kostenaufstellung ließe sich je nach den verschiedenen Erwägungen noch erweitern[11]). Weitaus interessanter ist jedoch ein Kostenvergleich der Auslagen für natürliche und künstliche Beleuchtung bei ein und demselben Objekt. In einer ganzen Anzahl von Fällen wurde festgestellt, daß die Kosten der natürlichen Beleuchtung höher sind als jene der künstlichen. So betragen z. B. die Anlagekosten einer natürlichen Beleuchtung von Häusern verschiedener Bauart mit jeweils 7 Räumen in Amerika im Mittel ca. 600 Dollar und die gesamten jährlichen Betriebskosten ca. 100 Dollar. Diese Kosten wurden von künstlichem Licht höherer Qualität, das weit über die durchschnittlichen Anforderungen ging, kaum erreicht. An zusätzlichen Kosten der natürlichen Beleuchtung kommen aber noch hinzu: Fenstervorhänge, durch Staub und undichte Stellen entstandene Schäden, Ausblassen von Stoffen, das Opfern von Wandflächen und überdies die Kosten der künstlichen Beleuchtung, die für alle Fälle da sein muß, wenn das natürliche Licht aussetzt.

Fensterlose Gebäude.

In den gedrängt gebauten Städten finden wir allenthalben das Tageslicht als unzureichend; in den Fabriken sind die Fenster so schmutzig, daß sie so gut wie wertlos sind. Die heute noch als

Lichthöfe benutzten Flächen könnten als Raumflächen verwendet werden und künstliche Beleuchtung und Ventilation erhalten. Die für die natürliche Beleuchtung angelegten Gelder rentieren sich nicht, wir kommen zu der Einsicht, in solchen Fällen das Tageslicht auszuschalten und künstliches Licht anzuwenden. Die psychologische Auswirkung fehlender Fenster soll nicht unbeachtet bleiben, andererseits sei aber hervorgehoben, daß wir vielfach wegen unzureichendem Tageslicht künstliche Beleuchtung zu Hilfe nehmen müssen und so unter den denkbar schlechtesten Beleuchtungsbedingungen arbeiten; vielfach muß den ganzen Tag ohne natürliches Licht gearbeitet werden und unsere komplizierte Zivilisation verlangt den Dienst von Tausenden von Nachtarbeitern, die bei ihrer Arbeit auch ohne Tageslicht auskommen müssen. Es soll nicht gesagt sein, daß wir auf die natürliche Beleuchtung ganz verzichten müßten, es wird aber viele Fälle geben, wo die bisher verwendete natürliche Beleuchtung ausgeschaltet werden kann und die dafür aufgewendeten Kosten auf eine rationelle und zweckentsprechende künstliche Beleuchtung verwendet werden sollten.

Im Zusammenhang mit diesen Ausführungen drängt sich uns die Frage der Lüftung auf. Auch das Ventilationsproblem ist genau so wie die künstliche Beleuchtung in ständiger Entwicklung begriffen und läßt sich unabhängig von der natürlichen Beleuchtung lösen. Sowohl beim Lüften als auch beim Temperieren der Räume können und sollten wir uns von dem unvollkommenen Ergebnis willkürlich geöffneter oder geschlossener Fenster frei machen.

Es werden gegenwärtig Gebäude projektiert und errichtet, die zum Teil überhaupt kein Tageslicht erhalten.

Wo wir es in ausreichendem Maße und zu annehmbaren Kosten haben können, wollen wir das Tageslicht beibehalten. In stark bevölkerten Städten aber, wo Gebäude und Grundstücke teuer sind und wo durch die dichte Verbauung wenig Himmelsfläche für natürliche Beleuchtung verfügbar ist, sind die Möglichkeiten für eine künstliche Beleuchtung jenen des natürlichen Lichtes weit voraus. In solchen Fällen wird die Frage der Beleuchtung zu einer Frage der Wirtschaftlichkeit.

Glasarten für Tageslichtöffnungen.

Streuendes Glas, also Opal- oder Milchglas, sollte nicht verwendet werden, da dieses, wie schon gesagt, ungefähr ebensoviel Licht nach außen zurückgibt, als es in den Raum hineinläßt. Vollkommen streuendes Glas gibt sogar mehr Licht nach außen als nach innen. Insbesondere können wir diesen Verlust dann beobachten, wenn kein direktes Sonnenlicht vorhanden ist. Dieser Umstand trifft, wenn auch nicht in gleichem Maße, so doch in gewissem Sinn auch bei den sogenannten mattierten Gläsern zu. Überdies haben diese den weiteren Nachteil, daß sich ihre rauhe Oberfläche sehr schwer reinigen läßt.

Kristallglas ist für Tageslichtöffnungen das geeignetste. Gerippte oder körnige Gläser sind die besten für das Brechen der direkten Sonnenstrahlen. Es läßt sich auch verhältnismäßig gut reinigen. Geripptes Glas streut senkrecht zu den Rippen, körniges Glas streut unregelmäßig. Abb. 7 zeigt vier typische Glasarten — körnig, grobgerippt, feingerippt und gewellt — in ihrem Querschnitt, und zwar durch Lichtbilder, die durch ein satt an die Scheibe gelegtes photographisches Papier erzielt wurden. Eine Wiedergabe der tatsächlichen Photographie des hindurchgelassenen Lichtes zeigt Abb. 8, und zwar für das körnige und gerippte Muster in je zwei Fällen: in einem Falle die rauhe Oberfläche dem Lichte zugewendet, im andern die glatte. Man sieht, in welcher Weise die Brechung der Lichtstrahlen erfolgt.

Bei lotrecht auf klares, planes Glas einfallendem Licht wird ca. 4,5 vH von der einen Fläche der Glastafel und etwa ebensoviel von der anderen Fläche der Glastafel reflektiert. Die Menge des reflektierten Lichtes erhöht sich mit dem Einfallwinkel, wie Abb. 9 für den Einfallwinkel von fast 0^0, etwa 45^0 und etwa 70^0 zeigt. Die Reflexion der oberen und unteren Fläche ist ebenfalls ersichtlich.

Bis zu einem Einfallwinkel von ca. 45^0 steigt die Menge des reflektierten Lichtes allmählich, nimmt dann sehr rasch zu und geht bei einem Winkel von 90^0 bis 100 vH. Wir sehen das in Abb. 10 für eine glatte, saubere Fläche und für die beiden sauberen Flächen eines gewöhnlichen, planen Glases. Das Maß der Reflexion schwankt mit den optischen Eigenschaften des Glases, die wir als Brechungsexponenten bezeichnen. Bei gewöhnlichen Gläsern

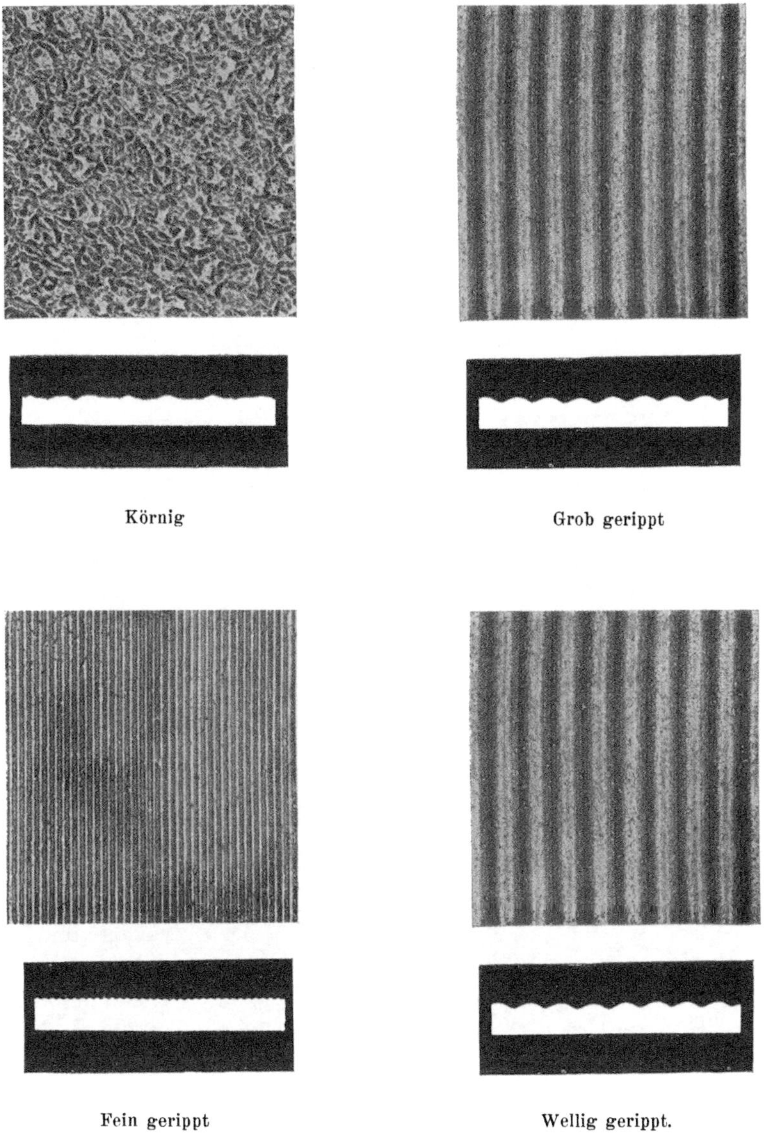

Abb. 7. Vier typische Kristallglaser, die — wie der Querschnitt zeigt — verschiedene Flacheneigenschaften besitzen.

Tafel II.

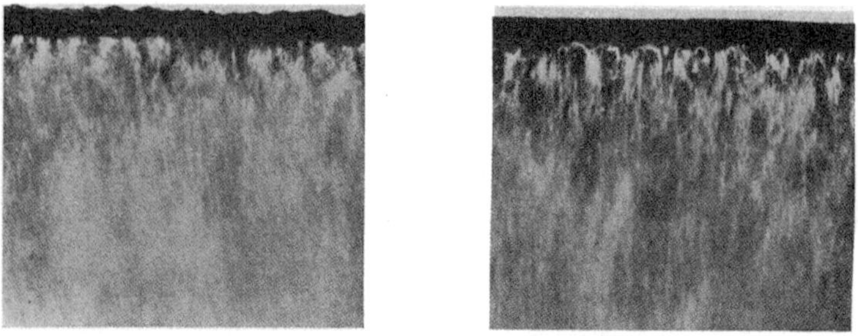

Kornig

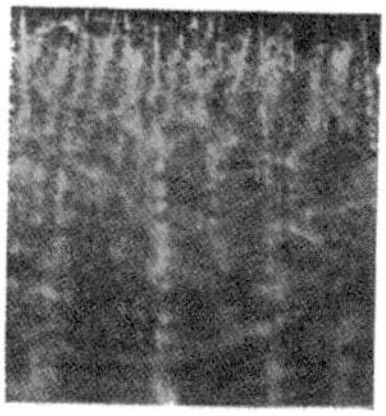

Grob gerippt

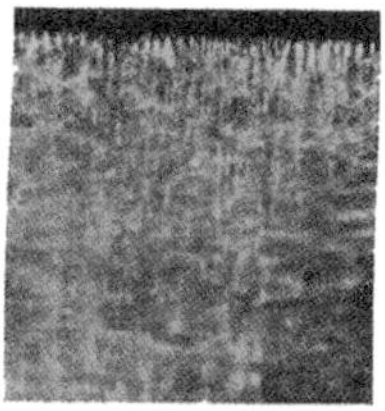

Fein gerippt

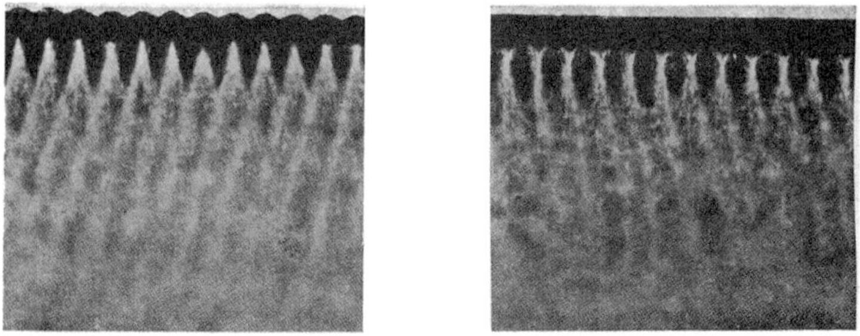

Wellig gerippt.

Abb. 8 zeigt den tatsachlichen Lichtdurchgang durch die in Abb. 7 dargestellten vier Kristallglaser mit typischen Flachenkonturen.

kommt diesem Brechungsexponenten aber nur wenig Bedeutung zu.

Wir sehen, daß kein gewöhnliches Glas mehr als 91 vH des einfallenden Lichtes hindurchlassen kann, und daß sich diese

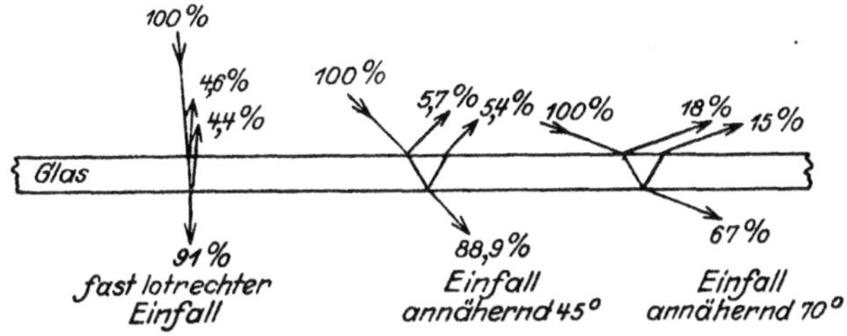

Abb. 9 zeigt den approximativen Prozentsatz des Lichtes, welches von der ersten und zweiten Fläche eines klaren ebenen Glases bei drei verschiedenen Einfallwinkeln reflektiert wird. Der reine Durchlaß wird annähernd gezeigt, wobei angenommen wird, daß innerhalb des Glases keine Absorption des Lichtes stattfindet.

Menge bei großem Einfallwinkel stark vermindert, was für die Tagesbeleuchtung einen erheblichen Verlust bedeutet. Ferner

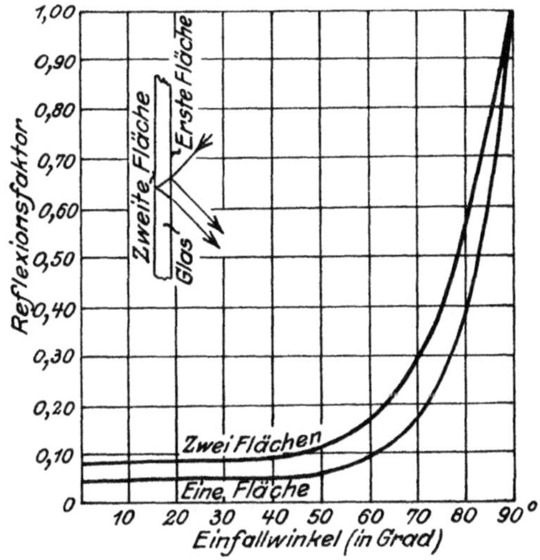

Abb. 10 zeigt den Prozentsatz des einfallenden Lichtes, das von einer oder zwei Flächen von klarem, reinem, ebenem Glas bei verschiedenen Einfallwinkeln reflektiert wird.

müssen wir uns gegenwärtig sein, daß die Durchlässigkeit eines gewöhnlichen Glases für jenes Licht, das unter mehreren Winkeln einfällt, geringer ist als bei senkrecht einfallenden Strahlen.

In Tab. 5 ist die Durchlässigkeit für verschiedene typische Glasarten zusammengestellt, und zwar sowohl für senkrecht auffallende Strahlen als auch für jenes Licht, das das Glas von einer gleichmäßig hellen Hemisphäre, z. B. von einem gleichmäßig bezogenen Himmel erhält. Die körnigen, gerippten und wellig gerippten Gläser sind die gleichen wie in Abb. 7 und 8. Da die Durchlässigkeit des einseitig gerauhten Glases geringer ist, wenn seine glatte Seite gegen die Lichtquelle steht, so ist der Durchlässigkeitsfaktor für beide Fälle angegeben.

Wenn sonst keine anderen Erwägungen mitspielen, sollten gerippte, körnige und mattierte (Sandstrahl-) Gläser mit der rauhen Seite gegen das Licht zugewendet sein; in sehr vielen Fällen wird sich das aber als unpraktisch erweisen.

Tabelle 5. Durchlässigkeit typischer Glasarten für direktes und zerstreutes Licht.

Art des Glases	Beschaffenheit der dem Licht zugewendeten Fläche	Durchlässigkeit bei lotrechten Lichtstrahlen	Durchlässigkeit bei hemisphar. Beleuchtung
Planglas	—	0,90	0,80
sandstrahlig	rauh	0,78	0,70
sandstrahlig	glatt	0,74	0,70
körnig	rauh	0,85	0,75
körnig	glatt	0,79	0,75
grobgerippt	rauh	0,77	0,62
grobgerippt	glatt	0,52	0,62
feingerippt	rauh	0,86	0,79
feingerippt	glatt	0,79	0,79
wellig	rauh	0,88	0,82
wellig	glatt	0,86	0,82

Der schief auf Glas auffallende Lichtstrahl wird in der Richtung seines Weges geändert. Der Umfang dieser „Brechung“ ist durch den Brechungsexponenten gegeben. Hierauf beruht die Herstellung der sogenannten Prismengläser, die den Zweck haben, den Weg der einfallenden Lichtstrahlen zu ändern. Diese Art der Brechung des Lichtes durch Prismengläser wird in Abb. 11 gezeigt. Prismengläser werden im allgemeinen dazu benutzt, um das mittelbare Licht vom Himmel zu sammeln und es in horizontaler Richtung in die Tiefe des Raumes weiterzugeben. Doch sind diese Gläser wertlos, wenn sie nicht rein gehalten werden.

Es ist auch möglich, alles Licht durch Glasprismen zu reflektieren. In der Abb. 12 sehen wir, daß der Strahl in einem Fall um 90°, im zweiten Fall um 180° gebrochen wird. Diese völlige Reflexion wird in der Lichtkunst vielfach verwendet.

Durch vorstehende Ausführungen gewinnen wir einen kleinen Einblick, in welchem Maße die optischen Grundsätze in das Beleuchtungsproblem eingreifen.

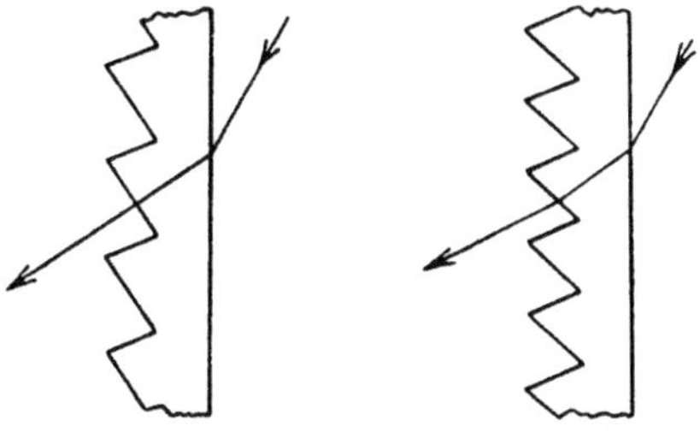

Abb. 11.
Lichtbrechung durch ein prismatisches Glas.

Von großer Wichtigkeit ist hierbei aber auch die Reinigung der Fenster und Oberlichter, wie Tab. 15 anschaulich vor Augen führt.

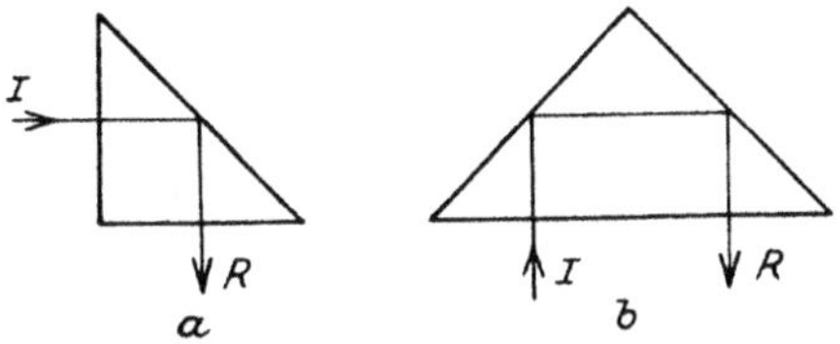

Abb. 12. Veranschaulichung der gesamten Reflexion innerhalb von Glasprismen.

IV. Künstliches Licht.

Ehe wir von den bisherigen Betrachtungen über das natürliche Licht zu einem Vergleich mit der künstlichen Beleuchtung übergehen, wollen wir uns zunächst noch mit der Entwicklung dieser künstlichen Beleuchtung kurz befassen. Mancher wird vielleicht erstaunt sein, daß das künstliche Licht bereits in seiner heutigen Entwicklung als ein machtvoller Konkurrent der natürlichen Beleuchtung anzusehen ist, und zwar insbesondere unter Berücksichtigung der vielen Hemmungen, die wir ihrer Anwendung in geschlossenen Räumen auferlegen. Die schnelle Entwicklung in der Erzeugung und Nutzbarmachung des künstlichen Lichtes einerseits und andererseits die mit der Verwendung des natürlichen Lichtes als Raumbeleuchtung verbundenen, nicht unerheblichen Kosten lassen uns diese Behauptung jedoch sehr bald als richtig erkennen.

Feuer.

Feuer war während unzähliger Jahrhunderte die Quelle des künstlichen Lichtes. Die Anfänge dieser Zeit werden für uns wohl stets unbekannt bleiben, da diese weit vor jeder Kultur, die uns die Nachweise hierfür liefern könnte, liegen. Es wird wohl schwer fallen, die Vorfahren jener Menschen, die das Feuer benutzten, als etwas anderes als Tiere zu betrachten; erst die Benutzung des Feuers schuf wohl das Heim und die Familie[17]), erst dieses gab der Höhle Licht, Wärme, ein gewisses Behagen und Schutz vor den Elementen der Natur und auch vor Tieren. Diese Umwandlung der Höhle in ein noch so primitives Heim ist der erste Anfang der Zivilisation.

Das gelb-orange Licht kann im Vergleich zu dem ungleich machtvolleren und stärkeren Tageslicht als Umgebungsfaktor auf den physikalischen und physiologischen Sehprozeß kaum von nennenswertem Einfluß gewesen sein. Seinen psychologischen Eindruck dürfen wir jedoch nicht übersehen, da es Jahrtausende hindurch mit dem Empfinden von Behaglichkeit, Bequemlichkeit und einem Schutz des Heimes verbunden war. Das Licht des Feuers bedeutet für uns ein Licht der Sicherheit und des Ausruhens im Heim.

Primitive Lichtquellen.

In den frühesten Jahrhunderten unserer primitiven Entwicklung werden die von der Natur gelieferten Materialien und Stoffe — wie auch heute noch bei primitiven Völkern — in ihrem „natürlichen" Zustand verbrannt. Erst mit der geistigen Entwicklung sucht der Mensch Stoffe herzustellen, die besser brennen und mehr Licht geben. Er sucht die Natur nach solchen Materialien ab und veredelt sie. Vegetabile und tierische Fette und Öle werden in den Dienst der Lichterzeugung gestellt. Man formt Gefäße, um diese Stoffe aufzunehmen; als Nächstes entwickelt sich der Docht. Behälter solcher Art sind uns aus den frühesten Anfängen der Zivilisation erhalten. Auch die Entwicklung der Kerze, die heute noch immer eine bequeme Lichtquelle darstellt, ist ins Dunkle gehüllt. Ihre Anfänge liegen viele Jahrhunderte vor dem christlichen Zeitalter. Sie stellt eine Veredlung der früheren Öllampe dar und besteht aus einem Docht, der von einem festen

Heizmaterial umgeben ist, das sich erst durch die Wärme der Flamme verflüssigt. Sie ist ein verbessertes Binsenlicht, das wir heute noch bei den Bauern auf dem Lande finden.

Öllampen.

Durch viele Jahrhunderte hindurch bestanden die verfügbaren Lichtquellen aus Holzfeuer, Kienspänen, Öllampen, Kieferknorren, Binsenlichtern und Kerzen. Erst Jahrtausende langer Fortschritt der Zivilisation brachte uns in die Lage, das primitive Licht der flackernden Flamme zu verbessern und auch das schließlich nur durch einen Zufall. Es wird erzählt, daß der französische Chemiker Argand 1783 zufällig auf das Prinzip des Lampenzylinders kam. Beim Erhitzen einer Flasche über einer offenen Flamme sprang der Boden ab, und vor Schreck setzte er die heiße Flasche über das flackernde Licht, das plötzlich ruhiger und stetiger wurde. Ein weiteres Forschen und Experimentieren dieser Erscheinung führte zur Erfindung des Lampenzylinders.

Mit Recht wundern wir uns, daß es zu dieser Erfindung so lange Zeit gebraucht hatte, wenn wir uns vor Augen halten, daß eine frühere Zivilisation Pyramiden, die griechischen Tempel, die römischen Aquädukte und die höchsten Kirchen der Renaissance baute.

Die sieben Seen in Amerika wurden nach Walfischen abgesucht, um deren Fett als das am besten geeignete Beleuchtungsöl zu verarbeiten. Die Petroleumquellen der Erde wurden uns erst bekannt, als sie Drake im Jahre 1853 in Pennsylvanien anbohrte.

Gaslichtquellen.

Die Anfänge der künstlichen Herstellung von Gas aus Kohle finden wir im 16. Jahrhundert. Murdock schafft sich 1794 die erste praktische Gasbeleuchtung, indem er Gas aus Kohle herstellt und dieses durch Leitungen in sein Haus führt.

Das führt zu dem Zeitabschnitt der offenen Gasflamme, bis Welsbach 1885 den Glühstrumpf erfindet.

Dieser beruht auf besonderen Eigenschaften von Oxyden gewisser seltener Erden, wie z. B. Cer, Thorium, Circonium. Wird ein Magnesiumband in der Bunsenflamme verbrannt, so bleibt ein weißes Aschenband zurück, das in der bläulichen Flamme des Gasbrenners hell glüht und eine Helligkeit verbreitet, die weit außerhalb seiner Temperatur liegt. Wir können uns auf diese Art das Prinzip des Glühstrumpfes veranschaulichen, das zur Welsbachschen Erfindung geführt hat.

Elektrische Lichtquellen.

Bis zum Jahre 1800 waren wir mit unseren Kenntnissen von der Elektrizität über das Reiben des Glasstabes und über das Erzeugen von statischen Ladungen nicht weit hinaus (Froschschenkelversuch!). 1800 baut Volta durch einen Stoß von Platten, die abwechselnd aus Zink und Kupfer bestehen und durch nasse Tücher getrennt sind, die Voltasche Säule, die die erste nennenswerte elektrische Stromquelle darstellt. Aus dieser Säule entwickeln sich die Voltaschen Zellen, und mit diesen „chemischen" Stromquellen studiert Sir Humphrey Davy den elektrischen Funken und Lichtbogen und erhält auch Licht durch das Erhitzen von Draht- und Kohlenfäden. Es sind das die ersten Anfänge roher elektrischer Lichtquellen, die in ihrer allgemeinen Anwendung aber noch länger als ein halbes Jahrhundert bis zur Entwicklung der „mechanischen" Elektrizitätsquellen warten mußten.

Die systematische, wissenschaftliche Forschung setzt erst zur Zeit Faradays ein, einem Schüler Davys; sein Studium über die elektromagnetischen Erscheinungen, über den bewegten elektrischen Leiter im magnetischen Feld legt er in den Jahren 1830—1840 in einer Reihe von Gesetzen nieder, die viele Jahre später die Grundlage zur Entwicklung der Dynamomaschine bilden.

Das Jahr 1860 bringt die erste brauchbare Stromquelle und damit die Grundlage für die Entwicklung der elektrischen Beleuchtung.

Charles F. Brush ist mit seiner 1877 erschienenen Bogenlampe und Thomas A. Edison mit seiner 1879 entstandenen elektrischen Fadenlampe von grundlegender Bedeutung für die Entwicklung des gesamten Beleuchtungssystems einschließlich der Stromerzeuger, der Verteilungsnetze und der elektrischen Lichtquellen geworden. Hier hört der zivilisierte Mensch zum ersten Male auf, irgendein Material zu verbrennen, um künstliches Licht zu erhalten. Trotzdem ist der Gedanke des „Verbrennens“ in uns so tief eingewurzelt, das wir heute noch von einem Brennen der Fadenlampe sprechen, obwohl hier von einem Verbrennen im üblichen Sinnwort keine Rede mehr ist. Die elektrische Lampe und der kurz darauf erschienene Glühstrumpf von Welsbach lieferten ein Licht, das weißer war als die orangegelbliche Flamme, die ungezählte Jahrhunderte lang im Dienst der Menschheit stand.

Die Entwicklung der elektrischen Wissenschaft brachte im Laufe der Zeit verschiedenartige Beleuchter auf den Markt. Über die Anforderungen, die an eine Lichtquelle gestellt werden, soll in den folgenden Kapiteln noch die Rede sein.

Elektrische Bogenlampen.

Unter den verschiedenen Lichtquellen, die im letzten Viertel des 19. Jahrhunderts auftauchten, war der Glühstrumpf lange Zeit für die Konkurrenzfähigkeit des Gaslichtes der ausschlaggebende Faktor. Augenblicklich muß das Gaslicht der elektrischen Beleuchtung immer mehr weichen und wird wohl auch für die Zukunft kaum mehr von nennenswerter Bedeutung werden. Jahrelang standen die Bogenlampe und die elektrische Fadenlampe in scharfer Konkurrenz. Dort, wo es auf Lichtquellen von großer Leuchtstärke ankam, war die Bogenlampe herrschend, für kleinere Lichtintensitäten, z. B. im Haushalt, behauptete sich die Fadenlampe. Beide waren einer ständigen Verbesserung unterworfen.

So wurde z. B. bei der Bogenlampe der Kohlenstift in eine Glocke eingeschlossen (Dauerbrandbogenlampe); das Licht wurde stetiger und die Kohle hatte eine längere Lebensdauer als in der offenen Lampe. Eine starke Lichtwirkung wurde durch den Zusatz verschiedener Chemikalien zu den Kohlen erzielt (Flammenbogenlampe); unter diesen sind die Lampen mit dem gelben Flammenbogen am meisten beliebt. In Amerika ist außer der Quecksilberbogenlampe die Magnetitlampe von besonderer Bedeutung; die positive Elektrode dieser Lampe besteht aus Kupfer, die negative aus einer mit Eisen und Titaniumoxyden gefüllten Blechhülse. Die Lampen werden vor allem für intensive Straßenbeleuchtung benutzt, doch auch da finden wir zum überwiegenden Teil die Fadenlampe in Verwendung.

Quecksilberlampen.

Die erste Quecksilberlampe stammt aller Wahrscheinlichkeit nach von Way im Jahre 1860. Er läßt aus einem Reservoir in kleinem Strahl Quecksilber in einen Behälter fallen, wobei Reservoir und Behälter mit je einem Pol einer Batterie verbunden sind; zwischen den Quecksilbertropfen bilden sich Lichtbogen. Die moderne Quecksilberlampe wurde von Peter Cooper Hewitt gebaut; sie besteht aus einer evakuierten Glas- oder Quarzröhre, an derem Ende die Elektroden eingeschmolzen sind. An der negativen Elektrode befindet sich Quecksilber, das durch den elektrischen Strom verdampft und leuchtend gemacht wird. Das Licht enthält jedoch keine roten Strahlen; die sichtbare Strahlung umfaßt überhaupt nur einen geringen Wellenbereich. Es erscheinen daher die Farben in diesem Lichte ziemlich entstellt. Verwendet wird es in gewissem Umfang in der Industrie und der Photographie für einige Sonderzwecke. Nicht verwendbar ist es zum Sterilisieren, in der Therapie und überall dort, wo eine starke ultraviolette Strahlung erwünscht ist.

Elektrische Fadenlampen.

Die ersten von Edison und seinen Zeitgenossen erbauten Kohlenfadenlampen waren im Vergleich zu den heutigen Drahtlampen wenig wirkungsvoll. Nach einer Reihe von Verbesserungen entwickelt Dr. W. R. Whitney 1906 den metallisierten Kohlenfaden, der weit höheren Temperaturen standhält und eine größere Lichtausbeute ermöglicht. Obwohl die Kohle erst bei sehr hohen Temperaturen schmilzt, ist ihre Verwendungstemperatur durch die Verdunstung beschränkt; die Erfindung von Dr. Whitney macht diese Verdunstung unmöglich. Man war auf der Suche nach Mineralien oder ihren Präparationsverfahren, die die Anwendung hoher Temperatur zur Lichterzeugung ermöglichen sollten. Tantal hält weit höhere Temperaturen aus als der Kohlenfaden. Es entwickelte sich die Tantallampe, die jedoch durch die noch temperaturbeständigere Wolframlampe verdrängt wird. Ferner entsteht die Nernstlampe, die eine ganz hohe Errungenschaft war, ihrer Kompliziertheit wegen mit der Wolframlampe aber nicht konkurrieren konnte. Während dieser ganzen Zeit hindurch werden die Fäden in einem luftleeren Raum verwendet; auch ein träger, gasförmiger Wärmeleiter wie die Luft, leitet die Wärme von dem dünnen Faden rasch ab, was eine Verminderung seiner Temperatur und dadurch eine Herabsetzung seiner Leuchtfähigkeit zur Folge hat. Coolidge gelang es, Wolfram dehnbar zu gestalten und in ganz feine Fäden zu ziehen, Langmuir ordnet diese feinen Fäden spiralförmig an und erhält so ein Äquivalent für einen Faden von verhältnismäßig großem Durchmesser. Nachdem er festgestellt hatte, daß sich die Kühlwirkung eines Gases nicht in dem Maße erhöht, als die Lichtausbeute einer größer werdenden Fadenfläche steigt, erzeugt er die gasgefüllte Lampe. Es war bekannt, daß die Luftleere die Verdunstung des Fadenmaterials begünstigt, während das Vorhandensein eines Gasdruckes diese stark herabsetzt. Dadurch war es möglich, den Faden auch bei hoher Temperatur mit einem entsprechend hohen Wirkungsgrad zu verwenden.

Die Wolframdrahtlampe kann für jede gewünschte Lichtintensität hergestellt werden. Man hat solche Lampen bis zu 30000 Watt hergestellt, und es gibt vom Fabrikationsstandpunkt eigentlich keine Grenze der möglichen Größe.

Leuchtwirkung.

Wie bereits erwähnt, hat sich die Leuchtwirkung besonders in den letzten Jahren ständig erhöht. Die durchschnittliche Leuchtwirkung, ausgedrückt in Lumen pro Watt, der in den Jahren

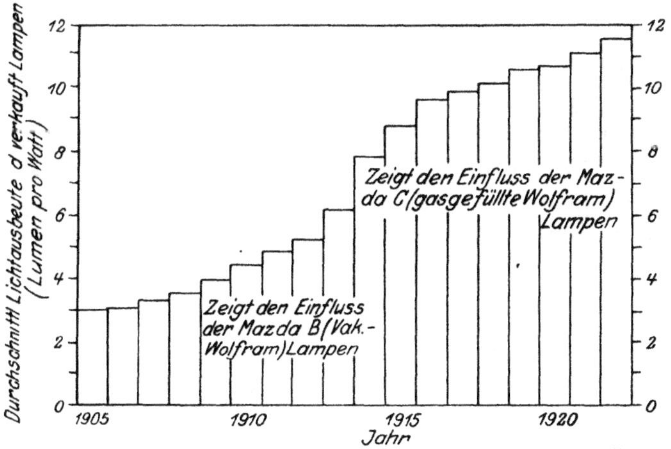

Abb. 13. Durchschnittliche Lichtausbeute in Lumen pro Watt der in den Jahren 1905 bis 1923 jeweils in Gebrauch befindlichen elektrischen Fadenlampen.

1905—1923 in Gebrauch befindlichen Fadenlampen wird in Abb. 13 angeführt. Vom Jahr 1906 ab geht diese Entwicklung sehr rasch, und wir können es uns heute leisten, weit mehr Licht zu verwenden, als es noch vor wenigen Jahren der Fall war. Diese Erhöhung der Lichtausbeute ist es, die es dem künstlichen Licht ermöglicht, den Wettbewerb mit der natürlichen Beleuchtung in geschlossenen Räumen aufzunehmen.

Aus der Abb. 14 sehen wir ferner, daß die Lampen in ihrer Lichtausbeute bei hohen Wattzahlen günstiger sind als bei niedrigen. Hier finden wir für verschiedene Lampen Daten, und zwar aus-

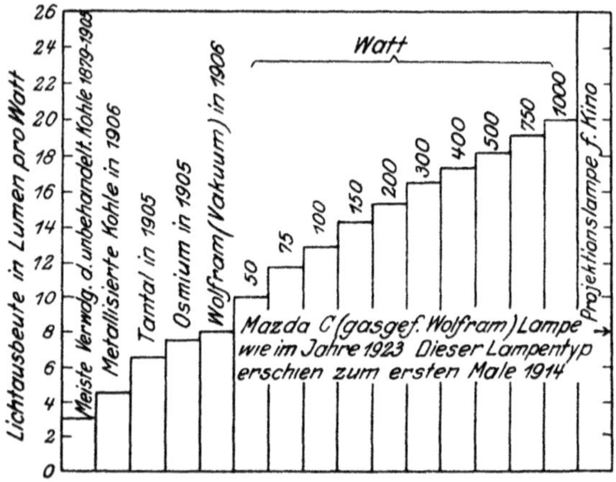

Abb. 14. Lichtausbeute der verschiedenen elektrischen Lampen.

gedrückt in Lumen*) pro Watt. Aus dieser Darstellung sehen wir, daß die Lichtwirkung der 1000 Watt gasgefüllten Wolframlampe (Mazda C) 1923 siebenmal größer war als jene der Kohlenfadenlampe im Jahre 1905 und etwa zweieinhalbmal so groß als bei der luftleeren Wolframlampe im Jahre 1906. Die gasgefüllte Wolfram-Drahtlampe kam 1914 in praktischen Gebrauch.

Kosten des künstlichen Lichtes.

Recht interessant ist die Einstellung des Verbrauchers den Kosten des als grundsätzliche Notwendigkeit anerkannten künst-

*) Die Lichtquelle einer Kerze sendet nach allen Richtungen insgesamt 4π Lumen.

lichen Lichtes gegenüber. Im allgemeinen ist diese Einstellung keine sehr freundliche, und vielleicht spielt der Umstand, daß die Lichtrechnung mit einer monatlichen Regelmäßigkeit präsentiert wird, hierbei eine Rolle. Das Tageslicht kostet mindestens ebensoviel, doch sind seine Kosten in dieser Augenfälligkeit nicht vorhanden.

Es ist von Interesse, durch etwa ein Jahrhundert auf die Kosten des künstlichen Lichtes zurückzuschauen und deren

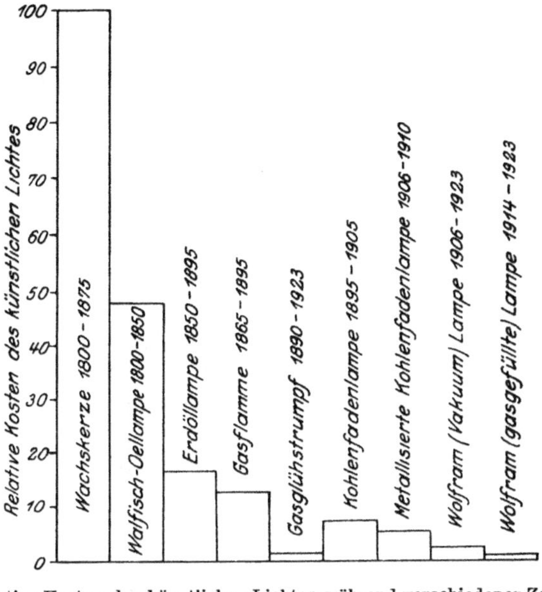

Abb. 15. Relative Kosten des künstlichen Lichtes während verschiedener Zeitabschnitte des vergangenen Jahrhunderts.

ständige Abnahme zu verfolgen[17]). Abb. 15 zeigt uns die relativen Kosten verschiedener Beleuchtungsarten während der Zeit ihrer stärksten Benutzung; wir sehen, daß diese Kosten heute 1—2 vH jenes Wertes betragen, der vor noch einem Jahrhundert aufgewendet werden mußte. Das bedeutet eine besondere Errungenschaft, die eine weiteste Verwendung künstlichen Lichtes ermöglicht und es zum ernsten Konkurrenten der Tages-Raumbeleuchtung macht. Die Umstände, die zu den gesamten Kosten des natürlichen Lichtes in Gebäuden beitragen, haben sich während des vergangenen Jahrhunderts etwas verschlechtert; ähnliche Umstände haben eine Herabsetzung der Kosten für künstliches Licht gehemmt; der Wirkungsgrad der künstlichen Lichterzeugung wurde aber durch ihre wissenschaftliche Entwicklung derart erhöht, daß das Endergebnis doch eine ganz wesentliche Verminderung der Kosten des künstlichen Lichtes gegenüber den des natürlichen war. Jenen großen Wert der Entwicklung, der sich in erhöhter Sicherheit, erhöhter Produktion und größerer Zufriedenheit äußert, kann man nur schwer geldlich aus-

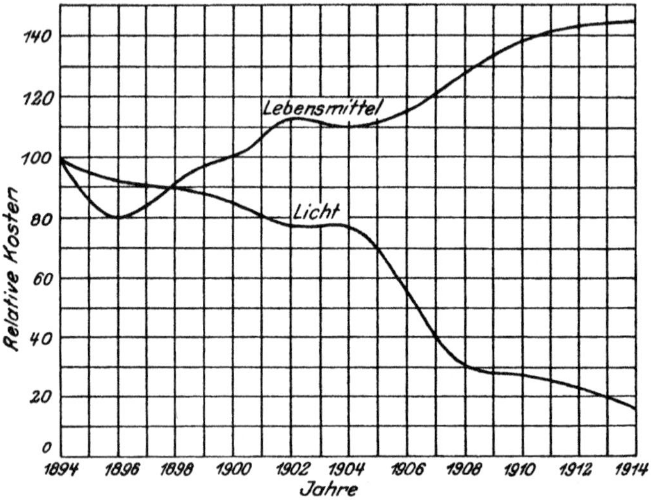

Abb. 16. Die abnehmenden Kosten der elektrischen Beleuchtung und die zunehmenden Kosten der Lebensmittel während 20 Jahren vor Ausbruch des Weltkrieges. In Anbetracht der anormalen Verhältnisse während der Kriegszeit ist dieser Zeitabschnitt unberücksichtigt geblieben. Trotzdem ist es interessant, die Tatsache festzuhalten, daß die Kosten der elektrischen Beleuchtung seit 1914 sich in ständiger Abnahme befinden, während die Lebensmittelkosten wesentlich gestiegen sind.

drücken; deshalb wird er auch vielfach nicht erkannt und nicht entsprechend gewürdigt. Wir sehen aber in Abb. 16 diese relative Verminderung der Kosten des elektrischen Lichtes gegenüber der relativen Erhöhung der Lebensmittelkosten, die ja in gewissem Sinn einen Maßstab für Löhne und Gehälter darstellen. Das Diagramm beginnt 1894 und endet mit dem Jahre 1914, wo durch den Krieg eine arge Störung des wirtschaftlichen Gleichgewichtes eingetreten ist. Trotzdem kann gesagt werden, daß die Kosten der elektrischen Beleuchtung seit 1914 nicht gestiegen sind, während wir ein erhebliches Hinaufschnellen der Lebensmittelkosten zu verzeichnen haben. Auch dieser Umstand ist besonders sprechend für den Wert einer wissenschaftlichen Forschung. Die Kosten des künstlichen Lichtes haben heute einen Stand erreicht, der es ermöglicht, ausreichendes und geeignetes künstliches Licht zu einem Preis zu beziehen, der einen ganz geringen Teil unseres Arbeitslohnes ausmacht.

Die Vereinigten Staaten sind im Gebrauch von künstlichem Licht führend, und doch ist auch hier die Beleuchtung noch weit unter der Norm, die eingehalten werden sollte. Es ist wohl richtig, daß der auf den Kopf umgerechnete Lichtverbrauch steigt, doch steht diese Erhöhung etwa nur im Verhältnis zu der Abnahme der

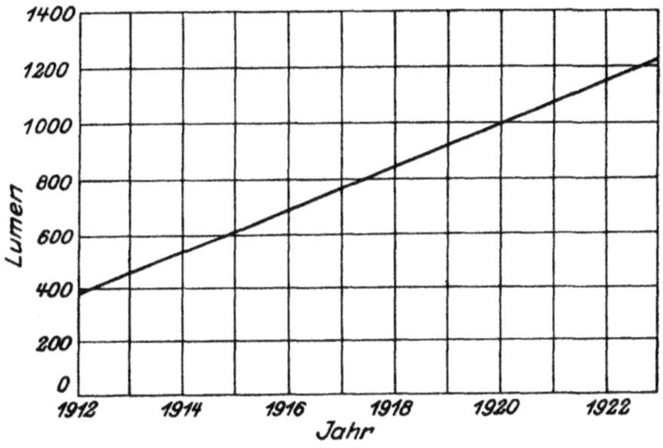

Abb. 17. Die approximativen durchschnittlichen Leuchtlumen, die pro Kopf der Bevölkerung in den Vereinigten Staaten in der Zeit von 1912 bis 1923 jährlich benutzt wurden.

Kosten des künstlichen Lichtes. In Abb. 17 sehen wir die approximativen, durchschnittlichen Lumen, die in Amerika pro Kopf und Jahr während der Zeit 1912 bis 1923 benutzt wurden. In diesen Jahren wurde das meiste künstliche Licht von der elektrischen Drahtlampe geliefert; die Gasbeleuchtung ist relativ zurückgegangen, und auch die Bogenlampenbeleuchtung ist auf einen geringeren Prozentsatz gefallen. Die Bevölkerungsziffer Amerikas ist seit 1900 ziemlich gleichmäßig gestiegen; die Lumenleistung der elektrischen Drahtlampe hat sich in verhältnismäßig gleichem aber doch höherem Grade gesteigert. Wenn man eine Schätzung der relativen Abnahme der Gas- und Bogenlampenbeleuchtung vornimmt, wird man den erhöhten Konsum an künstlichem Licht pro Kopf der Bevölkerung feststellen können, wie in Abb. 17 veranschaulicht. Aus dem Diagramm geht hervor, daß dieses Zunahmeverhältnis nur ein annäherndes ist; es wird aber im großen und ganzen von den tatsächlichen Verhältnissen nicht abweichen. Es wird aber noch wesentlich steigen, wenn einmal der Lichtkonsument zur Erkenntnis der Wichtigkeit ausreichender und geeigneter Beleuchtung gelangt ist.

V. Beleuchtungsmittel und Farben.

Bei jedem Beleuchtungsproblem bzw. jeder Beleuchtungsanlage haben wir drei Punkte zu unterscheiden: die Qualität des Lichtes, die Intensität und die Verteilung der Beleuchtung. Unter Intensität der Beleuchtung verstehen wir die Lichtmenge pro Flächeneinheit; die Verteilung umfaßt die Richtung und Streuung des Lichtes; die Qualität oder der spektrale Charakter des Lichtes ist lediglich eine Eigenschaft des Lichtes, während die beiden anderen Faktoren Eigenschaften der Beleuchtung sind. Licht als solches können wir nur durch seine Qualität, also sozusagen durch seine angeborenen Eigenschaften unterscheiden, die eng verbunden sind mit der Farbe des Lichtes. Licht von besonderer Qualität ist stets von einer bestimmten Farbe; hingegen braucht Licht von gleicher Farbe nicht immer von gleicher Qualität zu sein. Stets ist zu beachten, daß der Sehvorgang ein „synthetischer“ ist. Das Auge kann z. B. durch Reflexion von einer farblosen Fläche alle Wellenlängen der sichtbaren Sonnenstrahlung erhalten; obwohl diese Wellenlängen verschiedene Farbempfindungen (violett, blau, grün, gelb, orange, rot und alle Übergangstöne) hervorrufen müssen, ist die kombinierte Empfindung dennoch weiß. Mischen wir ein blaugrünes und rotes Licht in geeigneter Zusammensetzung, so wird eine von diesem Lichtgemisch beleuchtete farblose graue Fläche farblos bleiben. Wir haben hier zwei Fälle von weißem Licht (das Sonnenlicht und das Licht dieser besonderen Mischung), die aber in bezug auf Qualität oder spektralen Charakter stark voneinander abweichen. Das jedoch nur zum Verständnis von Qualität oder spektralem Charakter des Lichtes; es soll später hierauf noch ausführlicher eingegangen werden.

Gerade über die Qualität des Lichtes sind sich selbst viele Fachleute weit weniger im klaren als über die Intensität und Verteilung der Beleuchtung. Der spektrale Charakter des Lichtes ist aber von besonderer Wichtigkeit, und zwar nicht nur für die allgemeine Beleuchtung, sondern auch auf künstlerischem und wissenschaftlichem Gebiet, wo es auf Licht und Sehen besonders ankommt. Unter der Qualität des Lichtes meinen wir die relativen Energiemengen verschiedener Wellenlängen einer sichtbaren Strahlung oder die spektrale Verteilung der Energie im sichtbaren Spektrum. Weiter ausgedehnt, kann man diese Definition auch auf den ultravioletten und ultraroten Teil der Strahlung anwenden. Diese spektrale Verteilung der Energie verschiedener Wellenlängen können wir nicht sehen, wir können aber vermittels eines Spektrophotometers[1]) die Qualität des Lichtes an seiner Farbe beurteilen. Das zu untersuchende Licht wird gewöhnlich vermittels eines Prismas in sein Spektrum zerlegt oder mit anderen Worten: wir sehen die Strahlung verschiedener Wellenlängen als ein Farbband, das sich fortschreitend von violett bis rot färbt, wie bereits in Abb. 1 angedeutet. Das gleiche machen wir mit einem Lichte, dessen Spektrum uns bereits bekannt ist, und können dann die Strahlungsintensität irgendeiner Wellenlänge (oder eines Farbtones) an der Strahlungsintensität der gleichen Wellenlänge (oder des Farbtones) photometrisch messen. In dieser Art läßt sich die gesamte spektrale Verteilung der zur Erörterung stehenden Lichtenergie — die wir aber direkt gar nicht sehen können — bestimmen. Bei scharfer Beobachtung können wir jedoch auch die Wirkung des spektralen Charakters einer Lichtquelle auf farbige Gegenstände erkennen.

Spektraler Charakter der Beleuchter.

Die Verteilung der Energie verschiedener Wellenlängen innerhalb der sichtbaren Region wird in Abb. 18 für das Sonnenlicht zu verschiedenen Tageszeiten gezeigt. Mittags liegt das Maximum der Energie in der Mitte des sichtbaren Spektrums — gelbgrün. In Tab. 1 und auch Abb. 1 wurde erwähnt, daß dieser Teil des Spektrums für das Auge von höchster Sensibilität ist. Wir sehen auch die relative Lichtmenge, die durch die gleiche Energiemenge innerhalb verschiedener Wellenlängen erzeugt wird und die

Lichtempfindung hervorruft. Diese Empfindung ist von verschiedenen Farbentönen und Helligkeiten, wie in der spektralen Lichtkurve nachgewiesen wurde. In Abb. 18 sehen wir nur die relativen Energiemengen der verschiedenen Wellenlängen bei verschiedenem Sonnenlicht, also eine Energie, die nicht als Licht durch das Auge bewertet worden ist. Es ist vielleicht auch richtiger, die Verteilung der spektralen Energie zu zeigen, da es ja nicht immer das Auge ist, das zur Beurteilung in Frage

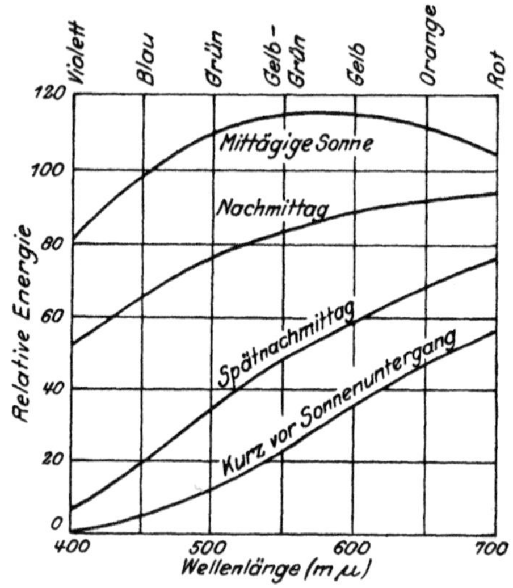

Abb. 18. Der spektrale Charakter (spektrale Verteilung der strahlenden Energie) der sichtbaren Sonnenstrahlung, die die Erde in verschiedenen Breitengraden oder Tageszeiten erreicht. Hieraus ist ersichtlich, daß die Sonne bei ihrem Untergang rötlich erscheint, was auf das Vorherrschen der gelben, orange und roten Farben zurückzuführen ist.

kommt; so könnten z. B. die photographischen Emulsionen oder irgendein anderer photochemischer Prozeß von Interesse sein; die Bewertung der Ausstrahlung verschiedener Wellenlänge würde dann von der durch das Auge abweichen. Es ist daher am besten, den spektralen Charakter der Strahlung in Form von relativer Energie zu zeigen.

Bei sinkender Sonne muß das Sonnenlicht durch die zunehmende Schicht der Atmosphäre und der in ihr enthaltenen Menge von Rauch, Staub, Wasser und Eisteilchen hindurchgehen. Hierauf ist es zurückzuführen, daß das die Erde erreichende

Sonnenlicht bei Sonnenuntergang oder Sonnenaufgang gelber wird; kurz vor Sonnenuntergang kann uns die Sonne auch als ganz rot erscheinen, wie das aus der untersten Kurve der Abb. 18 ersichtlich ist. Alle diese Kurven zeigen uns nicht nur den Wechsel des spektralen Charakters des Sonnenlichtes bei verschiedenem Stand der Sonne, sondern wir sehen auch, was unter spektralem Charakter an sich gemeint ist.

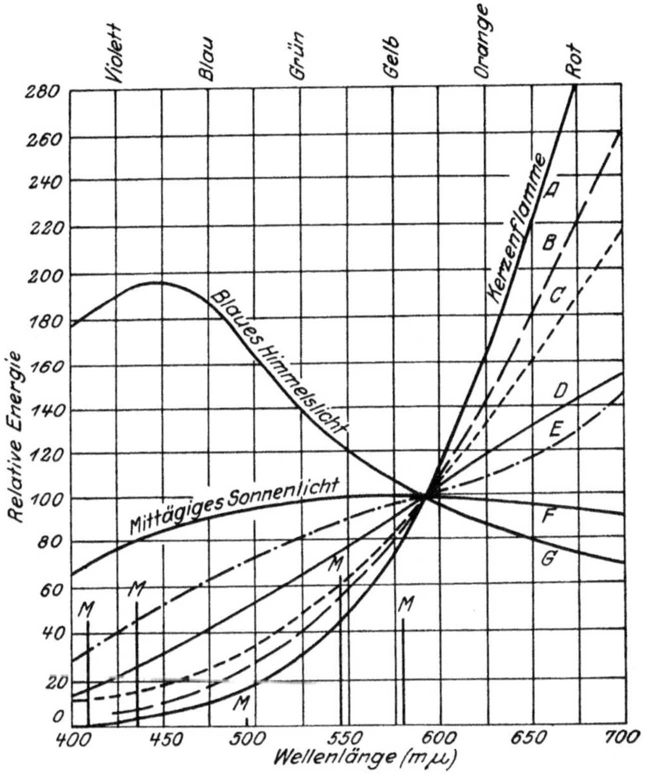

Abb. 19. Die spektrale Verteilung der sichtbaren Strahlung in verschiedenen Beleuchtern.

A Kerzenflamme
B Kohlenfaden
C Vakuum Wolframdraht (8 Lumen pro Watt)-Lampe
D Gasgefüllte Wolframdraht (22 Lumen pro Watt)-Lampe
E Mazda „Tageslicht"lampe
F Mittägige Sonne
G Blauer Himmel
M Quecksilberbogenlampe.

Von besonderem Interesse für uns ist die in Abb. 19 gezeigte spektrale Energieverteilung in der sichtbaren Region der Strahlung verschiedener Beleuchter[1]). Einerseits als annähernd weißes

Licht, andererseits als Vergleichsbasis wird hier wiederum das Licht der Mittagssonne gezeigt. Ferner sieht man, daß das Himmelslicht von einem klaren, blauen Himmel eine relativ größere, sichtbare Strahlung kurzer Wellenlängen (violett, blau, grün) besitzt als das Sonnenlicht. Der spektrale Charakter einer Kerzenflamme ist dem des blauen Himmels gerade entgegengesetzt, es ist verhältnismäßig mehr Strahlung von größeren Wellenlängen (gelb, orange, rot) da. Dieses Kerzenlicht ist viel gelber als das Licht der Mittagssonne, die relative Fülle an gelben, orange und roten Strahlen läßt es als orange-gelblich gesättigtes Licht statt als farblos weiß erscheinen. Ferner ist allgemein bekannt, daß das Licht einer Kohlenfadenlampe gelber ist als das einer Wolframvakuumlampe und dieses wiederum gelber als das Licht einer gasgefüllten Wolframlampe.

Diese Farben sind eine Funktion der Temperatur der Fäden und ein annähernder Hinweis auf den spektralen Charakter des Lichtes; auf glühende Gase oder Dämpfe, wie z. B. der Lichtbogen einer Bogenlampe oder der Dampf eines Quecksilberbogens, trifft das jedoch nicht zu. Diese Abhängigkeit von der Temperatur können wir uns am besten dadurch veranschaulichen, daß wir einen Wolframdraht in verdunkeltem Zimmer durch einen regulierbaren elektrischen Strom erhitzen. Bei mäßigem Stromdurchgang ist es nicht möglich, den Draht bis zur Glühtemperatur zu bringen; fassen wir ihn an, so werden wir merken, daß er sich bei genügendem Stromdurchfluß erwärmt, ohne jedoch Licht abzugeben. Mit dem Steigern des Stromes kann der Draht noch immer heißer werden, ohne ein Licht abzugeben. Die ganze Zeit hindurch geht aber doch eine Strahlung von dem Draht aus, die jedoch nur aus großen Wellenlängen der ultraroten Region besteht und unfähig ist, ein Empfinden von Licht oder Farbe hervorzurufen. In dem Maße, als sich der Strom weiter erhöht, fängt der Draht allmählich an, in einem schwachen Rot zu glühen; jetzt werden bereits einige der sichtbaren langwelligen Strahlen ausgeströmt, in gleichem Umfang hat sich auch die ultrarote Strahlung erhöht. Bei noch weiterer Verstärkung des Stromes glüht der Draht immer heller und heller und nimmt bald die Orangefarbe an; eine größere Menge sichtbarer Strahlen tritt auf, die zum größten Teil aus kürzeren Wellen besteht, oder mit anderen Worten: in dem Maße, als sich die Temperatur des Drahtes erhöht, gehen von ihm verhältnismäßig mehr Strahlen von kurzer und immer kürzerer Wellenlänge aus, und zwar in stetig steigendem Prozentsatz zur Gesamtstrahlung. Wenn es uns gelingt, den Draht bis zu einer Temperatur der Sonne zu erhitzen, erhalten wir ein weißes Licht, das fast die gleichen spektralen Eigenschaften aufweisen würde wie das mittägige Sonnenlicht (s. Abb. 19).

Die ganze Zeit hindurch erhöht sich also mit zunehmender Temperatur der Wirkungsgrad des Drahtes als Lichtquelle. Solange er überhaupt nicht geglüht hat, war dieser Wirkungsgrad gleich Null, die ihm zugeführte elektrische Energie war vom Standpunkt der Lichterzeugung verschwendet. Den besten Wirkungsgrad würden wir erhalten, wenn die Temperatur etwa jener der Sonne gleich sein würde. Mit noch weiterer Temperatur würde sich die Leuchtkraft wieder vermindern, und zwar hängt das damit zusammen, daß der Wolframdraht bei einer etwa der Sonne gleichen Temperatur das Maximum an Energie in der sichtbaren Region ausströmt. Interessant ist die Beobachtung, daß für jene Körper, die Licht durch reine Temperaturstrahlung ausströmen, etwa die Sonnentemperatur die rationellste ist. Schließlich muß auch noch betont werden, daß die Reaktion unseres Auges auf ein bestimmtes Bereich von Wellenlängen ein Ergebnis der Adaptation und daher die völlige Anpassung unserer Sinnesorgane an die Sonnenstrahlung erklärlich ist.

In dem soeben beschriebenen Experiment haben wir jenes Verfahren der Lichterzeugung kennengelernt, das heute allgemeine Verwendung findet. Das Hauptziel der wissenschaftlichen Forschung ist auf die Schaffung fester Körper gerichtet, die sich auf Sonnentemperatur bringen lassen und trotzdem in einem Zustand bleiben, der sie für Leuchtzwecke geeignet erscheinen läßt. Der wichtigste Umstand in der Erhöhung der Lichtausbeute[17]) ist die ständige Erhöhung der Temperatur der Glühfäden, die jedoch noch lange nicht die Temperatur der Sonne erreicht hat. Die Tab. 6 zeigt uns die Temperatur und die Lumen pro Watt einiger Lichtquellen.

Die Frage des spektralen Charakters wurde in einzelnen Darstellungen a. a. O.[1]) behandelt. Hier soll nur noch kurz etwas über die Gase und Dämpfe gesagt werden, die im Gegensatz zu dem zusammenhängenden Spektrum der festen Körper ein unzusammenhängendes Spektrum ausstrahlen, das aus Strichen

Tabelle 6. Annähernde Temperatur und Leuchtstärke einiger Lichtquellen.

	Temperatur	Lumen pro Watt
Unbehandelter Kohlenfaden . . .	3300° F (1820° C)	3,0
Metallisierter Kohlenfaden	3400° F (1900° C)	4,5
Wolfram- (Vakuum-) Drahtlampe .	3700° F (2050° C)	8,0
Wolfram- (gasgefüllte) Drahtlampe bis zu	5300° F (2950° C)	10—26
Mittagssonne	8900° F (4950° C)	(100)

und Streifen besteht und für das betreffende Gas oder den Dampf allein charakteristisch ist, genau so, wie z. B. ein Fingerabdruck charakteristisch für einen Menschen ist. Das bildet die Grundlage der spektralen Analyse; auf diese Art lassen sich die Elemente einwandfrei feststellen, wenn sie Energie in Form von leuchtendem Gas oder Dampf ausstrahlen. So kann der Fachmann z. B. aus einem derartigen Spektrum eines Sternes sagen, welche Elemente hier in gas- oder dampfförmigem Zustand vorhanden sind.

Wir besitzen eine Anzahl von Lichtquellen, in denen Gas oder Dampf elektrisch erregt wird. Viele Jahre wurde die Moore-röhre, die Stickstoff enthält, in gewissem Umfang benutzt. Fallweise wird für Farbarbeiten die Moore-Kohlendioxydröhre, die ein weißes Licht gibt, verwendet. Neon- und Heliumröhren stehen gleichfalls in Anwendung. Am verbreitetsten ist die Quecksilberbogenlampe, deren sichtbares Spektrum vor allem aus vier Streifen besteht: violett, blau, grün und gelb, wobei diese gelbe Farbe in Wirklichkeit ein doppelter Strich ist. In Abb. 19 finden wir diese vier spektralen Streifen mit dem Buchstaben M bezeichnet. Die relativen Energien der vier Wellenlängen entsprechen annähernd den Längen der Striche in der Abbildung; da aber die mittlere spektrale Region der Strahlung die größte Leuchtkraft besitzt, sind 95 vH des Lichtes des Quecksilberbogens auf die zwei Streifen der grünen und gelben Strahlung zurückzuführen. Ein solches Licht, dem die meisten spektralen Farben fehlen, läßt fast alles unnatürlich erscheinen.

Natürliche Beleuchter.

Wir haben das Tageslicht und seine Komponenten — Sonnen- und Himmelslicht — als die natürlichen Beleuchter kennengelernt. Das Mittagsonnenlicht kann als gute Durchschnittsqualität des Lichtes während des ganzen Jahres und der meisten Tage angesehen werden; es war sicher in der Entwicklung der Lebewesen jenes Licht, an welches sich die Sinnesorgane anpaßten. Nicht vergessen dürfen wir aber eine andere Qualität des Lichtes, jenes des Feuers und der Flamme, das wir durch eine große Zeitspanne hindurch mit der Entwicklung der Zivilisation eng verknüpft vorfinden. Vom Entwicklungsgang der menschlichen Tätigkeit aus betrachtet, können wir sagen, daß das Tageslicht das Symbol für die Zeitspanne der Betätigung, also der Arbeit, und das Licht des Feuers jenes des Heimes, also der Erholung war. Wir finden daher in der Skala der natürlichen Beleuchter an dem einen Ende das blaue Himmelslicht, an dem anderen das orange-gelbliche Licht der Flamme; irgendwo dazwischen liegt das mittägige Sonnenlicht. Diese natürlichen Beleuchter werden jetzt von den Menschen nach Wunsch oder Bedarf künstlich hergestellt, indem man das Licht des Lampenglühdrahtes durch besonders entwickelte Filter von beständiger Farbe filtriert. Die gewünschte Qualität des Lichtes wird durch einen gewissen Lichtverlust erreicht; der hohe Wirkungsgrad der Glühlampen läßt aber dieses Verfahren wirtschaftlich möglich erscheinen. Ja wir können sogar den Wert dieses Lichtes noch erhöhen, da wir die Möglichkeit haben, einige seiner Strahlen, die uns nicht entsprechen, abzufangen. Es gibt künstliche Tageslichteinrichtungen, die jede Qualität des Lichtes vom mittägigen Sonnenlicht bis zum klaren nördlichen Himmelslicht erzeugen können.

Durch Färbung der Glühbirnen können wir ein Licht mit dem Farbenton der Flamme erzeugen. Zwischen der natürlichen Flamme und der mittägigen Sonne liegt das Licht der Wolframdrahtlampe. Eine Type hiervon, die sogenannte Wolfram „Tageslicht“-Lampe ist der Qualität nach ein ziemlich angenähertes Tageslicht, das zur Erleichterung der Unterscheidung für allgemeine Zwecke durchaus zufriedenstellend ist. Für sehr genaue Arbeiten haben sich künstliche Tageslichtausrüstungen als sehr erfolgreich erwiesen, die aber im allgemeinen für Beleuchtung ausgedehnter Flächen keine Anwendung finden. Trotzdem kann aber die Wolfram-Tageslichtlampe in Arbeitsräumen mit gutem Erfolg verwendet werden, und zwar namentlich da, wo sich künstliches und natürliches Licht mischen. Die Beziehungen der natürlichen und künstlichen Beleuchter sind in der Tab. 7 veran-

Tabelle 7. Natürliche und künstliche Beleuchter in ihrer Beziehung zueinander mit Rücksicht auf die natürliche Skala des Spektrums, und zwar von der Flamme bis zum blauen Himmel.

Natürliche:		Künstliche:
	Bläulicher Farbengrad	
Blauer Himmel		Künstliche Himmelslichteinheit (filtriertes Licht)
Kombination von Sonnen- und Tageslicht		Jede Qualität des Sonnenlichts ist erhältlich, indem man das Licht der Wolframfäden filtriert
Mittägige Sonne	*Weiss*	Künstliche Sonnenlichteinheit (filtriertes Licht)
		Wolfram-„Tageslicht"-Lampe (filtriertes Licht)
Glühende feste Körper können tertiäre natürliche Beleuchter genannt werden		Gasgefüllte Wolframlampe
		Vakuum-Wolframlampe
		Tantallampe
		Metallisierter Kohlenfaden
		Unbehandelter Kohlenfaden
Licht von natürlichen Flammen ist ein sekundärer natürlicher Beleuchter		
Flammen		Lampe mit Flammentönung (filtriertes Licht)
	Gelb-orange Farbengrad	

schaulicht. Mit dem blauen Himmelslicht beginnend, durchschreiten wir das Weiß der mittägigen Sonne und gelbliche Farbengrade glühender, fester Körper bis zur gewöhnlichen Flamme. Auf der rechten Seite finden wir die künstlichen Beleuchter angeführt, die heute bereits die gesamte Skala der natürlichen Beleuchter umfassen, obgleich einige von ihnen die gewünschte Wirkung durch Schaffung sorgfältig ausgewählter farbiger Gläser oder äußerer Umkleidung erzielen.

Was ist Farbe?

Die gegebene Definition der Qualität oder des spektralen Charakters des Tageslichtes ist auch auf jedes gefärbte Licht anwendbar, gleichgültig, ob es von einer Lichtquelle ausströmt oder von einer farbigen Fläche zurückstrahlt. Allgemein gesprochen besitzt jedes Licht einen spektralen Charakter, und hierauf ist die fundamentale, physikalische Grundlage der Farbe aufgebaut. Wir können genauer sagen: genau so, wie das Auge allein nicht imstande ist, den spektralen Charakter eines Lichtes festzustellen, ist es auch nicht imstande, eine Farbe in ihre Komponenten zu zerlegen. Wir können z. B. ein vollkommenes Gelb durch eine Mischung von rotem und grünem Licht erhalten, wobei dieses Gelb genau so aussieht wie gewöhnliches Gelb. Es wird oft verkannt, daß das Auge synthetisch, das Ohr hingegen analytisch ist; hieraus entsteht eine Quelle vieler Fehler und gibt auch die Erklärung für das mangelnde Verständnis der Beziehungen zwischen Licht und Farbe.

Um zum grundsätzlichen Verständnis der Farbe zu gelangen, müssen wir an der Erkenntnis festhalten, daß die Farbe in Wirklichkeit im Licht enthalten ist. Das Pigment oder die Färbung ist nichts weiter als ein wahlweiser Absorbent; es werden Strahlungen gewisser Wellenlängen absorbiert und andere reflektiert. So hat z. B. Zinnober die Eigenschaft, fast alle sichtbaren Strahlen zu absorbieren und nur die roten zu reflektieren. Wie fast alle farbigen Medien, so reflektiert auch Zinnober Strahlungen in einem bestimmten Bereich der Wellenskala; so wird außer Rot auch Orange und etwas Gelb reflektiert. Die integrale Empfindung aber, die diese Strahlen hervorrufen, nennen wir gewöhnlich rot.

Zinnober erscheint jedoch nur dann rot, wenn sich rote Strahlen im Beleuchter befinden, da ja sonst kein rotes Licht reflektiert werden könnte. Deutlich können wir das feststellen, wenn wir Zinnober unter dem Lichte einer Quecksilberlampe betrachten; da erscheint er fast schwarz. Nach Abb. 19 hat das Quecksilber keine roten Strahlen. In diesem Licht erscheinen z. B. unsere Lippen bläulichschwarz; da von ihnen ein wenig Blau, etwas Violett und sehr viel Rot reflektiert wird, müssen sie unter dem Licht eines Beleuchters, der keine roten, dafür aber violette und blaue Strahlen enthält, so aussehen, wie die Lippen eines

Kindes, das eben Blaubeeren genascht hat. Darin liegt auch die Erklärung, daß unter dem Licht der Quecksilberlampe unsere Umgebung und wir selbst unnatürlich, ja unheimlich aussehen.

Beleuchten wir zwei gleiche Serien von Farben, z. B. Violett, Blau, Grün, Gelb, Orange und Rot einerseits durch Himmelslicht, andererseits durch gewöhnliches künstliches Licht, so werden wir feststellen, daß unter dem Himmelslicht die violetten blauen und grünen Farben heller und intensiver erscheinen; bei Gelb, Orange und Rot ist das Gegenteil der Fall. Ein gelber Beleuchter erhellt und bereichert die Farben von Gelb zu Rot und ein bläulicher Beleuchter, wie z. B. das Himmelslicht, begünstigt die Farben Violett, Blau und Grün. Das gleiche bezieht sich auf komplementäre Farben; so reflektiert z. B. Purpur vor allem violette und rote Strahlen; im Vergleich zu seinem Aussehen unter einem bläulichen Licht erscheint es unter einem gelblichen künstlichen Licht fast rötlich. Es ist empfehlenswert, diese einfachen Experimente selbst durchzuführen; sie tragen sehr viel zum Verständnis der Beziehungen zwischen der Qualität des Lichtes und der Erscheinung der Farben bei.

Jeder Farbwissenschaftler weiß, daß das mittlere Licht der Mittagssonne weiß ist. I. G. Priest[23]) hat das auch kürzlich durch eingehende Untersuchungen bestätigt. Er stellte fest, daß weißes Licht durch Strahlung bei einer Temperatur von 8900° F (4930° C) erzeugt werden könnte; ferner ermittelte er, daß das mittlere Licht der Mittagssonne in Washington einer Farbtemperatur von 9080° F (5030° C) entsprach.

Ideale Beleuchter für Farbarbeiten.

Aus den bisherigen Ausführungen sehen wir, daß für Farbarbeit allgemein der neutrale Beleuchter, also ein solcher, der keine Farbe bevorzugt, als ideal anzusprechen ist. Wir müßten also zwischen mehreren tausend Farben und bei weiterer Berücksichtigung zwischen Hunderttausenden von Farbtönungen unterscheiden. Als allgemein zugängliche Norm des weißen Lichtes zur Beurteilung von Farben kann wohl das mittägige Sonnenlicht an klaren Tagen wegen seiner überwältigenden Intensität und der kaum nennenswerten Schwankungen angesprochen werden. Wir sind aber auch imstande, durch geeignete Farbinstrumente ein künstliches, weißes Licht zu normen. In der praktischen Nutzanwendung werden wir auch immer auf dieses künstliche weiße Licht bei genauen Farbarbeiten angewiesen sein, da es immer zu haben ist und da seine Kosten im Vergleich zu den Beleuchtungsvorteilen geringfügig erscheinen.

Genaues künstliches Tageslicht.

In der Erscheinung der Farben ist die Verteilung des Lichtes und die Farbe der Umgebung[19]) von Wichtigkeit. Bestimmte Flächenwirkungen lassen helles Licht einer kleinen Lichtquelle anders erscheinen als von einer großen Lichtquelle. Im allgemeinen soll das Licht etwas zerstreut und von einer Lichtquelle einfallen, die dem Gegenstand in einem entsprechend großen Winkel gegenüberliegt. In einem Raum mit weißer Decke und mäßig grauen Wänden können wir das durch verschiedene Tageslichteinheiten erreichen.

Eine Farbe wird stets von ihrer Umgebung beeinflußt. Es ist daher wichtig, für diese das bestmögliche Kompromiß zu schaffen, das stets ein mittleres Grau sein wird. Eine farbige Fläche erscheint uns inmitten einer schwarzen Umgebung verhältnismäßig dunkler als sie tatsächlich ist; gegen einen weißen Hintergrund gesehen erscheint sie heller. Am wenigsten ändert sich ihre scheinbare Helligkeit, wenn die Umgebung ebenso hell ist wie die Farbe, wofür sich das schon erwähnte mittlere Grau am besten eignet. Außer dem Helligkeitskontrast haben wir auch noch einen Farbenkontrast zu unterscheiden. Ist die Umgebung von einer bestimmten Farbe, so fügt sie der beobachteten Farbe im allgemeinen eine annähernd komplementäre Farbe hinzu. Dieses merken wir am deutlichsten, wenn wir eine weiße oder graue Fläche in ein farbiges Feld setzen; ist dieses Feld grün, so sehen wir das Weiß oder Grau mit einem Stich ins Purpur.

Ferner müssen wir mit den sogenannten Nachbildern im Auge rechnen. Betrachten wir aufmerksam eine helle Farbe und wenden dann den Blick auf eine weiße oder graue Fläche, so sehen wir im allgemeinen eine Fläche von der Größe jener der betrachteten Farbe, die komplementär getönt ist. Blicken wir einige Augenblicke in den blauen Himmel und sehen uns dann verschiedene Farben an, so werden wir diese anders sehen als gewöhnlich. Diese Wirkung der Nachbilder ist bei der gewöhnlichen Farbarbeit im allgemeinen nur von kurzer Dauer — wenige Sekunden —, beim Vergleichen von zwei oder mehreren lebhaften Farben wird sich diese Wirkung aber bemerkbar machen.

Zur Beleuchtung eines kleinen Punktes ist eine einzige Tageslichteinheit ausreichend. Die Lichtintensität sollte aber für Farbunterscheidungen viel größer sein, als man sie im allgemeinen unter den üblichen künstlichen Beleuchtungsverhältnissen findet; nach Möglichkeit sollte sie mindestens 50 FK betragen. Gerade für derartige Arbeiten sollten wir ein sehr intensives „normales" Licht haben, das wir uns heute auch auf künstlichem Wege schaffen können. Wie schon gesagt, schwankt die Qualität des Himmelslichtes den wechselnden Bedingungen entsprechend; diese Schwankungen des durch das Fenster eindringenden Himmelslichtes werden aber auch noch durch die wechselnde Beleuchtung der angrenzenden Gebäude beeinflußt, und dieser Einfluß hängt weiterhin von den Schwankungen des direkten Sonnenlichtes ab. Ferner ist zu beachten, daß auch farbige Flächen, wie Steinmauern usw., viel zur Unsicherheit des Lichtes für Farbarbeiten beitragen. Für die Arbeitsfläche eines Arbeiters kann man mit einigen 100 Watt ein ausreichendes künstliches Tageslicht erhalten, und wir haben heute bereits mit Erfolg Tausende solcher Beleuchtungseinrichtungen in den verschiedensten Industrien, bei denen es auf genaue Farbunterscheidungen ankommt, in Verwendung. Sie sind völlig unabhängig von einem Tageslicht, das durch seine Schwankungen die Arbeit sehr erschwerte. In Textilfabriken, Läden und Kaufhäusern, Zigarrenfabriken, Farbgeschäften, Konfektionshäusern, in der Pelzindustrie, in Ateliers, in metallverarbeitenden Betrieben, Wäschereien, Papierfabriken, Getreidemühlen, Juweliergeschäften, in zahnärztlichen Ambulatorien, beim Mikroskopieren, bei ärztlichen Untersuchungen, in der Chirurgie und vielen anderen Berufen und Industrien ist heute ein einwandfreies, beständiges künstliches Tageslicht in Anwendung. Dessenungeachtet aber sind auf dem Markte nur einige wenige Typen dieser künstlichen Tageslichteinheiten zu finden, die den wissenschaftlichen Anforderungen vollauf entsprechen. Obwohl minderwertige Fabrikate im Laufe der Zeit vom Markte von selbst wieder verschwinden, richten sie doch dort, wo sie Gelegenheit hatten in die Betriebe einzudringen, nur Unheil an. So wie ein genaues, künstliches Tageslicht für viele menschliche Tätigkeiten unbezahlbar ist, so ist ein nicht zweckentsprechendes Licht schlimmer als gar keines.

Angenähertes künstliches Tageslicht.

Die Lichtausbeute der uns heute zur Verfügung stehenden künstlichen Tageslichtquellen ist derart gering, daß es nicht möglich ist, genaues künstliches Sonnenlicht für allgemeine Beleuchtungszwecke bei annehmbaren Kosten zu erzeugen. Wir brauchen auch nicht für alle Arbeiten ein derartiges Licht, in vielen Fällen wäre schon viel geholfen, wenn ein angenähertes Tageslicht zur Verfügung stünde. Aus diesem Bedürfnis heraus hat sich die Wolfram-„Tageslicht"-Lampe entwickelt, die für viele Zwecke völlig ausreichend ist und in mehreren Millionen Lampen mit Erfolg in Gebrauch steht.

Vielfach ist man sich dessen gar nicht bewußt, in welch großem Umfang wir bei unserer täglichen Beschäftigung von den Farben abhängig sind. Unsere ganze Umgebung, wie Hölzer, Metalle, Stoffe, Papier usw., besitzt Farbe, ja, es ist schwer, etwas Farbloses zu finden. Wir glauben z. B., daß ein „weißer" Puder farblos ist; wir brauchen nur mit dem Finger eine Mulde in den Puder zu machen und können feststellen, daß uns die so entstandene Vertiefung ganz entschieden farbig erscheint. Das in diese Vertiefung eingedrungene Licht wird darin vielfach reflektiert, und diese unzähligen Reflexionen lassen uns einen bestimmten Farbengrad deutlich erkennen.

Viele kostspielige Waren könnten durch Verwendung von Tageslichtlampen vor dem Verderben geschützt werden. Sie sind nicht nur dort, wo es auf Farbunterscheidungen ankommt, von Wert, sondern auch überall da, wo es auf eine Verstärkung des natürlichen Lichtes hinausgeht. Dabei ist darauf zu achten, daß das Tageslicht in der gleichen Richtung des künstlichen Tageslichtes eindringt, wie es z. B. bei Tagoberlichten der Fall ist, wo die künstlichen Tageslichtlampen an die Oberlichte montiert werden. In den meisten Fällen, wo das natürliche Tageslicht seitlich durch die in den Wänden befindlichen Fenster eintritt und die Tageslichtlampe an der Decke montiert ist, wird die

Beleuchtung unzweckmäßig sein, da durch die stark verschiedenen Richtungen des Lichtes der Unterschied in deren Farbe sich störend bemerkbar macht, während dieser Unterschied in dem ersten Fall bei weitem nicht so bemerkbar ist.

VI. Qualität des Lichtes und das menschliche Wesen.

Wir gelangen ständig mehr zu der Überzeugung, daß mit Rücksicht auf die Leistungsfähigkeit des Individuums bei seiner täglichen Arbeit ein weißes oder fast weißes Licht als idealer Beleuchter anzusehen ist. Berücksichtigen wir noch weiter das Moment der Anpassung an die Umgebung, so kommen wir zu dem Schluß, daß das Licht einer Tageslichtqualität, gleichgültig ob natürlich oder künstlich, die beste Art der Beleuchtung darstellt. Glücklicherweise schreitet auch die Entwicklung in der Tendenz erhöhter und wirkungsvollerer Temperaturen durch Erhitzung fester Körper immer weiter fort, so daß wir uns auf diesem Wege immer mehr dem weißen Licht nähern. Bei fast allen Versuchen, die hinsichtlich der Qualität des erstrebten Lichtes gemacht wurden, wurde immer wieder festgestellt, daß das weiße Licht für Arbeitszwecke bevorzugt wird. Die Erklärung hierfür wird vielleicht mehrfacher Art sein; der Verfasser selbst ist aber der Meinung, daß das in der Hauptsache auf das Ergebnis der Anpassung in der Entwicklungsperiode der Menschheit zurückzuführen ist und jeder, der dieses Moment in seiner Wichtigkeit gerade auf biologischem und psychologischem Gebiet erkannt hat, wird dieser Meinung beipflichten. Erst wenn wir die Wichtigkeit der physiologischen und besonders der psychologischen Phasen des menschlichen Wesens voll erkannt haben, gewinnen wir die richtige Einstellung zum Menschen selbst und seinen Beziehungen zur Welt.

Unsere Physiognomie und die physikalischen Eigenschaften des Auges haben sich unter dem physiologischen Einfluß des Lichtes in der Natur entwickelt. Deshalb ist auch der physiologische Sehprozeß ein Produkt der Anpassung an die Natur. Um uns an andere Beleuchtungsverhältnisse zu gewöhnen, würde es zweifellos endloser Jahrhunderte neuerlicher, langsamer Anpassung bedürfen. In der geistigen oder allgemein gesagt, in der psychologischen Phase unseres Wesens sind wir weit eher einer Änderung zugänglich, was jeder einzelne von uns an sich selbst schon festgestellt haben wird. In psychologischer Hinsicht unterscheidet sich der Mensch ganz nachhaltig von jedem anderen Lebewesen. Wenn wir dieses Moment bei einer weit angelegten tieferen Betrachtung des Beleuchtungsproblems berücksichtigen, scheiden wir scheinbare Inkonsequenzen aus. Und wenn wir an den primitiven Menschen im Anfangsstadium seiner Entwicklung zurückdenken, müssen wir uns sagen, daß ihm für die damals gegebenen Bedingungen und Bedürfnisse die Benutzung des Feuers bzw. dessen Licht als natürlich erschien.

Licht natürlicher Qualität.

Wo eine Unterscheidung von Farben nötig ist, besteht hinsichtlich der Überlegenheit eines weißen Lichtes wohl kein Zweifel. Ebenso ist es besser, Farbunterschiede der Beleuchtungsquellen auszumerzen, wenn Tageslicht und künstliches Licht in voneinander stark abweichender Richtung einfallen. Es entstehen aber in diesem Zusammenhang noch andere Fragen, wie z. B.: Welches Licht ist das beste, wenn eine Farbunterscheidung nicht erforderlich ist? Welcher Qualität des Lichtes sind wir auf Grund unserer geschichtlichen Vergangenheit angepaßt? Hierüber wird uns die Forschung im Laufe der Zeit noch so manches zu sagen haben. Heute stehen uns wohl auch schon einige Unterlagen zur Verfügung, wir besitzen aber außerdem beträchtliche Erfahrungen und eine bestimmte logische Philosophie. Den normalen Durchschnittsmenschen müssen wir uns als zweifaches psychologisches Wesen denken, und zwar als ein Tages- und ein Nachtwesen. Mit dem Tag und dem Tageslicht sind Arbeit und intensives Sehen so untrennbar verknüpft, daß wir daher vielleicht ganz unbewußt das Bedürfnis nach einem ausreichenden Licht von Tageslichtqualität haben. Diese unbewußte Forderung liegt sicherlich als ein Erbe unserer Vorfahren in uns und stellt sich schon im Kind von dem Augenblick an ein, wo es lebensbewußt wird. Sie wird zu einem der natürlichsten Gestalter unseres Lebens und unserer Betätigung.

Während des Tages, also während der hauptsächlichsten Zeitspanne unserer Arbeit, wird unser ästhetisches Ich vom arbeitenden Ich unterdrückt. Für den normalen Durchschnittsmenschen ist in der Nacht das Gegenteil der Fall; sie ist die Zeitspanne der Ruhe und der Erholung, hier tritt unser ästhetisches Ich hervor; wir sitzen heiter, behaglich und gemütlich daheim und können uns bewußt erholen. Wir finden den Geist des Heimes, mit dem für uns seit ungezählten Jahrhunderten das gelbliche Orangelicht der Flamme verbunden ist. Diese Farbe des Lichtes hat uns als Nachtwesen einen unauslöschlichen Stempel aufgedrückt. Sind unsere Sinnesorgane normal oder nicht ernstlich beschädigt, so herrscht nach getaner Tagesarbeit das Nachtwesen in uns vor und verlangt nach der Lichtfarbe der Flamme. Ein krankes oder besonders empfindliches Auge hingegen wird stets ein natürliches Verlangen nach Licht von Tageslichtqualität haben, also nach dem Licht der biologischen Entwicklung bzw. Anpassung. Wir können daher annehmen, daß einem normalen, gesunden Auge in der Nachtzeit in geschlossenen Räumen ein künstliches Licht mit der warmen Tönung der Flamme erwünscht ist. Uns interessiert aber jetzt in erster Linie unser Tag-Ich, dem die Pflicht der Arbeit obliegt.

Nach den wenigen Unterlagen, die uns über die Ermüdung des Auges und das Sehen im allgemeinen zur Verfügung stehen, können wir sagen, daß für eine andauernde Tätigkeit eine Beleuchtung von der Qualität des Tageslichtes günstiger ist als jede andere. Wir haben ferner den Beweis, daß im allgemeinen das Licht in dem Maße günstiger wird, als es sich der weißen Farbe nähert. Wir können also für konzentrierte Arbeiten, wo unser ästhetisches Empfinden eine untergeordnete oder gar keine Rolle spielt, durch eine höhere Temperatur der Lampenglühdrähte die Qualität des Lichtes erhöhen.

Einen experimentellen Beweis für die sich aus der natürlichen Anpassung des Auges ergebende Forderung an die Qualität des Lichtes hat der Verfasser an sich selbst, in Gesellschaft einer zweiten Versuchsperson erbracht. Einen ganzen Winter hindurch wurden bei angestrengtester Arbeit — wo also die Vorherrschaft des ästhetischen Ich oder des Nachtwesens ausgeschaltet war — Experimente mit Licht verschiedener Qualität angestellt, und zwar von angenähertem Tageslicht einer Wolfram-

Tageslichtlampe angefangen bis zum tief gelblich-orange gefärbtem Licht; je gelblicher das Licht der einzelnen zum Versuch verwendeten Beleuchter wurde, um so ungeeigneter erwies es sich.

Ein erst kürzlich durchgeführter Versuch an etwa 35 Personen gab ein ähnliches Resultat. Die Personen waren vor allem mit schriftlichen oder Laboratoriumsarbeiten betraut und waren an dem Versuch als solchen vollständig desinteressiert. Ohne auf weitere Einzelheiten einzugehen, sei noch gesagt, daß der Versuch nach anerkannten psycho-physiologischen Richtlinien geleitet wurde, unter Hintanschaltung stärkerer Einflüsse, Vorschläge oder Vorurteile. Der für das Experiment gewählte Sehvorgang war das Lesen von schwarzen Buchstaben auf weißem Papier, in der Art der Zeitschrift „Saturday Evening Post". Die einfache, übliche Umgebung war in bezug auf die Farbe fast neutral und spielte beim schließlichen Ergebnis keine besondere Rolle. Die benutzten Beleuchter waren farblose, gasgefüllte Wolframlampen (Mazda C) und Mazda-Tageslichtlampen in üblicher Voltzahl. In beiden Fällen wurde auf gleichmäßige Streuung und Verteilung des Lichtes geachtet, daß also der Unterschied nur in der Qualität und Intensität des Lichtes lag. Beide Arten von Lampen waren von gleicher Wattzahl; da die Tageslichtbirne nur etwa zwei Drittel soviel Licht ausströmt als eine klare Birne gleicher Wattzahl, war auch die Intensität der „Tageslicht"-Lampe nur zwei Drittel jener der gewöhnlichen klaren Glühlampe. Dies gab nicht nur ein anschauliches Bild über den Kostenpunkt, sondern auch über die Beziehung von Qualität und Intensität des Lichtes.

Den Versuchspersonen wurde eine gewisse Zeit zur Adaptation gegeben. Nachher hatten sie unter dem Licht eines in bestimmter Höhe angebrachten Beleuchters vorzulesen, der nach dem Ermessen des Versuchsleiters gewechselt wurde. Zur Vollständigkeit sei bemerkt, daß beim Lesen von schwarzem Druck auf weißem Papier die Frage der Farbunterscheidung nicht in Betracht kommt, so daß also dieser Umstand den Versuch mit Rücksicht auf die Qualität des Lichtes nicht beeinflußt. Wie die Tab. 8 zeigt, wurde trotz der geringen Intensität der Mazda-„Tageslicht"-Lampe diese von der Mehrzahl der Versuchspersonen bevorzugt.

Tabelle 8. Ergebnisse einer Untersuchung über die von einer Gruppe von Versuchspersonen getroffene Wahl bei zwei Beleuchtern, und zwar bei der gewöhnlichen Mazda-C-Lampe und der Mazda-„Tageslicht"-Lampe.

Versuch Nr.	Fuß-Kerzen		Anzahl der Versuchspersonen	Prozentsatz der Wähler von Mazda-„Tageslicht"
	Mazda C	Mazda „Tageslicht"		
1	0,75	0,5	28	75
2	6,0	4	34	62
3	13,5	9	32	54
4	21,0	14	32	54
5	28,5	19	34	77

Jeder der 5 Versuche, die insgesamt fast ein Jahr dauerten, wurde bei verschiedenen Lichtintensitäten vorgenommen, die Versuchspersonen waren immer die gleichen. Der Einfluß des Gedächtnisses war leicht auszuschalten. Die Intensität schwankte von 28,5 FK bis zu 0,75 FK für die Mazda-C-(gasgefüllte) Lampe und betrug zwei Drittel dieser Werte bei der Mazda-„Tageslicht"-Lampe; wie schon erwähnt, gibt diese nur ein angenähertes „Tageslicht". Die Schwankung der Prozentsätze in der letzten Spalte hat an sich nicht viel zu sagen, interessant ist es aber, daß auch bei den geringen Intensitäten von $^1/_2$ und $^3/_4$ FK, wo es vielleicht mehr auf die Stärke des Lichtes an sich als auf dessen Qualität ankommt, von drei Vierteln der Versuchsteilnehmer das „Tageslicht" vorgezogen wurde.

Der nächste Versuch zeigt noch deutlicher die Bevorzugung der Tageslichtlampe (Tab. 9). Es wurde das gleiche Licht aus den gleichen Lichtquellen wie vorhin benutzt (Mazda C und Mazda-

Tabelle 9 zeigt die Bevorzugung einer Mischung von angenähertem künstlichen Tageslicht mit natürlichem Tageslicht im Gegensatz zu einer Mischung von einem Licht gleicher Wattzahl von Wolfram gasgefüllten Lampen mit natürlichem Tageslicht.

Versuch Nr.	Hinzugefügte Fuß-Kerzen zu 4 Fuß-Kerzen natürl. Lichtes		Anzahl der Versuchspersonen	Prozentsatz d. Wähler von Mazda „Tageslicht"
	Mazda C	Mazda „Tageslicht"		
6	6,0	4	32	75
7	13,5	9	36	67
8	21,0	14	36	72
9	28,5	19	36	89

„Tageslicht“-Lampe von gleicher Wattzahl), das Lesematerial aber von einem zur Linken angeordneten Fenster durch weitere 4 FK natürlichen Lichtes vom Himmel beleuchtet. Allgemein konnte man feststellen, daß eine solche Lichtmischung unbefriedigend ist, besonders wenn die beiden in ihrer Quantität sonst gleichen Lichtarten in bezug auf Richtung und Qualität voneinander abweichen.

Das Ergebnis zeigt uns, daß das Licht der Tageslichtlampe sogar in stärkerem Maße bevorzugt wird als die größere Lichtmenge, die man von der gewöhnlichen Glühlampe erhalten kann. Schon bei früheren Erfahrungen konnte nachgewiesen werden, daß die ablesenden Personen innerhalb der betrachteten Intensitätsbereiche immer die größeren Lichtmengen bevorzugten. Es dürfte also der Beweis erbracht sein, daß für konzentrierte Seharbeit die Tageslichtlampe in entschieden stärkerem Maße erwünscht ist, vorausgesetzt, daß sich alle übrigen Bedingungen gleichbleiben.

Solche Erfahrungen können uns für die Praxis wertvolle Winke geben. Urteile über den Einfluß der Lichtqualität auf unser menschliches Wesen sind schwer zu beschaffen. Dieses psychophysiologische Gebiet ist nicht nur schwierig für den Untersucher, sondern es ist auch meist sehr schwierig, eine genügende Anzahl von Versuchspersonen zu erhalten, die sich derartigen Experimenten unterwerfen. Ferner sind auch die Ergebnisse gerade auf diesem Gebiete oft wenig überzeugend, und zwar vor allem deshalb, weil der Mensch in seiner Reaktion dem Lichte gegenüber stark schwankend ist.

Dem Verfasser wurde in den letzten 10 Jahren eine Reihe von Personen mit überempfindlichen Augen vorgeführt; die allgemeine Behauptung war, daß das künstliche Licht ihren Augen „wehe“ tut. Es ist kaum glaublich, mit welcher Unbesonnenheit die meisten Menschen mit künstlichem Licht umgehen, und es ist in solchen Fällen fast immer anzunehmen, daß die Ursache in ungeeigneter Verteilung und mangelhafter Abblendung bzw. Zerstreuung des Lichtes oder in ungenügender Lichtintensität zu suchen ist. Schalten wir auch diese Faktoren aus, so haben wir noch immer Beweise, daß viele Menschen bei gewöhnlicher künstlicher Beleuchtung abends nicht mit der Ruhe lesen können wie bei künstlichem Tageslicht. Vielseitige und authentische Zeugnisse sagen uns, daß in den meisten solchen Fällen das angenäherte Tageslicht der „Tageslicht“-Lampe zufriedenstellend ist.

Das gibt einen scheinbaren Widerspruch, der aber bei näherer Betrachtung sofort schwindet. Viele Menschen haben eine Abneigung gegen das „weiße“ Licht der gewöhnlichen Glühlampe und sind begeistert von der warmen gelben Farbe der Flamme oder des Feuers. Zunächst sei gesagt, daß das lediglich eine Meinung ist, denn das „weiße“ Licht ist im Vergleich zur Sonne oder zum Himmelslicht immer noch ziemlich gelb. Die gleichen Menschen klagen aber nicht über das „Weiß“ des Tageslichtes während ihrer Arbeitszeit. Diese Inkonsequenz macht die Klagen gegen das „Weiß“ des gewöhnlichen, künstlichen Tageslichtes hinfällig, wenn wir nicht anerkennen wollen, daß der Mensch psychologisch bei Tag ein anderes Wesen ist als bei Nacht. Die Klage über das „Weiß“ des gewöhnlichen künstlichen Lichtes hört man im allgemeinen im Haus oder in einer Umgebung mit privatem Charakter oder von der Atmosphäre des Heimes. Wie schon gesagt, macht sich nach Ablauf der Arbeitszeit das ästhetische Ich bemerkbar, und es ist jetzt ein Bedürfnis nach einer gewissen Ausspannung und Ruhe da, ganz gleichgültig, ob wir uns nun noch mit Lesen, Handarbeiten usw. betätigen oder nicht. Der heimische Raum erscheint uns als ein Hafen der Behaglichkeit. Selbstverständlich gibt es auch gefühllose Wesen, denen das alles völlig gleichgültig ist und die gegen jede Ästhetik immun sind. Deren Urteil ist aber nur äußerst gering zu werten; denn solche Menschen, die sich psychologisch nicht normal entwickeln, bleiben auch im menschlichen Fortschritt immer zurück.

Hingegen ist der überästhetische Mensch ein recht interessantes Individuum. Ihm erscheint das Licht des Feuers als etwas Warmes, einzig Erstrebenswertes, das gewöhnliche künstliche Licht empfindet er hell und schädlich und erklärt aus tiefster Überzeugung, daß er es in keiner Weise vertragen kann, da es seinen Augen entsetzlich wehe tut. Näher betrachtet, werden wir stets finden, daß dieses Licht nur das ästhetische Ich solcher Menschen verletzt; dieses Ich ist aber so ausgeprägt, daß sie von einer physiologischen Schädigung durch das künstliche Licht fest überzeugt sind. Dieselben Menschen aber genießen z. B. im Garten das Tageslicht in vollen Zügen, ohne sich auch nur den geringsten Gedanken über seine wirklich weiße Farbe zu machen. Hoffentlich genügen diese kurzen Streiflichter, um die psycho-physiologischen Wirkungen des Lichtes verständlicher zu machen und die äußerst komplizierten Erscheinungen von Licht und Beleuchtung entsprechend zu werten.

Licht von unnatürlicher Qualität.

Das bisher Gesagte sowie auch die Abb. 19 lassen uns erkennen, daß die Haupteigenschaft des natürlichen Beleuchters ein kontinuierliches Spektrum ist, in welchem sichtbare Strahlungen aller Wellenlängen vorhanden sind. In der tatsächlichen Verteilung dieser Strahlen innerhalb des sichtbaren Spektrums besteht für das Sonnen- und Kerzenlicht aber ein großer Unterschied, obwohl wir in der Tab. 7 gefunden haben, daß die verschiedenen elektrischen Fadenlampen ihre logischen Plätze in der Serie von Beleuchtern innerhalb des Kerzen- und Sonnenlichtes einnehmen. Wir haben aber auch künstliche Beleuchter, die unnatürlich erscheinen. Der Gasglühlichtkörper z. B. nimmt nach einer gewissen Zeit der Benutzung mitunter eine grünliche Färbung an, die oft schon zu einer abfälligen Kritik über das Gaslicht geführt hat. Das kontinuierliche Spektrum, d. h. das Vorhandensein aller Wellenlängen der sichtbaren Strahlung macht diesen Nachteil wieder gut; grünlich wird der Strumpf nur deshalb, weil im Bereich der grünen Region eine abnormale Menge von Strahlungen vorhanden ist. Trotz dieses Umstandes kann aber das Glühlicht eben infolge seines kontinuierlichen Spektrums den Wettbewerb mit jeder anderen Gruppe von Beleuchtern ruhig aufnehmen.

Von den in größerer Verwendung befindlichen Lichtquellen ist die Quecksilberbogenlampe der einzige radikal unnatürliche Beleuchter. Ihr gesamtes Licht ist bläulichweiß, und wie die Abb. 19 zeigt, besteht das sichtbare Spektrum aus den 4 Hauptstrichen M, von denen die 2, grün und gelb (doppelt), mehr als 90 vH des gesamten Lichtes ergeben. Im Sinne unserer Auslegungen ist dieses Licht daher fast so „unnatürlich“ wie es ein Beleuchter überhaupt nur sein kann. Es müßte zumindest einen Strich in dem extremen Teil des Spektrums, also z. B. rot, oder blau haben, um etwas natürlicher zu sein; dies gäbe dann ein sogenanntes monochromatisches Licht, da es ausschließlich auf einen spektralen Ton oder Strich beschränkt wäre. Ein solches Licht muß notgedrungen besondere Eigenschaften haben, und es lohnt sich, kurz auf das Quecksilberbogenlicht näher einzugehen. Seine hervorstechendste Eigenschaft ist vielleicht das unnatürliche Aussehen fast aller farbigen Flächen, die vom Quecksilberlicht beleuchtet werden. Da keine orange und roten Strahlen vorhanden sind, erscheinen rote Gegenstände fast völlig schwarz. Glücklicherweise sind aber genügend blaue und violette Strahlen da, die im Gemisch mit den grünen und gelben Strahlen den grauen oder farblosen Gegenständen eine bläuliche Färbung geben, welche sich nicht nennenswert von weiß unterscheidet und uns trotz des erwähnten Übelstandes das Licht der Quecksilberlampe erträglich macht.

Im einfarbigen Licht können wir sehr feine Einzelheiten, die an der Grenze der Sichtbarkeit liegen, auch noch bei einer etwas geringeren Intensität sehen als bei gewöhnlichem Licht, was auf ein bestimmtes Manko des Auges (chromatische Aberration) zurückzuführen ist. Dr. Louis Bell[20]) und später auch der Verfasser haben diese Erscheinung besonders untersucht. Es wurde festgestellt, daß die Quecksilberbogenlampe dem Sonnenlicht oder irgendeinem anderen Licht von ausgedehntem Spektrum in dieser Beziehung überlegen ist. Der Vorteil nimmt jedoch in dem Maße, als die Lichtintensität zunimmt, ab und schwindet völlig bei gewöhnlichen Sehvorgängen, wie z. B. beim Lesen unter genügendem Licht. Es kommt selten vor, daß wir mit dem Auge Einzelheiten unterscheiden müssen, die bereits an der Grenze der Sehmöglichkeit liegen, wie das z. B. beim Graveur der Fall ist, der aber trotzdem sehr oft das Licht von Tagesqualität vorzieht. In einer der größten Druckereien Amerikas, die teilweise Quecksilberlampen verwendet, arbeiten die Graveure bei natürlichem und künstlichem Tageslicht. Der Vorteil des monochromatischen Lichtes wird im allgemeinen überschätzt; für das normale Auge ist bei diesem Licht die gelbe und grüne Region mit Rücksicht auf die Sehfähigkeit die geeignetste, was beim Quecksilberlicht der Fall ist, da ja der Hauptanteil dieses Lichtes in den grünen und gelben spektralen Strichen liegt.

Es gibt viele Sonderanwendungen des Quecksilberbogenlichtes, und zwar insbesondere dort, wo es sich darum handelt, bestimmte Feinheiten an Gegenständen zu sehen. Der Vorteil einer solchen Beleuchtung dürfte sich wohl am besten durch Experimente festlegen lassen, obwohl der Kenner von Farben vieles von vornherein feststellen kann[1]). Man sagt, daß die Reaktionszeit unter dem Quecksilberbogenlicht geringer ist als unter einem anderen, doch sind die vorhandenen Angaben wegen der unzureichenden Zahl von Versuchspersonen und auch noch aus anderen Gründen nicht überzeugend genug. Trotz der besonderen Rolle, die die Quecksilberbogenlampe im Geschäftsleben spielt, glaubt der Verfasser, daß ihre Anwendung nur für ganz besondere Arbeitszwecke gegeben erscheint und sie für eine allgemeine Beleuchtung, wo es sich darum handelt, eine größere Anzahl von Menschen unter diesem unnatürlichen Licht arbeiten zu lassen, nicht in Frage kommt. Es würde sich lohnen, gerade diese Frage an einer größeren Anzahl von Arbeitenden zu untersuchen.

Wir unterliegen stark dem Einfluß unserer Umgebung; diesem Einfluß kann sich kein Lebewesen entziehen, obwohl es die Fähigkeit zu beobachten, zu denken und zum Erinnern haben mag. Es ist erklärlich, daß wir durch das geisterhafte Aussehen unserer Mitarbeiter unter dem Quecksilberlicht nicht lange unbeeinflußt bleiben können; es erscheint erklärlich, daß durch diese Unnatürlichkeit eine starke Depression oder eine andere Gleichgewichtsstörung hervorgerufen werden würde. Weiter ist es erklärlich, daß das Farbempfinden nach einem täglichen Verweilen in einer solchen Umgebung völlig unsicher würde. Es ließe sich dies wohl alles wissenschaftlich untersuchen, doch ist es fraglich, ob sich eine derartig umfangreiche Arbeit beim Quecksilberbogenlicht lohnen würde.

Bei dem vielen Für und Wider für ein Licht, das sich der Einfarbigkeit nähert, wurde ein einfaches Experiment unternommen, um festzustellen, welche Lichtmenge ein Leser von zwei grundsätzlich verschiedenen Lichtqualitäten[22]) wählen würde. Es wurde ein mit einem Boden aus streuendem Glas versehener Kasten, in welchem gasgefüllte Wolframlampen brannten, neben eine Quecksilberlampe hochgehängt. Die erzielte Helligkeit und die Hauptrichtung des Lichtes waren für beide Beleuchter die gleichen; die Umgebung war neutral; es waren also alle Bedingungen bis auf die Qualität des Lichtes die gleichen. Das Lesematerial bestand bei allen Versuchen aus schwarzen Buchstaben auf weißem Papier. Den Versuchspersonen wurde eine kurze Zeit gelassen, um sich an eine bestimmte Lichtintensität zu adaptieren, und dann wurde dem Leser gestattet, die Intensität nach Wunsch zu ändern. Für jeden Versuch war mit beiden Beleuchtern eine Maximalintensität, und zwar von 10, 30 und 45 FK erhältlich. Das Ergebnis zeigt Tab. 10.

Tabelle 10. Wahl der Lichtintensität bei Quecksilberbogenlampen und gasgefüllten Wolframlampen.

Versuch Nr.	Anzahl der Versuchspersonen	Maximal erhältl. Fuß-Kerzen	Durchschnittl. gewählte Fuß-Kerzen	
			Quecksilberbogenlicht	Gasgefüllte Wolframlampe
1	22	10	6,3	5,3
2	55	30	14,2	12,7
3	24	45	16,9	16,1
4*)	26	30	18,0	17,4

Wir sehen, daß in den schließlich gewählten Intensitäten kein nennenswerter Unterschied besteht. Hätte einer von diesen Beleuchtern in bezug auf die Forderung der Sehfähigkeit den anderen stark überragt, so ist anzunehmen, daß die Wahl auf diesen gefallen wäre. In gleichem Maße, als sich das verfügbare Intensitätsmaximum erhöhte, stieg auch der Durchschnitt der gewählten Beleuchtung. Es fällt auf, daß das Maximum an Intensität verschmäht wurde. Vor dem mehrere Monate währenden Versuch nahm man an, daß sich die Wahl auf einen Bereich der Beleuchtung erstrecken würde, der zwischen Maximum und Null liegt; den Versuchspersonen war der verfolgte Zweck des Experiments nicht bekannt, und es war daher durchaus die Vorstellung möglich, daß sich die günstigste Beleuchtung zwischen dem verfügbaren Maximum und Minimum befinden müsse. Diese Vorstellung zu vermeiden, sah man keinen Weg; überdies hätte sich diese Überlegung auf beide Beleuchtungsarten erstrecken können.

Für jeden Versuchstag stand für jede der beiden Beleuchtungsarten nur ein Maximum zur Wahl. Oft dauerte es wochenlang, bis sich der Versuch auf die Bedingungen eines anderen zur Verfügung stehenden Maximums erstreckte. Wird dieser Versuchsvorgang berücksichtigt, die große Anzahl der Versuchspersonen in Betracht ge-

*) In diesem Falle war das Papier grau gefärbt, und zwar mit einem Reflexionsfaktor von 41 vH.

zogen, sowie die verschiedenen Sitzungen mit jedem Individuum, die große Zahl der Beobachtungen und schließlich auch der Umstand, daß nach freiem Ermessen das Licht gewählt werden konnte, so ist es überraschend, daß sich im Durchschnitt für die beiden Beleuchter kein nennenswerter Unterschied bemerkbar machte. Hätte in der „enthüllenden Kraft“ der beiden Lichtquellen ein ausgesprochener Unterschied bestanden, so hätte sich dies beim Versuchsergebnis irgendwie zeigen müssen. Es zeigte sich nicht nur in der Wahl der Lichtintensität kein ausgesprochener Unterschied, sondern wir sehen auch, daß das Quecksilberbogenlicht auf die Lesefähigkeit von keinem ausgesprochen vorteilhafteren Einfluß und in bezug auf die gewünschte Lichtintensität keine untere Grenze gegeben ist. Schließlich sei noch bemerkt, daß immer eine etwas höhere Intensität des Quecksilberlichtes gegenüber der gasgefüllten Glühlampe gewählt wurde.

VII. Quantität des Lichtes.

Wir wollen uns nunmehr mit der Intensität des Lichtes, die wir ab und zu schon kurz gestreift haben, etwas näher befassen, und werden in dieser Frage eine merkwürdige Anomalie, vielleicht noch besser gesagt, Inkonsequenz finden. Im Freien herrschen während des Tages ungeheure Lichtintensitäten, während wir in der Beleuchtung zur Nachtzeit fast das völlige Gegenteil finden: Dunkelheit. Obwohl da die Intensität nur wenige FK beträgt, hören wir doch noch klagen über „Überbeleuchtung“ und „zuviel Licht“. Die gleiche Intensität finden wir z. B. eine halbe Stunde nach Sonnenuntergang draußen, und werden trotz dessen eine spannende Lektüre vielleicht aus der Hand legen, während wir im geschlossenen Raum bei der gleichen Intensität über „zuviel Licht“ klagen. Eine Messung würde uns das Unsinnige dieser Behauptung sofort beweisen. Wir brauchen nur tagsüber in unserem Zimmer die Lampe anzustecken; gegenüber dem einströmenden Tageslicht werden wir keinerlei Änderung in der Intensität der Beleuchtung wahrnehmen können — ein Zeichen, wie schwach das künstliche Licht gegenüber dem natürlichen ist, und ein Beweis, daß wir absolut keine Ursache haben, über die abendliche Überbeleuchtung eines Raumes Klage zu führen. In

Wirklichkeit aber verwechseln wir die Blendung einer nicht genügend abgeschirmten Lampe oder ein nicht genügend zerstreutes Licht mit der Menge des Lichtes. Denken wir nur daran, wie wir uns mit allen feineren und präziseren Arbeiten während des Tages an das Fenster begeben, also die möglichst höchste Lichtintensität aufsuchen, so können wir niemals darüber im unklaren sein, daß wir bei zweckentsprechender Anordnung der künstlichen Beleuchtung nie zuviel Licht in unseren Räumen haben. Es ist auch fast restlos nachgewiesen, daß sich die Leistungsfähigkeit des Auges, zumindest aber die Sehfähigkeit mit der Intensität der Beleuchtung steigert, selbst bis zu den Werten von Hunderten, ja sogar Tausenden von FK.

Die Sonne als Lichtquelle.

In unserem Bestreben, uns von dem Licht der Natur unabhängig zu machen, haben wir in der Entwicklung des künstlichen Lichtes bereits große Fortschritte zu verzeichnen, obwohl es in seiner Intensität der Sonne gegenüber verschwindend gering ist. Wir können uns nur schwer eine richtige Vorstellung von der ungeheuren Menge des Sonnenlichtes machen. Denken wir uns unsere heutige Fabrikation von Lampen milliardenfach vergrößert, so würden wir immer noch 100 Millionen von Jahren brauchen, um jene Menge von Lampen zu erzeugen, die in ihrer gemeinsamen Leuchtkraft mit der Intensität des Sonnenlichtes in Wettbewerb treten könnten!

Wir können uns vorstellen, daß wir die Oberfläche der Erde aus einer gewissen Entfernung durch Lampen, die in vollkommenen Reflektoren eingebaut sind, zu beleuchten versuchten. Nehmen wir dabei an, daß wir die gesamte Bevölkerung der Erde gleichmäßig über ihre ganze Oberfläche verteilen, so daß also etwa 1700 Quadratfuß Bodenfläche auf den einzelnen entfallen würde. Es wäre unter der Voraussetzung, daß das gesamte Licht reflektiert wird, für jede dieser 1700 Quadratfuß messenden Fläche etwa eine Mill. unserer heute üblichen 1000-Wattlampen nötig, um die gleiche Intensität des Lichtes zu erhalten, wie wir sie etwa um die Mittagszeit haben, oder mit anderen Worten: es müßte jeder Mensch im Mittel alle tausend Stunden eine Mill. 1000-Wattlampen fabrizieren oder aber 25000 solcher Lampen täglich! Wir sehen also, daß bestimmt keine Gefahr besteht, daß wir jemals die Welt mit „zuviel Licht“ versehen könnten.

Künstliche Beleuchtung und verminderte Kosten.

Vor den soeben entwickelten Zahlen werden wir wohl nicht wenig erschrocken sein, obwohl die Frage nicht in diesem großen Umfang aufzufassen ist, wenn wir uns vor Augen halten, daß, von Straßen und einigen öffentlichen Plätzen abgesehen, wir nur an der künstlichen Beleuchtung der Innenräume interessiert sind. Die künstlich zu beleuchtende Fläche schrumpft gegenüber der Erdoberfläche also ganz bedeutend zusammen. Aber auch hier haben sich die hierzu Berufenen als sehr engherzig erwiesen und waren vor allem nur auf die Kosten bedacht. Dieser Standpunkt ist gewiß einwandfrei. Doch haben wir bei der allgemeinüblichen Beleuchtung von nur einigen FK in unseren Räumen keinerlei besonderen Vorteil. Wir haben hier mit der Trägheit der Masse zu rechnen, die sich noch vor gar nicht langer Zeit mit dem Lichte der Kerze begnügen mußte und die Gewohnheiten dieser verhältnismäßig dunklen Zeitepoche noch nicht überwunden hat. Trotzdem haben sich innerhalb eines halben Jahrhunderts unsere Lichtquellen vom kleinen Flämmchen bis zu Lichtintensitäten entwickelt, die hundertmal stärker sind als damals.

Über die Verminderung der Kosten für künstliches Licht haben wir bereits gesprochen; heute können wir uns für einen Cent ebensoviel Licht kaufen als für einen Dollar vor einem Jahrhundert. Im Hinblick auf die kolossale Entwicklung der großen kaufmännischen und industriellen und auch der sonstigen Tätigkeit in geschlossenen Räumen gelangen wir aber trotzdem immer wieder zu dem Schluß, daß der Vorteil dieser ungeheuer herabgedrückten Beleuchtungskosten nicht in genügendem Maße ausgenutzt wird.

Es kann heute bei einer zweckmäßig entworfenen Beleuchtungsanlage und bei entsprechend geeigneter Umgebung nie davon gesprochen werden, daß die Beleuchtungsintensität zu groß ist, wenn wir bedenken, daß die Intensität im Freien durchschnittlich mit 1000 FK zu bewerten ist. Im Kap. VIII werden wir sehen, daß unsere Fähigkeit in der Unterscheidung feiner Einzelheiten und Helligkeiten sich stetig steigert, je größer die Lichtintensität wird. Blicken wir um ein Jahrhundert zurück, und nehmen wir an, daß die Kaufkraft unseres Geldes sich um ein Drittel vermindert hat, schätzen wir fernerhin, daß unser Lebens- und Arbeitsniveau im allgemeinen um das Fünffache gestiegen ist, so müßten wir zu der Folgerung gelangen, daß für unsere Arbeitsplätze heute 1500mal mehr künstliches Licht verfügbar ist, als es der Arbeiter noch vor 100 Jahren hatte. Die künstliche Beleuchtung hat mit dem Fortschritt auf anderen Gebieten bestimmt nicht gleichen Schritt gehalten, und nur durch die Erkenntnis der Vorteile einer ausreichenden und zweckentsprechenden Beleuchtung wird das künstliche Licht allmählich jenen Platz einnehmen, der ihm mit vollem Fug und Recht gebührt. Es ist heute schon ein großer Vorteil, wenn es uns gelingt, mit einer Intensität von 20—30 FK auf einem Arbeitsplatz den Fabrikanten von der großen Bedeutung zweckentsprechender Beleuchtung zu überzeugen; ist er einmal zu dieser Überzeugung gelangt, dann wird sich der entsprechende Fortschritt ganz von selbst einstellen.

Natürliches und künstliches Licht im geschlossenen Raum.

Mit Ausnahme von zweckentsprechend durchgeführten Oberlichten läßt sich von einer zufriedenstellenden Verteilung der Beleuchtung in geschlossenen Räumen nicht sprechen.

Keinesfalls sind die Tageslichtintensitäten in den Fabriken so groß, wie wir sie im Hause oder in gut beleuchteten Bureauräumen vorfinden. Ward Harrison[25]) hat in verschiedenen Industrien eine Übersicht über die Fabrikbeleuchtung an klaren und wolkigen Tagen gegeben und kommt zusammenfassend zu dem Schluß, daß die durchschnittliche Beleuchtung horizontaler Flächen weniger als 10 FK beträgt. Von den untersuchten 17 Industrien hatten nur 2 eine Durchschnittsbeleuchtung von mehr als 10 FK, im allgemeinen bewegte sich die Lichtintensität auf horizontalen Arbeitsflächen zwischen 5 und 10 FK. Auf senkrechten Flächen war die Schwankung größer, und zwar zwischen 2 und 35 FK, im Mittel wieder etwa 10 FK. Diese Intensitäten sind mit künstlichem Licht zu sehr mäßigen Kosten erhältlich.

Der wirtschaftliche Betrieb einer Fabrik macht künstliche Beleuchtung notwendig, da diese jederzeit zur Hand sein muß sobald das Tageslicht zurückgeht, was jeden Augenblick eintreten kann. Mit den so entstandenen Kosten ist selbstverständlich die ungenügende natürliche Beleuchtung zu belasten; außerdem kann aber die gleiche künstliche Beleuchtungseinrichtung auch für die Nachtarbeit benutzt werden. Obwohl noch immer eine gewisse Abneigung gegenüber der Nachtarbeit, und zwar angeblich wegen ungenügenden Lichtes besteht, so sind wir heute doch schon in der Lage, die Arbeitsverhältnisse für die Nachtarbeit genau so zufriedenstellend zu gestalten wie bei Tag. Es wird wohl nicht lange dauern, bis wir zur allgemeinen Einführung eines zweischichtigen Betriebes von je acht Stunden schreiten werden; hierdurch würde den allgemeinen Verwaltungskosten eine doppelte Ausbeute zur Abtragung zur Verfügung stehen und allen Beteiligten ein sichtbarer Vorteil erwachsen. Harrison[25]) hat die Kosten jenes künstlichen Lichtes zusammengestellt, das der durchschnittlichen Tageslichtintensität gleichkommt. Aus seinen Schlußfolgerungen wollen wir folgendes entnehmen:

„Unter der Annahme, daß gut streuende Beleuchtungskörper verwendet werden, würde zur Erzeugung einer Intensität von 5 bis 10 FK unter den heutigen Verhältnissen etwas weniger als 1 Watt pro Quadratfuß Bodenfläche nötig sein. Bei einem Strompreis von 2 Cent pro Kilowattstunde dürften die gesamten Beleuchtungskosten nicht 7,5 Cent pro Quadratfuß und Jahr für eine Nachtschicht von 2500 Stunden überschreiten.

„Bestünde hingegen die Absicht, die Fabrik auf das Doppelte zu vergrößern, um nur in Tagschicht zu arbeiten, so hätten wir den jährlichen Beleuchtungskosten von 7,5 Cent pro Quadratfuß die jährliche Abschreibung und Verzinsung der komplett mit Maschinen ausgerüsteten und betriebsfertigen Fabrikserweiterung gegenüberzustellen. Aus vorhandenen Daten ergibt sich dieser Betrag mit 30 bis 75 Cent pro Quadratfuß und Jahr, der natürlich mit der Lage und Art des Baues, zum größten Teil aber von der Anzahl der nötigen Maschinen abhängt. Für eine Fabrik mit einem Ausmaß von 100000 Quadratfuß würden diese Kosten 30000 bzw. 75000 Dollar betragen, denen gegenüber die Beleuchtungskosten der Nachtschicht 7500 Dollar nicht überschreiten würden. Es ergibt sich also eine Ersparnis von rd. 20000 bis 70000 Dollar, ein Betrag, der in vielen Fällen den Ruin oder Erfolg eines Unternehmens bedeutet. Von einem anderen Gesichtspunkt, und zwar von dem des Konsumenten aus betrachtet, entspricht diese Amortisations- und Verzinsungsquote einem Wert von 15—30 vH, jener Zuschläge, die als Fabrikationskosten auf das Rohmaterial zugeschlagen werden. Es müßte also die Nachtarbeit eine nennenswerte Verminderung der Erzeugungskosten von Waren herbeiführen. Auch wenn alles das als richtig erkannt wird, so besteht noch immer der oft gehörte Einwand, daß der Arbeiter nachts nicht gerne arbeitet, oder daß es Arbeitskräfte heute nicht nötig haben, nachts zu arbeiten, oder daß es unmöglich ist, die eingewurzelten Lebensgewohnheiten zu ändern und daß ein wirklich ruhiger Schlaf tagsüber nicht denkbar ist. Unter diesen vier Einwänden kann der letzte als triftig angesehen werden. Es ist heute noch immer eine offene Frage, ob man jemals von einer Nachtarbeit, die zu Mitternacht einsetzt, zufriedenstellende Leistungen erwarten kann. Andererseits müssen wir uns aber vorstellen, daß unsere Vorliebe zur Tagarbeit nichts anderes ist als ein Auswuchs der Tatsache, daß wir bis vor kurzem nicht imstande waren, bei künstlicher Beleuchtung zufriedenstellend zu arbeiten. Auch der Umstand spielt mit hinein, daß die arbeitsfreie Zeit für Vergnügungen aller Art bestimmt war. Würde eine Fabrik mit einer Morgen- und Abendschicht arbeiten, wobei letztere zu Mitternacht aufhört, dann wären die üblichen Ruhestunden nur wenig gestört; jene Vergnügungen und Unterhaltungen, die an die Mußezeit des Arbeiters gebunden sind, würden sich sehr schnell den veränderten Verhältnissen anpassen. Wir würden dann auch für die Zukunft einen weit geringeren Widerstand gegen eine nächtliche Beschäftigung finden."

Einfluß des Tageslichtes auf die künstliche Beleuchtung.

Im geschlossenen Raume tritt für uns die Dunkelheit viel früher ein als draußen im Freien, der „Tag" ist also hier viel kürzer. A. Smirnoff[26]) hat in Washington, D.C., eine hierfür recht interessante Untersuchung durchgeführt. Der Stromverbrauch dieser Stadt dient zum überwiegenden Teil für Bureauzwecke und nur sehr wenig für die Industrie. Es war möglich, den Stromverbrauch für rein private Zwecke von jenen für den Geschäftsbetrieb zu trennen, und es wurden die Untersuchungen vor allem für den letzteren durchgeführt. Smirnoff verglich die Tagesberichte des Wetterbureaus mit den gleichzeitigen Stromablesungen im elektrischen Kraftwerk. Er stellte fest, daß der Stromverbrauch dann ganz beträchtlich stieg, wenn das Wetterbureau an jener Stelle, wo der ganze Himmel sichtbar war, die Tageslichtintensität mit einem Wert von unter 1500 FK notierte. Stieg die Tageslichtintensität über 1800 FK, dann hatten weitere Schwankungen auf den Stromverbrauch einen kaum bemerkbaren Einfluß. Einige der Beobachtungen Smirnoffs sind in Abb. 20 festgehalten. Es ist recht interessant, den regelmäßigen Verlauf der Stromkurve an einem klaren Tag, wie z. B. am 25. Juli mit jener des 29. Juli zu vergleichen, wo der Nachmittag stark bewölkt war. Die punktierte Kurve unter diesen beiden Stromkurven zeigt die Schwankung des gesamten Tageslichtes im Freien am 29. Juli; die bei 1500 FK eingezeichnete gestrichelte Linie läßt uns erkennen, wo das Tageslicht für eine zufriedenstellende Tätigkeit in geschlossenen Räumen unzulänglich war.

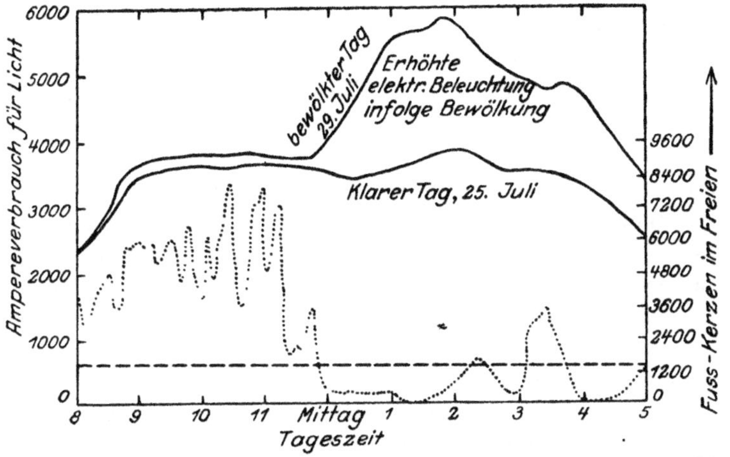

Abb. 20 zeigt den Einfluß der Bewölkung auf den Stromverbrauch für künstliches Licht. Die punktierte Kurve zeigt die im Freien herrschende Lichtintensität (Skala rechts) einer der direkten Sonne und dem gesamten Himmel ausgesetzten Fläche am 29. Juli. Die zwei darüber befindlichen Kurven stellen den gesamten Stromverbrauch an einem klaren Tag (25. Juli) und einem wolkigen Tag (29. Juli) dar.

Wir sehen, daß der Unterschied im Stromkonsum an einem klaren und bewölkten Tag ganz bedeutend ist. Dieser Unterschied schließt eigentlich jenen Aufwand an künstlichem Licht in sich, der für das unzureichende Tageslicht eingesetzt werden mußte. Hier ist die Klage gegen unzureichendes Tageslicht vollkommen berechtigt, und wir sehen, welchen ungeheuren Verlust das in unseren überfüllten Städten nach sich zieht. Dieser Unterschied beträgt etwa 20 vH, wie wir uns aus der Abb. 20 leicht überzeugen können. Man müßte also bei einer Aufstellung der Kosten für das künstliche Licht jene Kosten, die auf ein Versagen des natürlichen Lichtes während der Tageszeit zurückzuführen sind, abziehen und sie zu den Kosten der Tageslichtbeleuchtung hinzuschlagen. Es ist selbstverständlich sehr verschieden, wann in einem geschlossenen Raum das Tageslicht unzureichend wird, was auf die verschiedensten Faktoren, wie sichtbare Himmelsfläche, Belichtung usw., zurückzuführen ist. Smirnoff fand bei dem erwähnten Versuch, daß die Raumbeleuchtung bei bestimmten nach Westen gelegenen Fenstern 360 FK betrug, aber in einer Entfernung von 6 Fuß von dem Fenster nur noch 9 FK hatte; vielfach war die Lichtintensität noch geringer. Nehmen wir an, daß wir im geschlossenen Raum mit dem künstlichen Licht dann einsetzen, wenn die Tageslichtintensität auf 2 FK gesunken ist, so kommen wir zu dem Schluß, daß der maximale Durchschnitt der Tageslichtbeleuchtung im geschlossenen Raum etwa 10 FK beträgt. Dieser Wert stimmt auch im großen und ganzen mit den allgemeinen Erfahrungen überein, daß die durchschnittliche Tageslichtintensität in Wohnstätten nicht zu hoch ist, ja wir können behaupten, daß sie im allgemeinen weniger als 1 vH jener im Freien herrschenden beträgt. Dieser Wert ist so gering, daß man eine solche Intensität zu einem mäßigen Preis durch künstliche Beleuchtung leicht erzielen kann.

Eine Anzahl der verschiedensten Argumente weist darauf hin, daß eine Vervielfachung der heute üblichen Intensitäten uns eine Reihe wichtigster Vorteile bringen würde.

Aus einer aus dem Jahre 1919 stammenden Übersicht konnte man feststellen, daß sich etwa ein Drittel der gesamten industriellen Tätigkeit bei künstlichem Licht abspielt. Sie sagt uns, daß Fabrikate, die einen ungeheuren Wert repräsentieren, bei künstlichem Licht hergestellt werden. Aus dieser Übersicht sehen wir ferner, daß nach dem normalen Stand der Beleuchtungstechnik im Jahre 1919 nur etwa 40 vH der untersuchten Betriebe ein Beleuchtungssystem besaß, das man als gut ansprechen konnte. Da seit dem Jahre 1919 die als Norm geltende Beleuchtungsintensität beständig erhöht wurde, so können wir mit absoluter Sicherheit die Behauptung aufstellen, daß es heute in der ganzen Welt noch keine Fabrik gibt, die so beleuchtet ist, daß sie ein Maximum an Produktion erzielen kann.

VIII. Grundsätzliches über das Sehen.

Die Fähigkeit, Unterschiede in der Helligkeit und Farbe wahrzunehmen, nennen wir Sehen. Obwohl das Farbensehen im täglichen Leben eine weit größere Rolle spielt als wir anzunehmen glauben, ist doch die wirkliche Grundlage des Sehens die Unterscheidung von Helligkeiten. Ist ein Gegenstand und sein Hintergrund in der Helligkeit gleich und einheitlich, dann können wir ihn nicht sehen. Das trifft zwar nur selten zu; denn es wird immer noch einen gewissen Farbunterschied geben, der uns dann den Gegenstand kenntlich macht. Es soll aber in den folgenden Erörterungen bzw. in den gezogenen Schlußfolgerungen vorwiegend auf die Wahrnehmung der Helligkeitsunterschiede von farblosen Einzelheiten eingegangen werden; das Thema Farbe soll nur dann Berücksichtigung finden, wenn es von grundsätzlicher Bedeutung ist. An anderer Stelle finden wir dieses Thema ausführlicher behandelt[1]).

Das Auge.

Die Fähigkeit, feine Einzelheiten zu sehen, also die Sehschärfe, hängt in erster Linie von gewissen Eigenschaften der brechenden Medien des Auges, von der Beschaffenheit der Netzhaut, von der Beleuchtungsintensität, von der relativen und absoluten Helligkeit des Gegenstandes und seines Hintergrundes und von der Größe des Gegenstandes oder seines Gesichtswinkels in der Entfernung vom Auge ab. Das Spektrum der Lichtquelle, die Farbe des Objektes und des Hintergrundes sind hierbei ebenfalls von Bedeutung, wie wir in Kap. V gesehen haben. Die Beurteilung von Helligkeitsunterschieden großer Flächen beruht auf der gleichen Funktion des Auges wie die Wahrnehmung kleiner Einzelheiten, nur ist hierbei die Struktur der Netzhaut und die analysierende Kraft des Auges weniger wichtig. Eine Darstellung des Auges mit seinen verschiedenen Einzelheiten finden wir in Abb. 21.

Um klar zu sehen, muß das Auge im Brennpunkt ein ziemlich genaues Bild auf der Netzhaut konzentrieren. Die Struktur der Netzhaut oder die Kleinheit ihrer Elemente, die auf das Licht ansprechen, ist gleichfalls von Einfluß auf die Klarheit feiner Einzelheiten und beschränkt überdies die Größe dieser Einzelheiten, die noch bemerkbar sind. Betrachten wir das Auge als ein optisches System, so kommen wir zu dem Schluß, daß es von einer Vollkommenheit weit entfernt ist; ermessen wir aber sein Empfindungsbereich oder seine Anpassungsfähigkeit an einen großen Bereich von Helligkeitsunterschieden, dann müssen wir mit dem großen Helmholtz übereinstimmen, der sagt, er könne ein besseres optisches Instrument aber kein besseres Auge schaffen.

Das Empfindungsvermögen des Auges ist ein ganz ungeheures; es kann sich unter geeigneten Bedingungen innerhalb eines Helligkeitsbereiches von 10 Milliarden bis 1 anpassen. Nach einer anatomisch ziemlich einwandfreien Theorie nimmt man an, daß bei sehr geringen Helligkeiten die sogenannten „Stäbchen“ der Netzhaut in Tätigkeit sind. Vermöge dieser Stäbchen können wir Helligkeiten sehr geringer Intensität, wie z. B. das Mondlicht, das Sternenlicht und das schwache künstliche Licht wahrnehmen. Sie sind verhältnismäßig unempfindlich Farben oder Farbtönungen gegenüber, so daß uns z. B. farbige Gegenstände bei geringer Beleuchtungsintensität farblos erscheinen. Sie sind im gelben Fleck, der schärfsten Stelle des Sehens, nicht vorhanden. Wir können daher einen weit entfernten Stern bei direktem Hinsehen, wenn also sein Bild auf den gelben Fleck unseres Auges fällt, nicht wahrnehmen, wir können ihn aber sehen, wenn wir ihn ein wenig von der Seite betrachten.

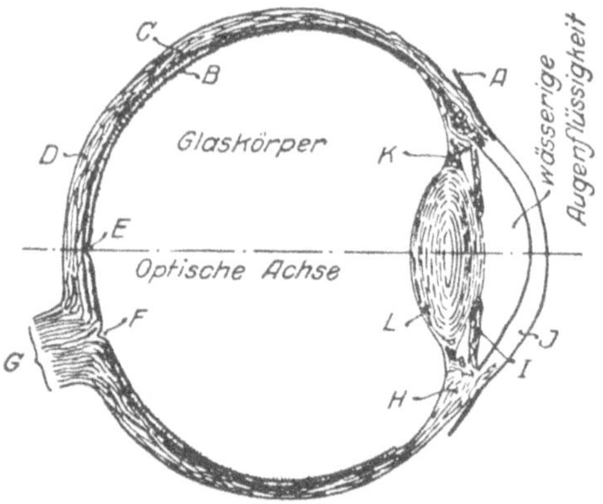

Abb. 21 zeigt die verschiedenen Teile des Auges in einem vertikalen Schnitt längs der Augen-(optischen) Achse.

A Bindehaut
B Netzhaut
C Aderhaut
D Weiße Augenhaut
E Gelber Fleck
F Blinder Fleck
G Sehnerv
H Ciliarkörper
I Iris (Regenbogenhaut)
J Hornhaut
K Tragband
L Kristallinse

Ein zweites Netzhautelement sind die ihrer Form wegen sogenannten „Zäpfchen“, die auf geringe Helligkeiten nicht ansprechen; sie sind in erster Linie Ursache unserer Farbempfindungen und sind gegen das Netzhautzentrum zu vorherrschend, während die Stäbchen vorwiegend außerhalb dieses Zentrums zu finden sind. Im gelben Fleck des Auges, eine Region der Netzhaut von etwa 1^0 des Gesichtswinkels, und in seiner Umgebung bis auf etwa 3^0 sind die Stäbchen nicht vorhanden; Zäpfchen und Stäbchen aber liegen sich in dieser zentralen Region näher als in der Grenzregion. Die Eigenschaft des Sehens scheint entsprechend der Verteilung der Stäbchen bzw. der Zäpfchen zu schwanken. Wenn sonst nichts anderes die analysierende Kraft des Auges beschränkt, dürfte der kleinste noch sichtbare Gegenstand jener sein, dessen Bild nur auf einen von diesen beiden Netzhautempfängern fällt.

Normale Augen können zwei Gegenstände oder Eindrücke, die sich näher sind als etwa 40 Sekunden des Gesichtswinkels, nicht ohne weiteres wahrnehmen; das entspricht einem Abstand von etwa 0,0025 Zoll bei einer Entfernung von 14 Zoll vom Auge. Tab. 11 und Abb. 25 geben hierüber einige interessante Aufschlüsse. Wir sehen, daß sich das Auge auf niedrige oder hohe Beleuchtungsintensitäten bzw. Helligkeiten einstellen kann. Die Umstellung von einem zum andern geht allmählich, also nicht so rasch wie z. B. das Wechselgetriebe eines Automobils. Diese Analogie mit dem Automobil läßt sich noch weiter treiben. Genau so wie das Auto nicht dafür gebaut ist, um nur mit „niedrigen“ Touren zu fahren, sondern nur in Ausnahmefällen auf diese zurückgreift, genau so ist es mit dem Auge. Für dauernden Gebrauch sollte das Auge auf „hoch“ eingestellt sein. Wir haben in unseren Ausführungen vielfach gesehen, daß das Auge bei hoher Beleuchtung und entsprechender Helligkeit sein Bestes leistet, erst bei ganz großen Helligkeiten wird es wiederum weniger sensitiv.

Aus den meisten der in diesen Kapiteln gegebenen Kurven wird ersichtlich, daß fast alle, die sich auf die Tätigkeit des Auges (Sehgeschwindigkeit, Helligkeitsempfindung usw.) beziehen, einen ähnlichen Verlauf haben wie z. B. die Wirkungsgradkurven von elektrischen Motoren. Genau so, wie es nicht rationell ist, diese Motoren im unteren Bereich der Kurve, also mit schlechtem Wirkungsgrad arbeiten zu lassen, ist es auch mit dem Auge, und es ist bei dem gegenwärtigen Stand der Lichtproduktion nicht zu fürchten, daß unser Auge im allgemeinen in seiner Tätigkeit zu sehr in den oberen Bereich der Kurve gelangt. In Kap. X werden wir zusammenfassend sehen, daß es wünschenswert erscheint, sich höhere Lichtintensitäten zu schaffen als wir sie heute haben.

Außer diesen eben geschilderten hohen und niedrigen Tätigkeitsbereichen des Auges ist auch noch die Pupille als ein gewisser

Regulator da. Sie hat etwa die gleiche Funktion wie die Blende einer photographischen Kamera, da sie die durchschnittliche Helligkeit des Netzhautbildes reguliert. Ihre kleinste Öffnung beträgt etwa 2 mm, ihre größte etwa 8 mm; das entspricht etwa einem Fokus von F 20 bis etwa F 2 der üblichen Blendenbezeichnung eines photographischen Apparates; diese Werte sind der Quotient aus Brennweite und Blendenöffnung. Genau so, wie die Größe der Blendenöffnung die Deutlichkeit des Bildes bestimmt, ist es auch mit der Pupille; die verengte Pupille läßt uns das Netzhautbild deutlicher erscheinen, obwohl dieses von geringerer Helligkeit ist als bei erweiterter Pupille. Die analysierende Kraft einer Linse erhöht sich mit der Blendenöffnung, daher besteht auch der Wunsch nach astronomischen Teleskopen von großem Durchmesser. Wie wir noch erfahren werden, wird dieser Einfluß im Auge aber scheinbar durch andere Faktoren aufgehoben. Die Auswirkung der Adaptation des Auges ist uns allen bekannt; treten wir aus der Dunkelheit plötzlich in ein hell erleuchtetes Zimmer, so sind wir eine Zeitlang „geblendet“, bis sich das Auge adaptiert hat.

Schon aus diesen Erörterungen ersehen wir die ungeheure Kompliziertheit des Auges; ausführlichere Nachschlagequellen vermittelt uns das Literaturverzeichnis.

Beleuchtung und Helligkeit der Versuchsobjekte.

Während die Forschung ihre Versuchsobjekte, wie es auch richtig ist, in Helligkeiten mißt, ist namentlich der Ingenieur mehr auf Beleuchtungsintensitäten, also FK, eingestellt. Hierzu sollte aber immer der jeweilig diffuse Reflexionsfaktor genannt werden, um die entsprechenden Helligkeiten ermitteln zu können. Wohl die praktischste Form für unsere Zwecke ist die Angabe in FK bezogen auf eine sogenannte weiße oder dunkle Fläche, also für einen Reflexionsfaktor von 80 bzw. 8 vH, wie es der Verfasser im nachfolgenden vielfach geübt hat.

Versuchsobjekte sind gewöhnlich schwarz auf weiß. Dieser hohe Kontrast ist für die Feststellung der Leistungsfähigkeit des Auges am geeignetsten; es empfiehlt sich auch, geringer kontrastierende Versuchsgegenstände zu benutzen, um den Durchschnittshelligkeiten, die sich bei der allgemeinen Betätigung des Arbeiters in der Praxis vorfinden, näherzukommen.

Wir wollen nicht übersehen, daß die von uns gewöhnlich als schwarz (eigentlich ein dunkles Grau) bezeichnete Farbe einiges Licht reflektiert, und daß das übliche Weiß (eigentlich ein sehr helles Grau) einiges Licht absorbiert. Stumpfe schwarze Farben und Tinten reflektieren im allgemeinen 2—5 vH des einfallenden Lichtes, schwarzer Filz etwa 1 vH, schwarzer Samt gewöhnlich weniger als 1 vH. Eine Öffnung in einem mit schwarzen Samt ausgekleideten Karton läßt so gut wie gar kein Licht durch; der dieses Loch umgebende Samt erscheint heller als die Öffnung.

Weiße Farben und Papiere reflektieren 70—85 vH des auffallenden Lichtes. Reinstes kohlensaures Magnesium und ähnliche weiße Puderarten reflektieren mitunter 90—98 vH des gesamten Lichtes. Eine gute weiße Farbe oder ein entsprechendes Papier hat im allgemeinen einen diffusen Reflexionsfaktor von 80 vH.

Es ist von Interesse, die Helligkeit von Weiß bei verschiedenen Beleuchtungsintensitäten kennenzulernen. Geeignete Einheiten hierfür sind Kerzen pro Quadratzoll oder das Lambert. Das Millilambert (0,001 Lambert) eignet sich für analoge Beleuchtungsintensitäten bis 1000 FK.

1 Lambert = 1000 Millilamberts (ml) = 2,054 Kerzen pro Quadratzoll.

1 Kerze pro Quadratzoll = 0,4868 Lamberts = 486,8 Millilamberts.

1 FK auf einer völlig weißen Fläche (100 vH Refl.-Faktor) erzeugt eine Helligkeit von 1,076 ml.

1 FK auf einer gewöhnlichen „weißen“ Fläche von 80 vH Refl.-Faktor entspricht einer Helligkeit von 0,86 ml.

1 Millilambert = 0,929 pro Quadratfuß ausgestrahlte Lumen = einer Helligkeit, die 0,929 FK auf einer streuenden Fläche mit 100 vH Refl.-Faktor entsprechen würde.

1 FK = 1 pro Quadratfuß einfallendes Lumen.

Die Helligkeit einer streuend reflektierenden Fläche in Millilambert ist gleich der Beleuchtungsintensität in FK $\times$ Reflexionsfaktor der Fläche $\times$ 1,076. Diese Beziehungen zeigt deutlich Abb. 54 in Kap. XII.

Wenn im Verlauf des Buches ausdrücklich nichts anderes gesagt wird, dann ist mit der Bezeichnung Reflexionsfaktor stets eine diffuse Reflexion gemeint.

Helligkeitsempfindung.

Die grundlegendste visuelle Funktion, die Helligkeitsunterscheidung, ist jene besondere Eigenschaft des Auges (und seiner Verbindungswege zum Gehirn und Bewußtsein), durch welche die radiale Energie eines bestimmten Wellenbereiches (etwa 390—760 mμ, Abb. 1 und Tab. 1), die unsere Netzhaut trifft, in die Empfindung von Helligkeit umgesetzt wird.

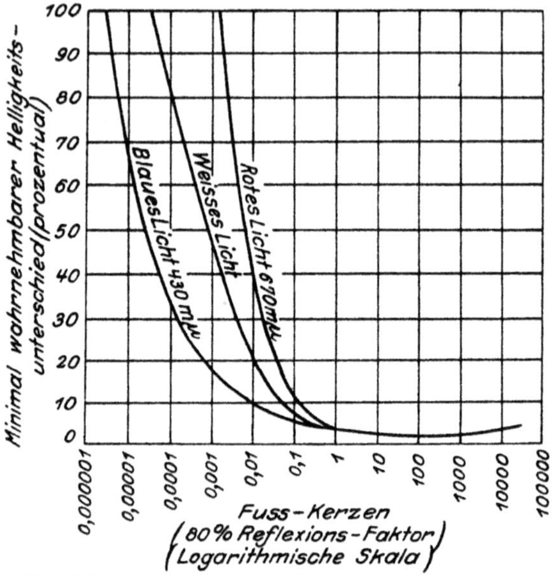

Abb. 22 zeigt die minimale wahrnehmbare Helligkeit, jene Helligkeit, die durch einen weiten Intensitätsbereich der Beleuchtung (Fußkerzen) einer sogenannten weißen Fläche mit einem Refl.-F. von 80 vH erzeugt wird. Die horizontale Skala ist auf Grund der ursprünglichen von König gegebenen Daten mit möglichster Genauigkeit in Fußkerzen bei einer farblosen Fläche ausgedrückt, die streuend 80 vH des einfallenden Lichtes reflektiert. Die Ergebnisse fur weißes Licht und auch für spektrale blaue und rote Lichter werden gezeigt.

Die minimale Helligkeit, die wir bei einem gegebenen Gesichtswinkel sehen können, hängt von der Adaptation des Auges und von der Wellenlänge der Strahlung ab. Wir sind aber im täglichen Leben nicht so sehr auf die Wahrnehmung von Helligkeiten als auf die Unterscheidung von Helligkeitsunterschieden angewiesen. Abb. 22 zeigt das für einen sehr großen, weit über das Übliche hinausgehenden Helligkeitsbereich, und zwar auf Grund der entsprechenden Daten von König für weißes, rotes und blaues Licht. Auf der linken Skala sehen wir den gerade noch wahrnehmbaren Helligkeitsunterschied (in Prozenten der größeren Helligkeit) für die auf der horizontalen Skala dargestellten Beleuchtungsintensitäten in FK auf einer sogenannten „weißen" Fläche (mit einem Reflexionsfaktor von 80 vH). Die Kurve der

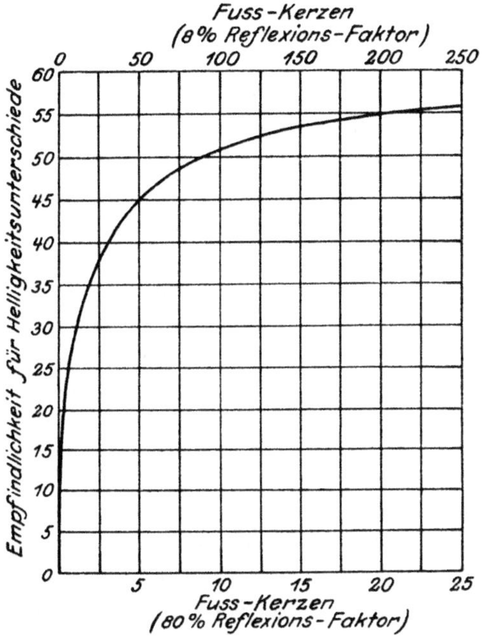

Abb. 23 zeigt die Empfindlichkeit des Auges für Helligkeitsunterschiede in einem Helligkeitsbereich, der den Beleuchtungsintensitäten bis zu 25 Fußkerzen auf einer sogenannten weißen Fläche mit einem Refl.-F. von 80 vH entspricht. Auf Helligkeitswerte reduziert, sind die obere und untere FK-Skala gleichbedeutend, da die obere Skala für Fußkerzen auf einer farblosen Fläche gilt, die nur 8 vH des einfallenden Lichtes reflektiert. Mit Empfindlichkeit ist die Fähigkeit des visuellen Sinnes gemeint, Helligkeitsunterschiede wahrzunehmen.

Empfindlichkeit (die Fähigkeit des Auges, Helligkeitsunterschiede wahrzunehmen) wird aus den reziproken Werten der Helligkeitsunterschiede erhalten. Die FK-Skala der Abb. 22 zeigt gegenüber den bisherigen eine logarithmische Darstellung; durch diese teleskopische Skala läßt sich ein großer Bereich von Beleuchtungsintensitäten umfassen.

Eine Darstellung in üblicher Form finden wir in Abb. 23, und zwar für ein Beleuchtungsbereich von 0 bis 25 FK bei einem

Reflexionsfaktor von 80 vH. Genau so wie in Abb. 22 sehen wir auch hier, daß das Auge bei hohen Helligkeiten (hohen Beleuchtungsintensitäten entsprechend) viel feinere Helligkeitsunterschiede wahrnehmen kann als bei geringen Helligkeiten bei entsprechend geringen Beleuchtungsintensitäten. Die untere FK-Skala entspricht einem Reflexionsfaktor von 80 vH, die obere Skala einem solchen von etwa 8 vH; hier können wir lesen, daß das Auge seinen höchsten Wirkungsgrad erst bei einer Beleuchtungsintensität von etwa 200 FK erreicht. Mit einer entsprechend abgeänderten FK-Skala lassen sich die Kurven für Flächen mit anderen Reflexionsfaktoren anwenden. Haben wir z. B. einen Reflexionsfaktor von 40 vH, dann ist entweder die untere Skala mit 2 zu multiplizieren oder die obere durch 5 zu dividieren.

Unser Sehen ist aber nicht nur auf den Schreibtisch, den Prüfstand oder die Werkbank beschränkt; wir müssen auch in die Schatten dieser Arbeitsplätze sehen können, Gegenstände unterscheiden und die von ihnen geworfenen Schatten berücksichtigen. Es muß daher in der allgemeinen Beleuchtung, wenn der Arbeiter schnell und genau sehen soll, mit einem entsprechend großen Sicherheitszuschlag gerechnet werden, wie das in Kap. XIII noch genauer auseinandergesetzt wird.

Es ist interessant, die prozentuale Zunahme der Empfindlichkeit des Auges für Helligkeitsunterschiede in Abhängigkeit von der Erhöhung der Beleuchtungsintensität festzustellen. Abb. 24 zeigt bei dem Werte 100 auf der Empfindlichkeitsskala die relative Empfindlichkeit des Auges für Helligkeitsunterschiede bei einer Helligkeit entsprechend 1 FK auf einer Fläche mit 80 vH Reflexionsfaktor (oder 10 FK bei 8 vH Reflexionsfaktor). Die voll ausgezogene Kurve gilt für jene Flächen, die mit den FK der oberen oder unteren FK-Skala beleuchtet werden. Wir sehen, daß sich die Empfindlichkeit für Helligkeitsunterschiede auf einer sogenannten weißen Fläche um 75 vH erhöht, wenn die Beleuchtungsintensität von 1 auf 10 FK (untere Skala) steigt. Die gleiche Erhöhung der Empfindlichkeit für gleiche Helligkeitsunterschiede, jedoch auf einer Fläche mit einem Reflexionsfaktor von 8 vH würde einer Steigerung der Beleuchtungsintensität von 10 auf 100 FK entsprechen. Da aber auch im Schatten Helligkeitsunterschiede wahrzunehmen sind, so ist in diesem Zusammenhang auch die gestrichelte Kurve in Abb. 24 zu betrachten. Sie gilt für einen Schatten, der nur 10 vH der Beleuchtung erhält, die auf der oberen und unteren FK-Skala abzulesen ist. Steigt nun die volle Beleuchtung auf diesen Flächen (80 bzw. 8 vH Reflexionsfaktor) wieder von 1 auf 10 FK bzw. von 10 auf 100 FK, dann erhöht sich die Empfindlichkeit des Auges für die Erkennung von Helligkeitsunterschieden in diesem Schatten um 100 vH.

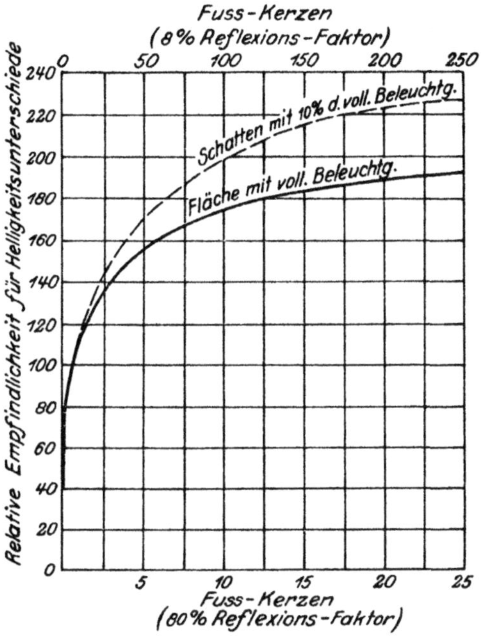

Abb. 24 zeigt die prozentuale Erhöhung der Empfindlichkeit des Auges für Helligkeitsunterschiede auf Flächen, die die volle Beleuchtung (volle Kurve) entsprechend den Fußkerzenskalen erhalten, und für Schatten (gestrichelte Kurve), deren Helligkeit nur 10 vH dieser Beleuchtung beträgt. Die relative Empfindlichkeit wird durch 100 bei der Helligkeit einer farblosen Fläche mit einem Refl.-F. von 80 vH und einer Beleuchtung von 1 Fuß-Kerze dargestellt (oder für eine Fläche mit einem Refl.-F. von 8 vH bei 10 Fuß-Kerzen).

Hierbei ist die verminderte Empfindlichkeit des Auges beim Sehen im Schatten und der Einfluß der höheren Helligkeit der voll beleuchteten Umgebung nicht in Betracht gezogen. Wollen wir also unser Auge möglichst rationell arbeiten lassen, dann haben wir für „leuchtende" Schatten, die durch streuendes und gleichmäßig verteiltes Licht erhalten werden, und für höhere Beleuchtungsintensitäten als sie heute üblich sind zu sorgen.

Außer dem Gesagten gibt es noch viele andere Faktoren, welche die Empfindlichkeit des Auges für Helligkeitsunterschiede beeinflussen. Die Art der Adaptation und die Stärke des Reizes sind dort von Wichtigkeit, wo die Beleuchtungsintensität nicht einheitlich oder nur sehr gering ist, wie z. B. beim Mondlicht. Reeves[32]) hat die Empfindlichkeit des Auges für Helligkeitsunterschiede in Abhängigkeit des Gesichtswinkels und der Helligkeit des Reizes untersucht, und zwar in der Art, daß dem Auge zunächst eine gewisse Zeit zur Anpassung an die geänderten Helligkeiten gelassen wurde. Bei ausreichender und zweckentsprechender Beleuchtung kommt das Auge nicht in die Lage, sich großen Helligkeitsunterschieden anpassen zu müssen, auch das Zeitelement der Adaptation spielt dann keine besondere Rolle. Es sei aber als wichtig bemerkt, daß bei sonst gleichen Bedingungen mit kleinerem Gesichtswinkel die Kontraste immer größer werden müssen, um einen Gegenstand zu sehen. Die Abb. 22, 23 und 24 beziehen sich auf sehr große Gesichtswinkel; für kleinere Gesichtswinkel würde die Empfindlichkeit des Auges für Helligkeitskontraste geringer sein, und es wäre daher in den erwähnten Abbildungen die FK-Skala mit entsprechend größeren Faktoren zu multiplizieren, oder mit anderen Worten: bei kleinem Gesichtswinkel muß für ein gleich gutes Sehen die Beleuchtungsintensität größer sein als bei großem Gesichtswinkel.

Der Gesichtswinkel.

Der Gesichtswinkel ist jener Faktor, nach welchem die Sehschärfe bestimmt wird. Er berücksichtigt sowohl die Größe des Objektes als auch seine Entfernung vom Auge, und zwar stehen kleine Gesichtswinkel in direktem Verhältnis zur Größe des Objektes, geteilt durch seine Entfernung vom Auge; es hat also ein kleiner Gegenstand in der Entfernung von 1 Fuß vom Auge den gleichen kleinen Gesichtswinkel als ein doppelt so großer Gegenstand bei einer Entfernung von 2 Fuß. Einige Daten über kleine Gesichtswinkel sind in Tab. 11 und Abb. 25 gegeben. Für die Errechnung der Werte in der letzten Spalte der Tabelle ist die Größe des Gegenstandes in Hundertstel Zoll eingesetzt; es ist also mit diesen Ziffern möglich, bei gegebenem Abstand des Gegenstandes vom Auge und seiner Größe (beides in Zoll ausgedrückt), den Gesichtswinkel in Bogenminuten zu berechnen. Liegt z. B. ein Gegenstand von $^{2}/_{100}$ Zoll 14 Zoll vom Auge entfernt, so entspricht das einem Gesichtswinkel von 5 Bogenminuten.

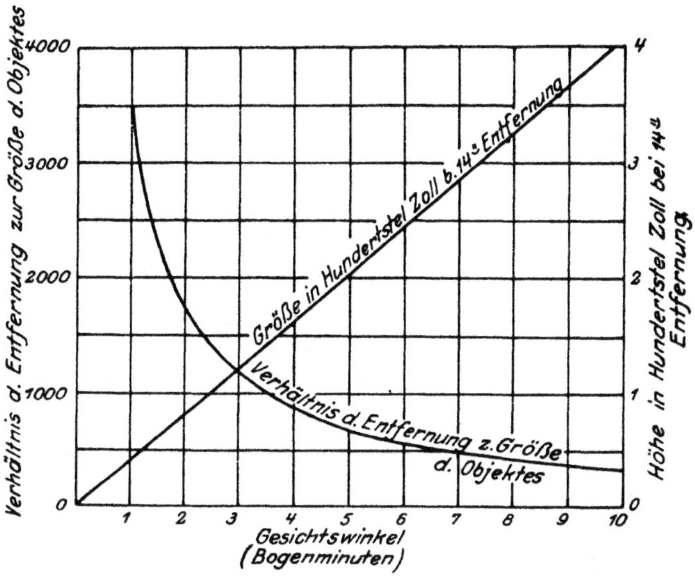

Abb. 25 zeigt die Beziehung der Größe eines Gegenstandes und seiner Entfernung vom Auge bei kleinen Gesichtswinkeln. Die schräge Linie gibt die Größe der Objekte in Hundertsteln eines Zolles (rechte Skala) bei einer Entfernung von 14" vom Auge für kleine Gesichtswinkel. Die Kurve zeigt das Verhältnis der Entfernung eines Gegenstandes vom Auge zur Größe des Objektes in den gleichen Längeneinheiten (linke Skala) für kleine Gesichtswinkel.

Tabelle 11. Die Beziehungen der Größe der Objekte und ihrer Entfernung vom Auge bei kleinen Gesichtswinkeln.

Gesichtswinkel in Bogenminuten	Größe des Objektes (in Hundertstel eines Zolles) bei einer Entfernung von 14"	Entfernung des Gegenstandes geteilt durch die Größe des Objektes in gleicher Längeneinheit
1	0,406	3448
2	0,812	1724
3	1,218	1149
4	1,624	862
5	2,030	689
6	2,450	571
7	2,856	490
8	3,262	429
9	3,668	382
10	4,074	344

Sehschärfe.

Nächst der Empfindlichkeit der Netzhaut, Helligkeitsunterschiede wahrzunehmen, kommt die Sehschärfe als wichtiger Faktor in Betracht. Unter Sehschärfe verstehen wir die Unterscheidung feiner Einzelheiten; sie wird im allgemeinen als der kleinste Gesichtswinkel zwischen zwei Objekten, die das Auge unter gegebenen Umständen noch sehen kann, beschrieben. Als Versuchsobjekt für das Studium der Sehschärfe können feine Einzelheiten, wie z. B. Buchstaben, dünne Striche, unganze

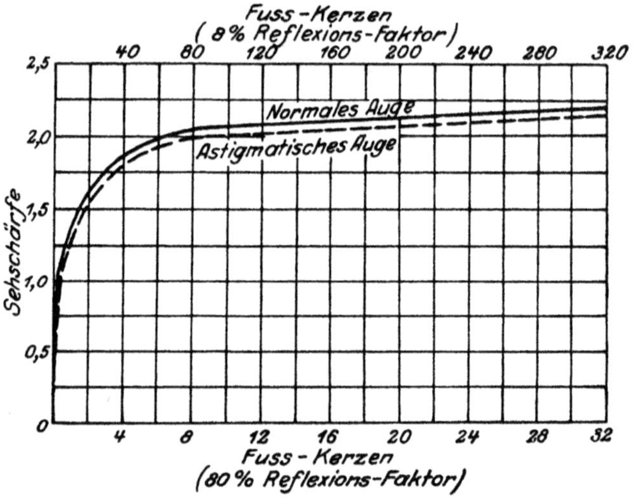

Abb. 26. Die voll ausgezogene Kurve stellt die allgemeine Beziehung zwischen Sehschärfe und Beleuchtungsintensität eines normalen Auges dar. Der Versuchsgegenstand bestand aus schwarzen Einzelheiten auf einem sogenannten weißen Hintergrund mit einem Refl.-F. von 80 vH (untere Skala). Die obere Skala bezieht sich auf einen dunkelgrauen Hintergrund mit einem Refl.-F. von 8 vH. Die gestrichelte Kurve zeigt die allgemeine Relation der mit einem etwas astigmatischen Auge erzielten Ergebnisse.

Kreise, Punkte usw. benutzt werden. Der Gesichtswinkel ist durch die Dimension des zu unterscheidenden Teiles und seiner Entfernung vom Auge gegeben; er kann verändert werden, indem man den Gegenstand vom oder zum Auge bewegt. Für analytische Untersuchungen ist das aber kein zufriedenstellendes Verfahren, da es verschiedene Einflüsse, wie z. B. die Veränderung der Pupillen, in die Untersuchung hineinbringt. Für solche Versuche empfiehlt sich die Verwendung parallel angeordneter Stäbe oder eines um seine Achse rotierenden gespaltenen Ringes, wobei die Versuchspersonen die Lage der Stäbe oder die Lage des Spaltes im Ring festzustellen haben.

Abb. 26 zeigt in der voll gezeichneten Kurve die typischen Beziehungen zwischen Sehschärfe und Beleuchtung (untere FK-Skala) eines „schwarzen“ Versuchsgegenstandes auf einem „weißen“ Hintergrund mit einem Reflexionsfaktor von 80 vH, und zwar für ein normales Auge. (Die FK-Werte der oberen Skala beziehen sich auf einen Reflexionsfaktor von 8 vH.) Wir sehen hier wieder die Form der typischen „Leistungskurve“.

Bei geringer Beleuchtung oder geringer Helligkeit des Hintergrundes ist die Sehschärfe viel geringer als bei hohen Werten. Wir können jetzt sagen, daß das Auge selbst unter den idealen Verhältnissen, wie sie ein Laboratoriumsversuch mit sich bringt, erst dann mit einer einigermaßen maximalen Leistungsfähigkeit arbeiten kann, wenn die Beleuchtung des Versuchsgegenstandes mehr als 10 FK beträgt. Berücksichtigen wir nun die weit weniger idealen Verhältnisse der Werkstatt und weiterhin den Umstand, daß wir auch Einzelheiten, die im Schatten liegen, zu unterscheiden haben, so kommen wir zu der Erkenntnis, daß zu den ermittelten Beleuchtungsintensitäten ein ganz erheblicher Sicherheitszuschlag hinzukommen muß, um auch vom Standpunkt der Sehschärfe ein wirkungsvolles Sehen zu erzielen.

Ferner ist in diesem Zusammenhang die prozentuale Erhöhung der Sehschärfe mit zunehmender Helligkeit oder Intensität von Interesse. In Abb. 27 ist der relative Wert der Sehschärfe mit 100 bei einer Helligkeit dargestellt, die der Beleuchtung von 1 FK auf einer Fläche mit 80 vH Reflexionsfaktor und 10 FK bei 8 vH Reflexionsfaktor entspricht. Die gestrichelte Kurve läßt analog zu Abb. 24 die Werte für das Sehen in einem Schatten erkennen, der nur 10 vH der vollen Helligkeit erhält.

Unsere bisherigen Erörterungen setzten ein normales Auge voraus. Selbstverständlich sollte dort, wo sich ein Fehler des Auges durch ein Augenglas korrigieren läßt, ein solches verwendet werden, was bisher von vielen Menschen nicht berücksichtigt wird. Viele moderne Unternehmen sind zu der Einsicht gekommen, daß sich eine Augenuntersuchung der Arbeiter sowohl für das Unternehmen als auch für den Arbeiter bezahlt macht; in manchen Industrien hatten 50 vH der Arbeiter eine verminderte Sehschärfe. Es ist daher gut, zu den ermittelten Beleuchtungsintensitäten auch einen weiteren Sicherheitszuschlag mit Rücksicht auf unternormale Augen zu machen. Die punktierte Kurve in Abb. 26 zeigt den Verlauf der Sehschärfe bei einem etwas astigmatischen Auge.

In Abb. 28 zeigt die gestrichelte Linie die relative Sehschärfe verschiedener Teile der Netzhaut bei Lichtmengen, an

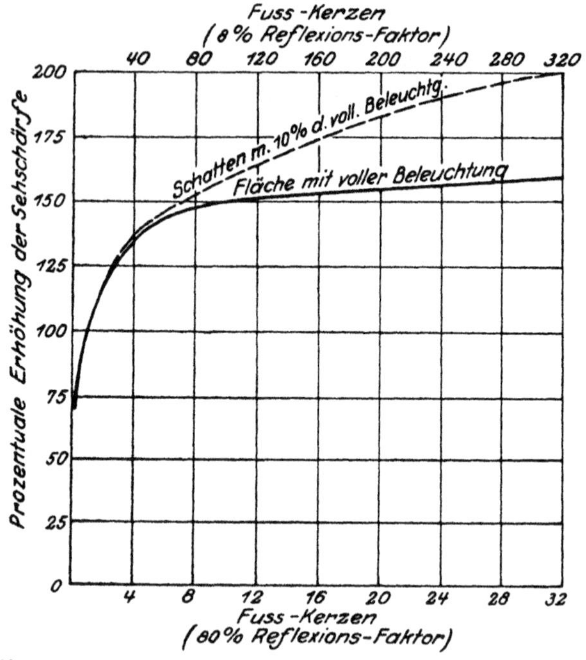

Abb. 27. Die voll ausgezogene Kurve zeigt die prozentuale Erhöhung der Sehschärfe mit der Helligkeit des Hintergrundes, gegen den die schwarzen Einzelheiten betrachtet werden. Die Fußkerzenskalen beziehen sich auf Flächen mit einem Refl.-F. von 80 vH bzw. 8 vH. Die relative Sehschärfe wird durch den Wert 100 bei einer Helligkeit des Hintergrundes dargestellt, die bei einer farblosen Fläche mit einem Refl.-F. von 80 vH einer Fußkerze entspricht (oder 10 Fußkerzen bei einer ebensolchen Fläche mit einem Refl.-F. von 8 vH). Die gestrichelte Kurve zeigt die prozentuale Erhöhung der Sehschärfe bei einem Schatten, der nur 10 vH der vollen Beleuchtung erhält, die durch die Fußkerzenskalen dargestellt wird.

die unser Auge bei feinen Arbeiten im allgemeinen gewöhnt ist. Die voll ausgezogene Linie gibt die Sehschärfe bei sehr geringen Beleuchtungsintensitäten. Null ist das Zentrum der Netzhaut, der sogenannte gelbe Fleck. Wir sehen, daß in diesem Zentrum die Sehschärfe bei hohen Helligkeiten sehr groß ist, bei den ersten Graden der Abweichung aber schon stark abnimmt. Für niedrige

Intensitäten ist der Teil der Netzhaut zwischen 10 und 20⁰ (siehe die voll ausgezogene Kurve) am wirkungsvollsten; dadurch ist die Erklärung gegeben, daß wir einen weit entfernten Stern mit einem etwas zur Seite gewendeten Blick besser sehen können.

Der blinde Fleck des Auges ist in der Abbildung durch die Unterbrechung der beiden Kurven kenntlich gemacht. Er spielt nur beim monokularen Sehen eine Rolle. Beim binokularen Sehen fallen die blinden Flecke beider Augen im Blickfeld nicht zusammen. Den blinden Fleck kann man feststellen, indem man das eine Auge schließt und das andere auf den schwarzen Punkt einer weißen Fläche richtet; die Aufmerksamkeit wird auf einen zweiten, etwa 2 Zoll entfernten Punkt auf dem Papier konzentriert. Hat man die weiße Fläche etwa 1 Fuß vom Auge entfernt und bewegt sie hin und her, so wird es eine Stelle geben, wo der zweite Punkt verschwindet.

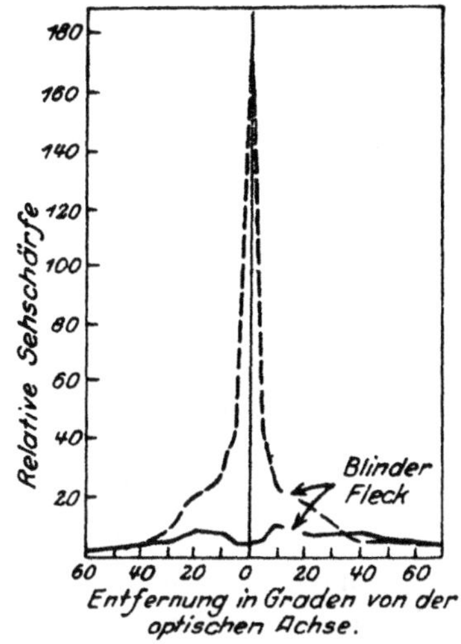

Abb. 28 zeigt die relative Sehschärfe für verschiedene Teile der Netzhaut. 0⁰ befindet sich im Zentrum der Netzhaut, im sogenannten gelben Fleck. Die gestrichelte Linie gibt die relative Sehschärfe bei den üblichen Helligkeiten einer hochintensiven Beleuchtung. Die voll ausgezogene Linie stellt die Sehschärfe bei sehr geringen Helligkeiten (niedrige Intensitäten) dar.

Farbempfinden.

Bei den üblichen Beleuchtungsintensitäten (oder Helligkeiten) können wir auf farbigen Flächen etwa die gleichen Helligkeitsunterschiede wahrnehmen wie bei farblosen Flächen (siehe Abb. 22). Diese Helligkeitsunterschiede werden bei den besten Laboratoriumsverhältnissen etwa 1,6 vH betragen. Zwischen einem vollkommenen Weiß und einem vollkommenen Schwarz haben wir für irgendeine gegebene hohe Beleuchtungsintensität etwa 60 wahrnehmbare Schattierungen. Bei farbigen Flächen ist dieser Bereich nicht so groß; eine ziemlich reine rote Farbe reflektiert nur etwa 20 vH des einfallenden Lichtes; es würde also zwischen dieser Farbe und einem vollkommenen Schwarz nur etwa 12 wahrnehmbare Schattierungen geben.

Den Farbempfindungen ist der Farbgrad oder die Sättigung der Farben eigentümlich. Es ist dies jene Charakteristik des Farbempfindens, in beliebigen aber stetigen Übergängen zu farblosen Empfindungen zu gelangen. Die Farbgrade schwanken von jenem der ursprünglichen Farbe bis zum Endpunkt in einer Reihe abnehmender Sättigungen dieser Farbe, der „weiß“ sein wird. Die Zahl der wahrnehmbaren Helligkeitsstufen eines Farbgrades hängt daher von der Helligkeit des Farbgrades selbst ab. Annähernd läßt sich die Zahl der unterscheidbaren Helligkeitsstufen durchschnittlich mit 30 schätzen. Das entspricht also etwa der Hälfte der zwischen schwarz und weiß als neutralem Grau wahrnehmbaren Schattierungsstufen und gilt für eine ganz bestimmte hohe Beleuchtungsintensität. Die Helligkeitsstufe irgendeiner Farbe (einschließlich ihrer Farbgrade und sogar weiß) ist nichts weiter als eine geringere Helligkeit. In ganz allgemeinem Sinn können wir also verschiedene Helligkeitsempfindungen einer Farbe hervorbringen, wenn wir die Beleuchtungsintensität erhöhen. Beim sogenannten Weiß z. B. können wir durch eine höhere Beleuchtungsintensität eine größere Helligkeitsempfindung (im absoluten Sinn) von Weiß hervorrufen. Die Zahl der absoluten Helligkeitsstufen irgendeiner Farbe ist also noch weit größer als die Serie der unterscheidbaren Helligkeitsstufen bei irgendeiner ganz bestimmten Beleuchtungsintensität.

Im Lichtspektrum der Sonne oder einer Wolframdrahtlampe können wir mit sehr empfindlichen Instrumenten etwa 125 Farbtöne unterscheiden. (Das Licht der Quecksilberbogenlampe hat nur 4 Haupttöne und einige andere, die aber nur durch ganz schwache spektrale Linien kenntlich sind.) Mit Rücksicht darauf, daß die purpurroten Farbtöne im Spektrum nicht enthalten sind, können wir schätzen, daß wir unter den besten Laboratoriumsverhältnissen etwa 150 Farbtöne deutlich unterscheiden können. Unsere Fähigkeit, Unterschiede des Farbgrades (technisch ist das der Unterschied in der Sättigung) wahrzunehmen, ist nicht so gut entwickelt wie die Fähigkeit, Unterschiede in Farbtönen und Helligkeiten zu unterscheiden. Konkrete Ziffern über ungeübte Augen stehen nicht zur Verfügung. Wir können aber schätzen, daß durchschnittlich bei einer Farbe etwa 20 verschiedene Farbgrade (oder Sättigungen) tatsächlich unterschieden werden können. Wir haben also die Zahl der unterscheidbaren Farbtöne 150, die Zahl der unterscheidbaren Helligkeiten bei einer bestimmten hohen Beleuchtungsintensität 30 und die Zahl der durchschnittlich unterscheidbaren Farbgrade 20; multiplizieren wir diese drei Ziffern miteinander, so erhalten wir annähernd 90000 verschiedene Farbempfindungen, die wir bei einer bestimmten hohen Beleuchtungsintensität unterscheiden können. Gehen wir nun noch von der absoluten Helligkeit aus und fügen durch Erhöhung der Beleuchtungsintensität noch einen ausgedehnten Helligkeitsbereich hinzu, so kommen wir zu dem Schluß, daß die Zahl der deutlich unterschiedlichen visuellen Empfindungen (wobei jene der Form hier nicht berücksichtigt sind), deren wir fähig sind, in die Millionen geht.

P. G. Nutting und L. A. Jones stellten fest, daß die Empfindlichkeit des Auges für Änderungen der Farbgrade mit dem Maß der Sättigung schwankt; d. h. einer reinen Farbe müssen etwa 4,7 vH Weiß hinzugefügt werden, ehe eine Veränderung des Farbgrades bemerkbar wird. Ist die Farbe bis zu einem mittleren Farbgrad verdünnt (50 vH reiner Farbton und 50 vH Weiß), so ist durch einen Zusatz von 4 vH Weiß eine Änderung des Farbgrades gerade noch bemerkbar. Bei einem weiteren Hinzufügen von Weiß vermindert sich dieser erforderliche Prozentsatz, um eine gerade noch erkennbare Sättigung hervorzurufen, bis er einen Wert von 2,2 vH bei den allergeringsten Farbgraden (also fast farblos) erreicht. Man spricht von einer „reinen“ Farbe, wenn sie eine 100 proz. Sättigung besitzt; Farbgrade sind die ungesättigten Farben mit verschiedenen Prozentsätzen der Sättigung.

Bei Farbwahrnehmungen in sehr geringer Beleuchtung muß auf das Purkinje-Phänomen Rücksicht genommen werden, desgleichen auch auf die Verschiedenheit unserer Empfindlichkeit für Helligkeitsunterschiede verschiedener Farben.

Bei sehr feinen Farbunterscheidungen müssen die Nachbilder oder sukzessiven Kontraste berücksichtigt werden. Der durch eine bestimmte Farbe ermüdete Teil der Netzhaut erzeugt ein Nachbild in der Komplementärfarbe.

Die in der optischen Achse liegende zentrale Region der Netzhaut wird der „gelbe Fleck“ genannt; er absorbiert bis zu einem gewissen Grad blaue Strahlen. Dieser kleine Teil des Sehfeldes läßt uns deshalb die Farben nicht so sehen, wie sie tatsächlich sind. Er macht sich mitunter bemerkbar, wenn die Augen durch helle Farben ermüdet sind; man kann ihn auch merken, wenn man Farben mit besonderen spektralen Eigenschaften ansieht.

Für eine genaue Farbunterscheidung ist im allgemeinen eine Beleuchtungsintensität von wenigstens 50 FK erwünscht.

Der Simultankontrast.

Halten wir zwei gänzlich verschiedene Farben nebeneinander, so erscheinen beide im allgemeinen viel lebhafter und anders als sonst. Legen wir ein graues Papier auf einen grünen Hintergrund gleicher Helligkeit, so nimmt das graue Papier eine Lilatönung, komplementär zur Umgebung, an. Wir nennen das das Leben der Farbe und finden es überall dort, wo es Farbunterschiede gibt. Auf jedem farbigen Gemälde oder farbigen Druck können wir diese Wirkung erkennen; sehen wir z. B. zwischen grünem Blattwerk einen orangefarbigen Blumentopf, so erscheint uns dieses Orange sehr lebhaft; decken wir nun mit einem Papier alles übrige ab, so daß nur der Topf sichtbar bleibt, so wird die Orangefarbe viel von ihrer Lebhaftigkeit verlieren. In einer Dunkelkammer gewöhnen wir uns allmählich an das rote Licht, das dann viel von seiner roten Farbe verliert; dringt in die Dunkelkammer durch irgendeine Öffnung Tageslicht ein, so werden wir dieses als blaugrün empfinden; wird ein Licht von irgendeiner anderen Farbe als rot angesteckt, so nimmt das rote Licht sofort wieder seine volle rote Farbe an.

Dieser Simultankontrast ist auch bei farblosen Flächen deutlich erkennbar. Eine weiße Fläche erscheint auf einer dunkelgrauen viel heller, als sie tatsächlich ist; umgekehrt erscheint das Dunkelgrau dunkler, als es der Wahrheit entspricht. In einer Serie grauer Farben können wir das besonders gut beobachten; schneidet eine helle Kante eine dunklere, so wird sie an dem Schnittpunkt heller erscheinen als in weiterer Entfernung. Wir können Farben nie so sehen, wie sie tatsächlich sind, da wir uns dem Einfluß ihrer Umgebung nicht entziehen können.

Irradation.

Legen wir ein mit einem Loch versehenes weißes Papier auf ein schwarzes, so wird der durch das Loch sichtbare schwarze Fleck kleiner erscheinen, als er tatsächlich ist. Machen wir es umgekehrt, dann wird der weiße Fleck größer erscheinen. Schalten wir eine Lichtquelle ein (besonders in einer gut streuenden Glasglocke), so haben wir das Empfinden, daß sie sich langsam auf uns zubewegt. Die deutlichste Veranschaulichung der Irradation ist der glühende feine Draht einer Glühlampe; er erscheint vielmals größer, als er tatsächlich ist. Sogar bei einer ganz geringen Spannung, wo der Draht kaum glüht, erscheint er uns größer als in Wirklichkeit. Es ist interessant, zu beobachten, wie die Größe des Drahtes mit steigender Temperatur zu wachsen scheint. Wir werden auf die Erscheinung der Irradation im weiteren noch zurückkommen.

Die Pupille.

Sie bietet dem Auge einen gewissen Schutz gegen plötzliche Helligkeitsänderungen oder plötzliche Änderungen der Beleuchtungsintensität. Die Änderung ihres Durchmessers geht von etwa 1 zu 8 mm, was einer Größenänderung ihrer Fläche von 1 : 50 entspricht. Die Helligkeit des Bildes, das auf unsere Netzhaut fällt, ist proportional zur Fläche der Pupillenöffnung; wir haben also für jedes Bild auf unserer Netzhaut einen 50fachen Helligkeitsbereich.

Die Pupille spielt eine wichtige optische Rolle. Die Schärfe eines Bildes ist bei geringer Pupillenöffnung die beste, die analysierende Kraft irgendeiner Linse erhöht sich aber mit der Größe ihrer Öffnung. Die Schärfe ist wichtiger als die analysierende Kraft in den optischen Teilen des Auges, da diese Kraft durch die Netzhautstruktur beschränkt ist. Die Funktion der Pupille besteht anscheinend vor allem darin, sich bei geringen Beleuchtungsintensitäten zu erweitern, und zwar um mehr Licht einzulassen, wobei sogar teilweise die Schärfe des Netzhautbildes geopfert wird. Die Helligkeit des Netzhautbildes hängt also von der Fläche der Pupille ab. Da eine blendende Lichtquelle eine Verkleinerung der Pupille hervorruft, ist verminderte Sichtbarkeit nicht nur auf die Blendung, sondern auch auf verminderte Helligkeit des Netzhautbildes zurückzuführen.

Die Wirkung der Pupillenöffnung läßt sich durch Heranbringen künstlicher Pupillen an das Auge leicht studieren. Derartige Studien hat Dr. P. W. Cobb[33]) unternommen, und zwar an einem Versuchsobjekt aus dünnen schwarzen Strichen auf weißem Grund. Die Breite der Striche und der Intervalle zwischen ihnen war gleich und konnte gleichmäßig verändert werden.

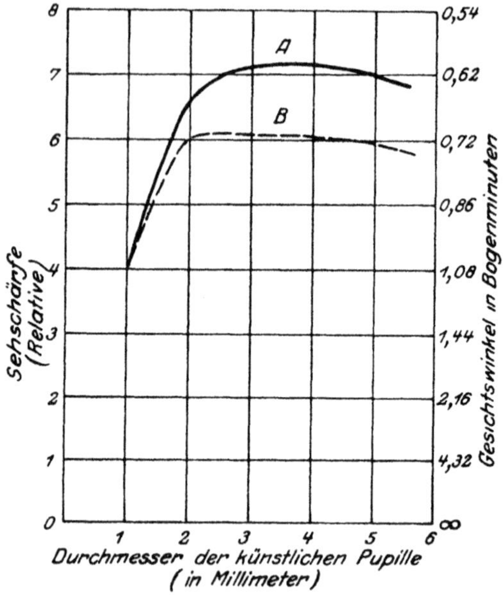

Abb. 29. Die Wirkung der Pupillenöffnung auf die Sehschärfe. Die voll ausgezogene Kurve *A* gibt die Sehschärfe bei verschiedenen Pupillenöffnungen und bei einem Versuchsgegenstand mit konstanter Helligkeit. Die gestrichelte Kurve *B* stellt die Ergebnisse dar, die mit verschiedenen Pupillen, aber mit in jedem Falle veränderter Helligkeit des Versuchsobjektes erhalten wurden, um das Netzhautbild bei konstanter Helligkeit zu erhalten. Die Helligkeit des Versuchsobjektes war für eine Pupille von 1 mm in beiden Fällen die gleiche.

Abb. 29 zeigt in der voll ausgezogenen Kurve *A* die relative Sehschärfe für verschiedene Pupillenöffnungen; der Gesichtswinkel zwischen der Mitte des schwarzen Striches und des hellen Intervalles ist auf der rechten Skala abzulesen. Man sieht, daß diese Skala nicht proportional ist; das Produkt aus relativer Sehschärfe und dem zugehörigen Gesichtswinkel ist eine Konstante. Wir sehen, daß die Sehschärfe bei einer Pupillenöffnung von 4 mm ein Maximum erreicht. Die Helligkeit des Versuchsgegenstandes beträgt 189 Kerzen pro Quadratmeter. Nach Dr. Cobb ist vom Standpunkt der Sehschärfe die geeignetste Pupillengröße 2,5 bis 4,5 mm bei sonst konstanten äußeren Verhältnissen. Unter zufriedenstellenden Beleuchtungsverhältnissen bewegt sich der Pupillendurchmesser gewöhnlich in der Nähe von 3 bis 4 mm.

Es ist bemerkenswert, daß sich innerhalb des Bereiches der künstlichen Pupillenöffnung von 1 bis 5,6 mm die Helligkeit des Netzhautbildes mehr als 31mal erhöhte, und zwar bei konstanter Helligkeit des Versuchsgegenstandes von 189 Kerzen pro Quadratmeter (s. Kurve *A*, Abb. 29). Dr. Cobb unternahm einen weiteren interessanten Versuch, indem er die Helligkeit des Netzhautbildes dadurch konstant hielt, daß die Beleuchtungsintensität des Versuchsobjektes im Verhältnis mit der Erweiterung der Pupillenöffnung vermindert wurde. Die Beleuchtung des Versuchsobjektes war also bei der größten künstlichen Pupille von 5,6 mm Durchmesser nur $^1/_{31}$ jener bei einer Pupillenöffnung von 1 mm. Das Ergebnis des Versuches zeigt die gestrichelte Kurve *B*. Für eine Pupillenöffnung von 1 mm Durchmesser hatte die Beleuchtung des Versuchsobjektes bei beiden Versuchen den gleichen Wert. Wir sehen in der unteren Kurve die Verringerung der Sehschärfe bei der geringen Helligkeit des Netzhautbildes im Vergleich zu der erhöhten Sehschärfe in der oberen Kurve bei stetig steigender Helligkeit des Netzhautbildes. Es ergibt sich die Folgerung, daß bei einer konstanten Helligkeit des Netzhautbildes die Größe der Pupille (und zwar innerhalb eines Bereiches von 2 bis 5,6 mm) nur von geringer Wirkung auf die Fähigkeit ist, feine Einzelheiten zu erkennen.

Es ist außerordentlich interessant, daß wir den Einfluß der Pupillengröße auf die Sehschärfe im Zusammenhang mit ihrem Einfluß auf die Helligkeit des Netzhautbildes zu berücksichtigen haben. Die Erhöhung der Helligkeit des Netzhautbildes durch eine vergrößerte Pupillenöffnung ist also für das Sehen ebenso vorteilhaft wie eine entsprechende Erhöhung der Beleuchtungsintensität bei konstant bleibender Pupillengröße. Wir haben vorhin gesehen, daß eine Änderung der Pupillengröße innerhalb des Bereiches von 2 bis etwa 5 mm die optische Eigenschaft des Auges zum Unterscheiden feiner Einzelheiten nicht nennenswert beeinflußt. Dies ist gleichbedeutend mit einem etwa 6fachen Helligkeitsbereich des Netzhautbildes. Sind wir also in der Lage, bei bestimmten Bedingungen die Pupille statt 2,5 mm 5 mm offenzuhalten, so wäre das gleichbedeutend mit einem Seherfolg, der einer 300 proz. Erhöhung der Beleuchtungsintensität gleichkommt; es gibt wohl kein besseres Argument gegen nicht abgeblendete Lichtquellen, gegen übermäßige Helligkeitskontraste und Spiegelreflexionen von hellen Bildern, die sämtlich blenden und die Pupille verengen! Gut streuendes, entsprechend verteiltes Licht bewirkt eine Erweiterung der Pupille und erhöht so den Wirkungsgrad der Beleuchtung. Wird die Pupille größeren

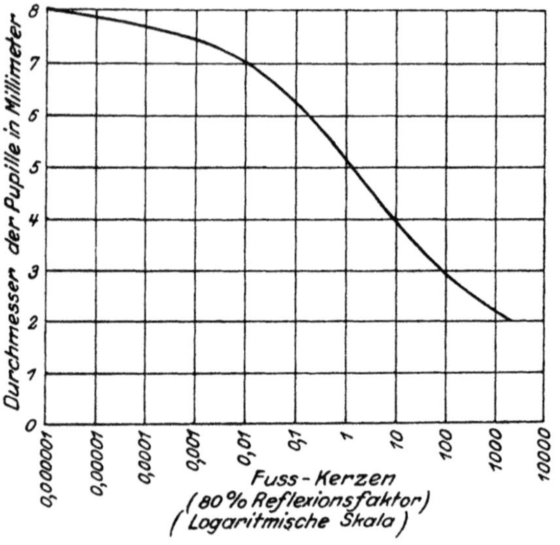

Abb. 30 zeigt die Größe der Pupille nach einer Belichtung von 15 Minuten bei verschiedenen Helligkeiten von 0 bis 2000 Millilamberts (etwa 4 Kerzen pro Quadratzoll).

Helligkeiten ausgesetzt, so verengt sie sich zunächst, um sich dann in dem Maße, als die Adaptation an die neuen Lichtverhältnisse fortschreitet, wieder zu erweitern. Reeves[34]) hat festgestellt, daß nach einer 15 Minuten währenden Adaptation an die Dunkelheit die durchschnittliche Pupillengröße bei 6 Personen 8 mm betrug. Er wiederholte den Versuch für eine Anzahl von Helligkeiten bis zu 2000 Millilamberts (etwa 4 Kerzen pro Quadratzoll). Nach ca. 15 Minuten betrug die durchschnittliche Pupillengröße bei dieser höchsten Helligkeit 2 mm. Die Versuchspersonen waren mittleren Alters. Externe Messungen der Pupille gaben Werte, die etwas höher waren als die tatsächliche Größe der Pupille; es sind die Ermittlungen von Reeves daher um etwa 7 vH zu reduzieren. Abb. 30 zeigt das an 6 Personen ermittelte Durchschnittsergebnis bezogen auf eine logarithmische Helligkeitsskala, um einen möglichst großen Helligkeitsbereich zu umfassen. (Die in Frage kommende Helligkeit entspricht FK auf einer Fläche mit einem Reflexionsfaktor von 80 vH.) Es

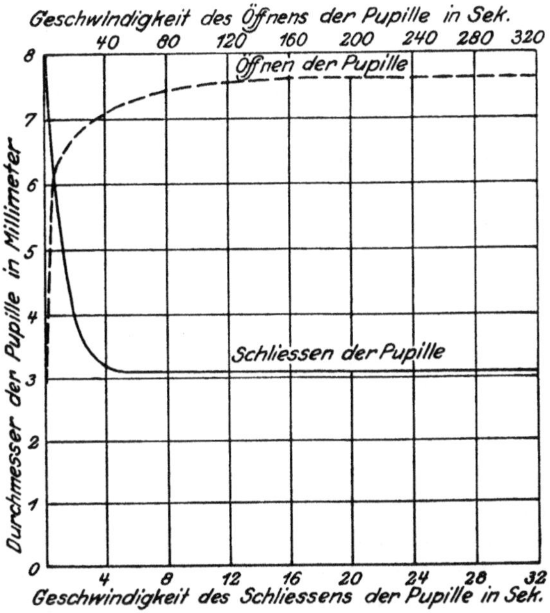

Abb. 31 zeigt die Geschwindigkeit des Öffnens der Pupille, nachdem eine Helligkeit von 100 Millilamberts durch Dunkelheit und umgekehrt die Geschwindigkeit des Schließens, nachdem die Dunkelheit durch einen Reiz von 100 Millilamberts ersetzt wurde.

sei hervorgehoben, daß die Helligkeit unserer Beleuchtungseinheiten die von Reeves benutzte Maximalhelligkeit oftmals um das 10fache übersteigt; exponierte Lichtquellen und ihre spiegelnd reflektierten Bilder sind mitunter Tausende von Malen größer in ihrer Helligkeit als jene von Reeves benutzten. Die Untersuchung von Reeves zeigt uns, was wir bei geeigneten Lichtverhältnissen von der Pupille des Auges erwarten können. Die Schwankung in der Pupillenöffnung der einzelnen Versuchspersonen war bei der größten Pupillenöffnung 7 bis 8,7 mm, bei 100 Millilamberts betrug sie 2,7 bis 2,9 mm.

In Abb. 31 sehen wir nach den Ermittlungen von Reeves in der voll gezeichneten Kurve die Geschwindigkeit des Schließens der Pupille, nachdem der Reiz plötzlich von dunkel auf 100 Millilamberts verändert wurde. (Durchschnittsergebnisse von 6 Versuchspersonen.) Die gestrichelte Kurve zeigt die Geschwindigkeit des Öffnens der Pupille, nachdem der Reiz, der einer Helligkeit von 100 Millilamberts entsprach, plötzlich durch völlige Dunkelheit ersetzt wurde. Wir sehen hier die interessante Tatsache, daß die Pupille bei dem gegebenen Experiment zum Öffnen bis auf ihren Maximaldurchmesser etwa ebensoviel Minuten benötigt, als sie zum Schließen Sekunden braucht. Die Geschwindigkeit des Öffnens würde sich durch einen sehr starken Reiz ohne Zweifel noch erhöhen und dementsprechend die Geschwindigkeit des Schließens vermindern. Den Größenunterschied zwischen der Öffnungs- und Schließgeschwindigkeit wird man indessen nicht auslöschen können. Solche Untersuchungen vermitteln uns ein besseres Verstehen der Sehvorgänge und lassen uns beurteilen, was wir von der Leistungsfähigkeit des Auges unter bestimmten Verhältnissen zu erwarten haben.

Adaptation des Auges.

Dieses Phänomen wird jedem von uns aus Erfahrung bekannt sein, und jeder weiß, daß das Auge eine gewisse Zeit braucht, um sich an Helligkeitsunterschiede zu gewöhnen. Obwohl die Pupille durch Änderung ihrer Größe ihren Teil hierzu beiträgt, haben wir noch eine weit wichtigere Adaptation, und zwar die Netzhaut- oder psycho-physiologische Adaptation, zu unterscheiden.

Treten wir tagsüber vom Freien in einen dunklen Raum, so ist eine gewisse Zeit erforderlich, bis das Auge sich angepaßt hat. Der Raum mag hierbei nicht einmal absolut dunkel sein, mehrere Minuten lang wird er dem Auge aber so erscheinen. Die zuerst wahrgenommene geringste Helligkeit wird dem Wert nach viel größer sein als jene, die wir wahrnehmen, nachdem das Auge sich 10 Minuten lang an die Dunkelheit adaptiert hat. Das Auge erreicht den höchsten Grad seiner Empfindlichkeit erst, nachdem es sich etwa 1 Stunde lang an die völlige Dunkelheit gewöhnt hat. Die Frage der Erhöhung der Empfindlichkeit des Auges in Abhängigkeit von der Dauer der Adaptationsperiode war

Gegenstand vieler Studien. Die Ermittlungen von Hecht[35]) sehen wir in Abb. 32. Man sieht, daß die Empfindlichkeit des Auges nach dem Betreten eines dunklen Raumes in den ersten 5 bis 10 Minuten nur sehr allmählich zunimmt und sich dann während 10 bis 30 Minuten nach Eintritt schnell steigert, eine weitere Zunahme der Empfindlichkeit erfolgt dann bis etwa 50 Minuten. In dieser Zeit hat sich die Empfindlichkeit des Auges um mehr als 70000 mal erhöht.

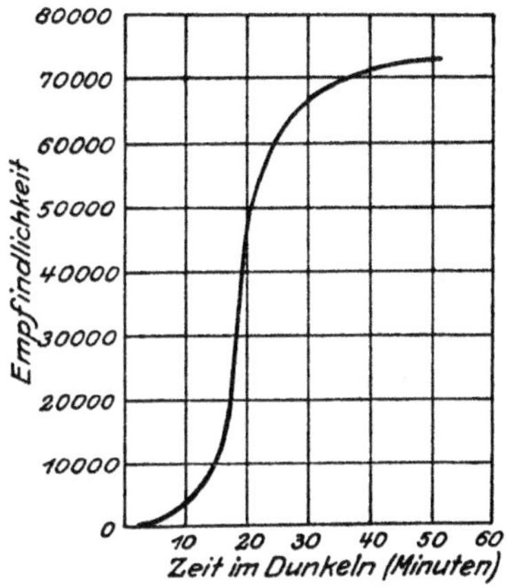

Abb. 32 zeigt die Erhöhung der Empfindlichkeit des Auges mit zunehmender Expositionszeit in der Dunkelheit, bestimmt durch die minimal wahrnehmbare Helligkeit mit wachsender Adaptationszeit an die Dunkelheit.

Die geringe Erhöhung der Empfindlichkeit innerhalb der ersten wenigen Minuten sagt uns, wie unerwünscht es ist, den Arbeiter innerhalb kurzer Zeiträume verschiedenen Helligkeiten auszusetzen. Das Auge kann sich radikal verschiedenen Helligkeiten nicht so schnell anpassen, und wir können solche Verhältnisse, wo sich der Arbeiter von einer Lichtintensität zur andern bewegt, in einem Arbeitsraum nicht dulden. Auch große Helligkeitsunterschiede im Sehfeld sollten nicht geduldet werden.

Das Purkinje-Phänomen.

Sichtbare Strahlen kürzerer Wellenlänge (violett, blau und grün) sind in der Herbeiführung von Helligkeitsempfindungen bei geringen Intensitäten wirkungsvoller als bei hohen Intensitäten. Bei sichtbaren Strahlen größerer Wellenlänge (gelb, orange, rot) ist das Gegenteil der Fall. Diese etwa vor einem Jahrhundert von Purkinje entdeckte Erscheinung hat hohen wissenschaftlichen Wert und ist auch für eine Beleuchtung bei geringen Intensitäten von einer gewissen Bedeutung. In Abb. 22 sehen wir, daß der Schwellenwert von blauem Licht weit geringer ist als jener von rotem Licht. Nehmen wir an, wir beleuchten eine weiße Fläche (mit einem Reflexionsfaktor von 80 vH) mit einem blauen Licht und eine gleiche Fläche mit einem roten Licht, und zwar mit einer Helligkeit, die jener derselben Fläche bei einer Beleuchtung mit 1 FK weißem Licht gleichkommt. Haben wir nun die Möglichkeit, die Intensität des blauen und roten Lichtes vollkommen gleichmäßig herabzusetzen, und zwar so weit, daß die Helligkeit gleich wird einer solchen von 0,2 FK weißem Licht, so werden wir in diesem Augenblick bemerken, daß uns das blaue Licht heller erscheint als das rote. Setzen wir nun diese Verminderung fort, so wird uns das blaue Licht relativ immer heller und heller erscheinen als das rote, bis wir schließlich einen Punkt erreichen (entsprechend der Helligkeit des weißen Lichtes bei 0,001 FK), wo das Rot so gut wie unsichtbar, das Blau aber noch immer bemerkbar sein wird. Wäre die Intensität erhöht statt vermindert worden, so hätten wir keine derartige Wirkung feststellen können. Vielleicht wäre in ganz geringem Umfang das Rot etwas heller geworden als das Blau — dem Verfasser sind aber keinerlei Beweise dafür, auch nicht in den Untersuchungen von König, bekannt.

Hieraus sehen wir, daß ein Beleuchter, der im Vergleich zu einem anderen bläulich ist, bei sehr geringen Intensitäten etwas wirkungsvoller wäre als ein gelblicher. Bei Intensitäten in einer Größenordnung von 0,05 FK oder weniger mag das vielleicht eine gewisse Rolle spielen, bei einer Intensität von mehr als 0,1 FK ist diese Erscheinung aber ohne Bedeutung. Im Signalwesen oder dort, wo Farben sehr geringer Helligkeit von dunkeladaptierten Augen gesehen werden sollen, kann die Berücksichtigung dieses Phänomens von gewissem Wert sein. In der allgemeinen Beleuchtungspraxis hat es aber tatsächlich nur geringes Interesse. Man hört im Zusammenhang mit der Fabrikbeleuchtung oft Klagen, daß ein gelblicher Beleuchter nicht so zufriedenstellend ist als z. B. ein weißer oder bläulicher, und zwar für eine Sichtbarkeit im Schatten. Es ist trügerisch, ohne weiteres anzunehmen, daß das auf das Purkinje-Phänomen zurückzuführen ist. Dieses fällt in die ganz niedrigen Helligkeitsbereiche und kann nicht dort von erheblicher Wirkung sein, wo das Auge im allgemeinen an hohe Beleuchtungsintensitäten adaptiert ist. Ferner ist nachgewiesen, daß diese Wirkung auf einem Teil der Netzhaut nicht wahrnehmbar wird, wenn der übrige Teil der Netzhaut den üblichen Helligkeiten ausgesetzt ist. Und schließlich liegt kein Beweis vor, daß sich die Purkinje-Wirkung im zentralen Teil der Netzhaut, und zwar auf einer Fläche von wenigstens 2 vH des Gesichtswinkels, äußert.

Ansteigen und Abklingen der visuellen Empfindungen.

In dem Augenblick, wo ein Bild die Netzhaut trifft, steigt die Empfindung von Helligkeit oder Farbe bis zu ihrem vollen End-

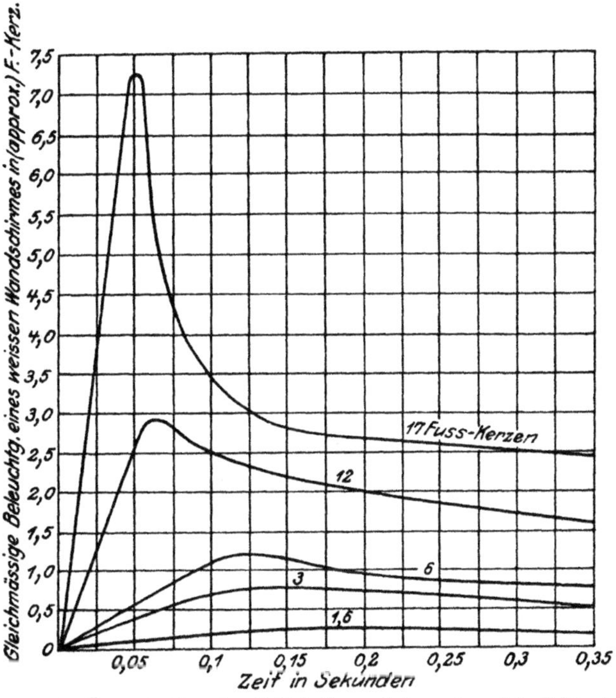

Abb. 33 stellt das Überschreiten der Helligkeitsempfindung dar. Die Zahlen bedeuten Fuß-Kerzen und entsprechen Helligkeiten, die durch diese Beleuchtungsintensitäten auf einer sogenannten weißen Fläche mit einem Refl.-F. von 80 vH erzeugt wurden.

wert an und verschwindet auch nicht vollkommen mit dem Moment, wo der Reiz verschwindet; ja, es wird sogar die auf bestimmte Reize zurückzuführende Helligkeitsempfindung bei genügender Helligkeit zunächst noch „überschritten“. Dieses Überschreiten der Helligkeitsempfindung können wir z. B. an der Decke in dem Augenblick wahrnehmen, wo wir im Zimmer das elektrische Licht andrehen, besonders bei ungewöhnlich hoher

Beleuchtungsintensität. Auch dieser Erscheinung kommt kein allgemeines Interesse zu, sie besitzt aber im Zusammenhang mit wissenschaftlichen Fragen der Beleuchtungstechnik eine gewisse Bedeutung.

Abb. 33 zeigt das Ergebnis der von Broca und Sulzer[37]) auf diesem Gebiete gemachten Versuche. Es wird der zeitliche Verlauf des verschiedenen Helligkeitsempfindens eines weißen (Reflexionsfaktor 80 vH) Wandschirmes (oder einer ebensolchen Fläche) gezeigt, der mit einer stetigen Helligkeit von einer bestimmten Beleuchtungsintensität beleuchtet wurde. Der Versuch ist für fünf verschiedene Helligkeiten, entsprechend 17, 12, 6, 3 und 1,6 FK durchgeführt. Man sieht, daß das „Überhelligkeits"-Empfinden bei den großen Beleuchtungsintensitäten sich etwa 0,05 Sekunden nach Eintritt des Reizes äußert; bei Reizen von geringerer Helligkeit merkt man diese Wirkung nicht.

Der Verfasser[36]) und auch andere haben dieses Überschreiten bei Farbempfindungen untersucht, das bei Signalen von kurzer Dauer von besonderem Wert ist. Im allgemeinen trifft es für die Farben des mittleren Spektrums weniger zu als für die anderen. Blau überschreitet die Helligkeit mehr als Rot und Rot wiederum mehr als Grün.

Nachbilder sind ein Beweis, daß die Empfindungen nicht sofort nach Aufhören des Reizes auf Null zurückgehen. Im allgemeinen ist das Nachbild farbiger Reize komplementär der Farbe des ursprünglichen Reizes, ausgenommen die erste Zeitspanne des Abklingens außerordentlich starker Empfindungen. Solche Nachbilder müssen bei vielen Sehproblemen beachtet werden. Nebenbei sei gesagt, daß diese Beharrlichkeit des Sehens die Grundlage des Bewegungsbildes, also des Filmes bildet.

Nachbilder heller Gegenstände, besonders von Lichtquellen, sind nicht nur störend, sondern auch oft zeitweilig sehr blendend. Blendende Lichtquellen vermindern die Sehfähigkeit und sind Ursache vieler Unfälle in Fabriken und auf der Straße. Der Verfasser machte den Versuch, die Zeitdauer der Nachbilder bis zum völligen Abklingen zu messen. Das Versuchsergebnis ist in Abb. 34 dargestellt. Die verwendete größte Helligkeit entspricht der zu jener Zeit bestehenden hellsten Wolfram-Vakuumlampe mit einer Helligkeit des Glühfadens von 1080 Kerzen pro Quadratzoll. Die Dauer des Nachbildes erhöht sich mit der Zeit, während welcher das Auge der Belichtung ausgesetzt war. Wie schon gesagt, wirkt das Nachbild zuerst blendend, so daß das Sehen auf diese Weise eine nennenswerte Zeitspanne hindurch gestört wird. Es mag uns daher nicht wundern, wenn wir hören, daß sich in Fabriken und Bureaus die Produktion erhöhte, nachdem offene Lichtquellen mit einem entsprechenden Schirm bzw. mit einem entsprechend streuenden Glas versehen waren.

Die Frequenz, bei der ein Flackern verschwindet, hängt vom Maximum der Helligkeit und auch von der Wellenform ab. Je

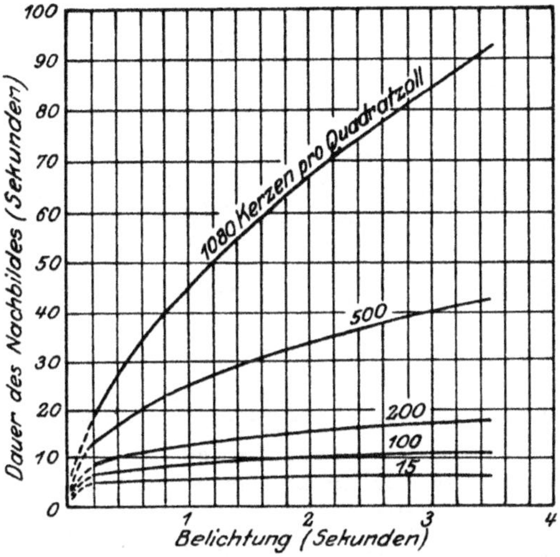

Abb. 34 zeigt die Dauer der Nachbilder bei verschiedener Belichtungszeit mit Lichtquellen verschiedener Helligkeit.

höher die Helligkeit, um so höher auch die Frequenz, bis das Flackern abklingt; bei einem Zyklus, wo der Wechsel der Helligkeit ein plötzlicher ist, ist die Frequenz größer als da, wo dieser Wechsel ganz allmählich eintritt. Bei einer stetigen Durchschnittshelligkeit ist das durch das allmähliche Erhitzen und Abkühlen des Lampenfadens hervorgerufene Flackern nur bei ganz geringer Frequenz sichtbar. Bei einem elektrischen Strom mit 25 Perioden ist dieses aufgelagerte Flackern auf verhältnismäßig hellen Flächen sichtbar. So wird es z. B. auf einer Fläche mit 80 vH Reflexionsfaktor wahrnehmbar, während es bei einer Fläche mit 8 vH Reflexionsfaktor, wo die Helligkeit nur $^1/_{10}$ bei gleichbleibender Intensität beträgt, nicht zu sehen sein wird. Besonderes Interesse hat diese Erscheinung bei niedrig frequentiertem elektrischen Strom oder auf der Leinwand des Bewegungsbildes.

Abb. 35 soll ein Bild über das Flackern geben. Der Zyklus der schwankenden Helligkeit geht zwischen halbhell und halbdunkel; der Wechsel erfolgt plötzlich und wird durch eine rotierende Scheibe hervorgerufen, die aus gleichmäßig offenen und geschlossenen Zwischenräumen besteht. Sie befindet sich zwischen

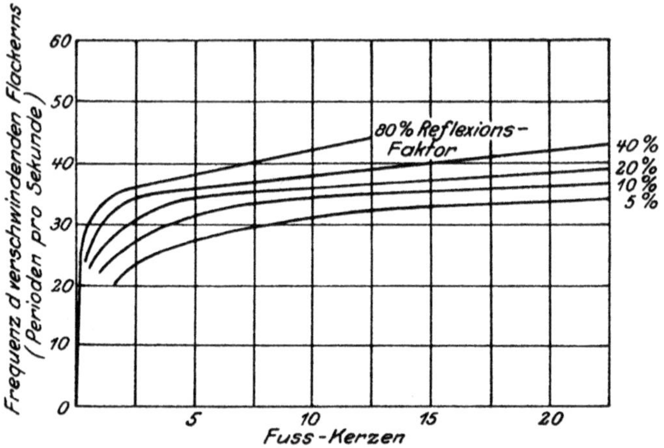

Abb. 35 zeigt die Frequenz, mit der das Flackern auf Flächen von verschiedenen Reflexionsfaktoren, die mit verschiedenen Intensitäten (horizontale Skala) beleuchtet sind, verschwindet. Das Flackern wurde durch den plötzlichen Wechsel von Hell zu Dunkel hervorgerufen, wobei die Zeitspanne Hell und Dunkel gleich war.

einer Lichtquelle von kleinen Dimensionen und der beleuchteten Fläche. Die Frequenz des Flackerns (Perioden pro Sekunde) wird so lange erhöht, bis die flackernde Helligkeit der beleuchteten Fläche verschwindet. Da neben der Intensität auch der Reflexionsfaktor der beleuchteten Fläche von Einfluß ist, sind die Kurven für fünf verschiedene Reflexionsfaktoren aufgenommen. Wir sehen, daß im allgemeinen der Eintritt in die kritische Frequenz bei einer Intensität unter 5 FK sehr rasch erfolgt. Das ist besonders hervorzuheben, weil es sich hier um einen völligen und plötzlichen Übergang von Hell zu Dunkel handelt und die Momente Hell und Dunkel zeitlich gleich sind. Der Verfasser hat sich gelegentlich einer anderen Arbeit[36]) mit der wahren Form der Zyklen befaßt: nur dort ist das Flackern hartnäckiger, wo die Spanne der Dunkelheit viel größer ist als jene des Lichtes.

Externe Sehfaktoren.

Es gibt eine ganze Reihe von äußeren Faktoren, die für das Sehen eine große Rolle spielen, z. B.: die Richtung, Streuung, Quantität, Verteilung und Qualität des Lichtes. Schatten spielen ebenso eine Rolle wie übermäßiges Licht. Mitunter ist der Hintergrund sehr wichtig. D. h. also: wollen wir für ein wirkungsvolles Sehen die beste Grundlage schaffen, dann müssen wir unseren Gesichtssinn durch die besten äußeren Bedingungen unterstützen.

Das in diesem Kapitel Gesagte bezieht sich im allgemeinen auf beide Augen. Die Versuchsgegenstände waren aber zweidimensioniert, also nicht plastisch; deshalb ist bis jetzt von den Vorteilen des binokularen Sehens nicht gesprochen worden.

Binokulares Sehen. Dort, wo es sich um Unterscheidung plastischer Gegenstände handelt, sind beide Augen gegenüber einem im Vorteil. Jedes Auge sieht den dreidimensionalen Gegenstand ein wenig anders, wodurch gerade die plastische Wirkung erzielt wird. Durch diese Konvergenz der Augen ist es uns möglich, die Erscheinungen der äußeren Welt zu interpretieren.

Die wichtigsten Momente, die uns die dritte Dimension von Raum, Gegenständen und anderen Erscheinungen der äußeren Welt erkennen lassen, sind folgende:

a) Tiefenwirkung,
b) Perspektive,
c) Reliefstellung der Gegenstände,
d) Variation des Lichtes und der Schatten auf Gegenständen,
e) Variation des Gesichtswinkels im Verhältnis zur Entfernung,
f) Muskelanspannung, die eine Akkommodation der Augen begleitet,
g) Muskelanspannung, die eine Konvergenz der Augenachsen begleitet,
h) Dazwischentreten von nahen Gegenständen beim Sehen von solchen in größerer Entfernung,
i) Stereoskopisches Sehen,
j) Einfluß der Entfernung auf die Klarheit der Helligkeit oder der Farbe (nur von Interesse im Freien bei großen Entfernungen).

Schatten. Die Fläche eines Gegenstandes, die nicht das herrschende direkte Licht erhält, wollen wir Schatten nennen. Der Schatten eines Gegenstandes, der auf eine andere Fläche geworfen wird, soll geworfener Schatten genannt werden. Beide sind wichtig für das Erkennen von Gegenständen[6]). Ohne Schatten wären sie nämlich unsichtbar, sobald der Hintergrund die gleiche Helligkeit und Farbe hätte. Die Größe der Lichtquelle oder genauer gesagt, der Raumwinkel, welcher der Lichtquelle gegenübersteht, bestimmt den Charakter des Umrisses der Schatten. Die Sonne verursacht einen ziemlich scharfen Schatten, der Himmel einen ganz unbestimmten. Ebenso verhält es sich mit den künstlichen Beleuchtungseinrichtungen. Kleine Lichtquellen geben scharfe Schatten; größere streuende Glaseinheiten erzeugen Schatten mit weichen Grenzen. Eine Decke erzeugt eine ähnliche Schattenwirkung wie der Himmel. Die Stellung der Lichtquelle bestimmt die Stellung oder Richtung des Schattens; die Menge des von einer Decke verstreuten Lichtes ist maßgebend für die Helligkeit des Schattens. Dort, wo Einzelheiten im Schatten gesehen werden sollen, soll dieser nicht weniger als 10 vH des auf die benachbarte Fläche fallenden Lichtes erhalten; dieser Wert ist selbstverständlich nicht wörtlich zu nehmen, er gibt lediglich eine erwünschte Grenze.

Glanzlichter. Diese sind die Komplementäre der Schatten und von gleicher Wichtigkeit. Oft unterscheiden wir einen Gegenstand durch den Kontrast zwischen Glanzlicht und Schatten, und die Form durch die Art des Glanzlichtes oder durch eine Modulation zwischen Glanzlicht und Schatten. Ein zylindrischer, polierter Gegenstand besitzt ein lineares Glanzlicht, ein sphärischer ein kleines Glanzlicht usw. Insbesondere kleine Gegenstände können wir mitunter nur durch das Glanzlicht unterscheiden, so z. B. einen feinen Draht.

Der Hintergrund. Da ein Kontrast für das Sehen notwendig ist, können wir den Hintergrund mit großem Vorteil hierfür ausnutzen. Wir können ihn heller oder dunkler als den betrachteten Gegenstand gestalten; je kleiner der Gegenstand, um so größer der erforderliche Kontrast, um ihn zu sehen. Für undurchsichtige Gegenstände können wir einen Hintergrund von jeder erforderlichen hohen Helligkeit verwenden. Er ist aber oft sehr unpraktisch und für die Augen ermüdender als ein schwarzer Hintergrund.

So kann z. B. ein feinpolierter Draht am besten durch sein Glanzlicht gegen einen schwarzen Hintergrund gesehen werden. Diesen Hintergrund können wir fast vollkommen schwarz gestalten, indem wir in einem Kasten eine mit schwarzem Samt ausgekleidete Öffnung anbringen. Da durch diese Öffnung so gut wie kein Licht dringt, ist sie fast vollkommen schwarz. Das Glanzlicht auf dem feinen Draht wird mit Hilfe einer örtlich gegen das Auge des Arbeiters gut abgeblendeten Lichtquelle erzeugt. Diese Art feiner Arbeit verlangt also zusätzliche lokale Lichtquellen. Vor einigen Jahren bestand allgemein die Neigung, diese örtliche Beleuchtung abzutun und jedes Beleuchtungsproblem durch die Allgemeinbeleuchtung zu lösen. Sehr bald erkannte man aber den hierin befindlichen Irrtum. Mitunter kann man mit Vorteil Farben für den Hintergrund benutzen, z. B. Nuancen eines Farbgrades einer mittleren Spektrumfarbe, wie Grün, Gelblichgrün oder Gelb. Oft finden wir Arbeiter, die ohne jeden Hintergrund, gegen den sie ihre Arbeit viel leichter sehen könnten, arbeiten müssen; und dabei ist ein solcher wirkungsvoller Hintergrund einfach und mit geringen Mitteln zu schaffen.

Bei der Benutzung eines hellen Hintergrundes, gegen den dunkle Einzelheiten zu sehen sind, sollte man nicht vergessen, daß die Irradation dazu neigt, die Größe anscheinend zu vermindern und dadurch auch die Sichtbarkeit der dunklen Einzelheiten. Umgekehrt erscheinen die feinen Einzelheiten, die man als Glanzlicht sieht, vergrößert und daher sichtbar. Ein interessantes Beispiel hierfür ist der Glühfaden einer Lampe.

Ein fesselndes Experiment über die Wirkung des Hintergrundes kann man durchführen, indem man feine Drähte über Streifen aus weißem, grauem und schwarzem Papier und schwarzem Samt legt. Wird mit Glanzlichtern auf den Drähten gearbeitet und benutzt man helle und dunkle Drähte, so wird man einige sehr interessante Beobachtungen anstellen können.

IX. Sehgeschwindigkeit.

Bei allen Arbeitsverrichtungen, die ein Sehen einschließen — und alle schließen das Sehen bis zu einem gewissen Grade ein —, muß der Arbeiter das sehen können, was notwendig ist. Er kann dieses Sehen ganz unbewußt durchführen, muß aber trotzdem unterscheiden. Hat er z. B. das Material auf Fehler zu untersuchen, so kann er sie entdecken oder aber übersehen. Ist die Beleuchtung unzureichend, so wird die Sehfähigkeit vermindert; der Arbeiter muß dann langsam und sorgfältig sehen, er muß den Gegenstand vielleicht mehrmals betrachten. Das erfordert Zeit, und wo der visuelle Teil eines Arbeitsauftrages bedeutend ist, spielt dieses Zeitelement eine bedeutende Rolle. Ist die Beleuchtung für die betreffende Arbeit unzureichend, so haben wir mit einem Zeitverlust zu rechnen. Auch bei allen anderen Arbeiten ist der Einfluß der Beleuchtung auf diese Zeit von Wichtigkeit, mehr vielleicht, als es von den meisten Menschen angenommen wird. Wir brauchen nur hier und da einen Arbeiter bei seiner Tätigkeit zu beobachten, um uns von den Hemmungen zu überzeugen, die ihm durch eine ungeeignete oder unzureichende Beleuchtung auferlegt werden; bald kneift er die Augen zusammen, bald legt er den Kopf zur Seite, wendet den betrachteten Gegenstand um und um usw.

Die Geschwindigkeit der Unterscheidung, oder wie wir sie einfach nennen wollen, die Sehgeschwindigkeit, schließt alle jene Faktoren des Lichtes und der Beleuchtung in sich ein, die unsere Fähigkeit, Helligkeiten, Farben und feine Einzelheiten zu unterscheiden, beeinflussen. Selbst bei einer zweckentsprechenden Beleuchtung wird eine Erhöhung der Intensität Vorteile für das Sehen bringen. Der Beweis hierfür ist im vorangegangenen Kapitel wohl zwingend erbracht.

Im Kap. X wird gezeigt, daß Untersuchungen in der Industrie erwiesen haben, daß die Produktion sich hebt, wenn bessere Beleuchtung an Stelle einer minderwertigen tritt. Über die Wirkung der Qualität oder des spektralen Charakters des Lichtes wurde bereits in anderen Abschnitten gesprochen. Wir werden uns daher im nachfolgenden nur mit dem Einfluß der Intensität beschäftigen, und es sind überall dort, wo nichts anderes ausdrücklich gesagt ist, die übrigen Faktoren konstant. Bei allen Untersuchungen war der Beleuchter das Licht einer Wolframfadenlampe mit einem wie in Abb. 19 gezeigten kontinuierlichen Spektrum. Seine Farbe war ein gelbliches Weiß, d. h. ein sehr ungesättigtes Gelb.

Die Versuche wurden mit Schwarz auf Weiß durchgeführt; bei reduziertem Kontrast, wie z. B. Schwarz auf einem mittleren

Grau oder Dunkelgrau, ergeben sich für die Sichtbarkeit und Unterscheidungsgeschwindigkeit geringere Werte, was für die im allgemeinen mehr zutreffenden Verhältnisse in der Industrie zu berücksichtigen ist.

Unterscheidungsgeschwindigkeit sehr feiner Einzelheiten.

Die meisten von uns werden wohl selten in die Lage kommen, mit jenen feinsten Einzelheiten, die wir bei einer bestimmten Beleuchtung und Umgebung zu unterscheiden noch in der Lage sind, arbeiten zu müssen. Die Ergebnisse derartiger sogenannter Sehschärfeuntersuchungen haben wohl einen gewissen wissenschaftlichen Wert, werden aber mitunter in ihrem Rückschluß auf die praktische Arbeit überschätzt. Sie geben uns einen Anhaltspunkt für den sogenannten „Sicherheitsfaktor" oder „Sicherheitszuschlag", den wir bei einer Beleuchtungsanlage zwecks Erkennung kleiner Einzelheiten zu gewähren haben. Im Kap. VIII haben wir gezeigt, daß die Sehschärfe mit einer Erhöhung der Beleuchtungsintensität steigt. Die zur Unterscheidung oder Erkennung (d. h. zum Sehen) eines kleinen Gegenstandes notwendige Zeit vermindert sich in dem Maße, als die Beleuchtungsintensität sich erhöht. Die Geschwindigkeit der Unterscheidung ist der reziproke Wert dieser Zeit (gewöhnlich in Sekunden). Die Größe des bei Sehschärfenversuchen benutzten Gegenstandes wird durch den Gesichtswinkel ausgedrückt, da eine solche Charakterisierung sowohl die tatsächliche Größe des Gegenstandes als auch seine Entfernung vom Auge erfaßt. Für Gegenstände, die im Vergleich zu ihrer Entfernung vom Auge sehr klein sind, ist der Gesichtswinkel annähernd proportional der Größe des Gegenstandes, dividiert durch seine Entfernung vom Auge.

Es sei zunächst auf die Arbeiten von Ferree und Rand[49]) auf diesem Gebiet kurz eingegangen. Als Unterscheidungsgeschwindigkeit ist der reziproke Wert der für den Beobachter zum Erkennen des fehlenden Teiles eines gespaltenen Ringes erforderlichen Zeit in Sekunden zu verstehen. Die beiden Forscher benutzten ein internationales Versuchsobjekt, das aus einem schwarzen Ring auf weißem Grund besteht; ein Teil des Ringes fehlt (s. Abb. 36). Der Gesichtswinkel ist jener, der durch den fehlenden Teil *a* des Ringes und die Entfernung vom Auge gebildet wird. Der Ring wird in verschiedene Stellungen gedreht, so daß der Beobachter nicht nur den Schlitz zu unterscheiden hat, sondern auch sagen muß, an welcher Stelle er sich befindet.

Ferree und Rand haben bei ihren Versuchen vier Gesichtswinkel benutzt, und zwar 1,15, 1,73, 2,49 und 3,45 Bogenminuten; der Versuchsgegenstand wurde durch ein konstantes Licht von Wolframfadenlampen beleuchtet. Der Gesichtswinkel von 2,49 Bogenminuten entspricht annähernd dem Gesichtswinkel einer Zehnpunktletter bei einer Entfernung vom Auge von 13 Zoll. Die Tab. 11 gibt weitere Daten kleiner Gesichtswinkel, die in Abb. 25 graphisch aufgetragen sind.

Abb. 36. Das internationale Versuchsobjekt für Sehschärfe. Die Dimension der Öffnung *a* stellt den Gesichtswinkel dar, wenn die Entfernung vom Auge mitberücksichtigt wird. Die Versuchsperson muß nicht nur die Unterbrechung des Ringes sehen, sondern auch ihre Lage angeben. Es sind verschiedene Größen und Stellungen des Ringes wiedergegeben, so daß der Leser die Entfernung feststellen kann, wo er den kleinsten Ring schon nicht mehr gespalten sieht.

Die Grenze des Gesichtswinkels beträgt für das normale Auge etwa 40 Bogensekunden oder 0,67 Bogenminuten, d. h. es können von den meisten als normal bezeichneten Augen zwei Gegenstände, die durch einen kleineren Gesichtswinkel als 0,67 Minuten getrennt sind, nicht mehr als getrennt gesehen werden.

Abb. 37 zeigt graphisch die von Ferree und Rand ermittelten Beziehungen zwischen Beleuchtungsintensität und Unterscheidungsgeschwindigkeit beim internationalen Versuchsobjekt (schwarzer gespaltener Ring auf weißem Papier mit einem Reflexionsfaktor von 80 vH), und zwar für vier verschiedene Gesichtswinkel. Wir sehen, daß die Unterscheidungsgeschwindigkeit bei einem Intensitätsbereich bis zu 12 FK steigt, und es läßt sich sagen, daß sie mit einer weiteren Erhöhung der Intensität noch weiterhin beträchtlich steigen würde.

Ist statt des weißen Papiers ein dunkelgraues mit einem Reflexionsfaktor von 8 vH vorhanden, dann ist die obere FK-Skala abzulesen. Auf Helligkeitsmaßstäbe reduziert, sind beide Skalen identisch. Es sei noch erwähnt, daß das verwendete Schwarz immerhin noch eine Lichtmenge von 2 bis 3 vH reflektiert, daß also der Kontrast auf dunkelgrauem Hintergrund bedeutend

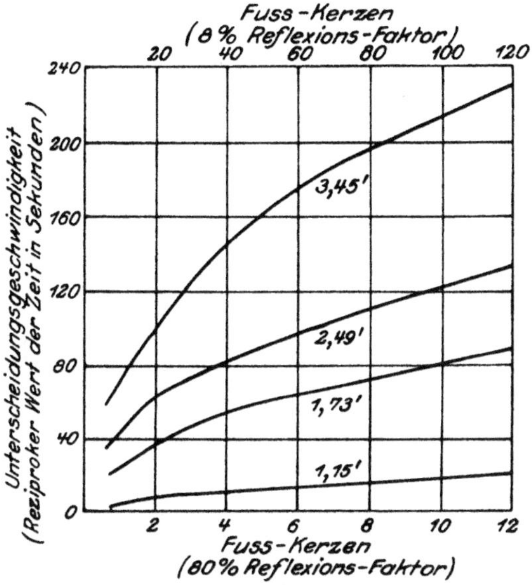

Abb. 37 zeigt die Unterscheidungsgeschwindigkeit, wie sie durch die Beleuchtungsintensität (Helligkeit des Hintergrundes) bei schwarzen Versuchsgegenständen von vier verschiedenen Größen (Gesichtswinkel 1,15, 1,73, 2,49 und 3,45 Minuten) beeinflußt wird. Die untere Skala stellt die Beleuchtung eines farblosen Hintergrundes von 80 vH Refl.-F. dar, gegen den der Versuchsgegenstand gesehen wurde. Wäre der Hintergrund ein Dunkelgrau mit einem Refl.-F. von 8 vH, so müßten die Fuß-Kerzen mit 10 multipliziert werden. Daher paßt auch die obere Skala ebensogut, vorausgesetzt, daß das Versuchsobjekt wirklich schwarz ist auf einem Hintergrund mit einem Refl.-F. von 8 vH.

geringer ist als für ein vollkommenes Schwarz. Es wären also für die obere FK-Skala noch größere Intensitäten in Frage gekommen, um die gleiche Unterscheidungsgeschwindigkeit zu erzielen.

In Abb. 38 sehen wir die prozentuale Erhöhung der Unterscheidungsgeschwindigkeit in Abhängigkeit von den FK für den kleinsten und größten der in Abb. 37 vorkommenden Gesichtswinkel. Die Unterscheidungsgeschwindigkeit für den kleinsten Gesichtswinkel steigt darnach ziemlich rasch an, und wir können daraus folgern, daß die prozentuale Erhöhung der Unterscheidungsgeschwindigkeit bei kleinerem Gesichtswinkel größer ist.

Zu dieser Untersuchung wurden 13 Versuchspersonen herangezogen. Es ist anzunehmen, daß die Wirkung einer Erhöhung der Beleuchtungsintensität geringer wird in dem Maße, als der Gesichtswinkel größer wird. Es besteht aber auch guter Grund zu der Annahme, daß eine entsprechend zunehmende Wirkung auch bei weit größeren Gesichtswinkeln zu erwarten ist. Zweifels-

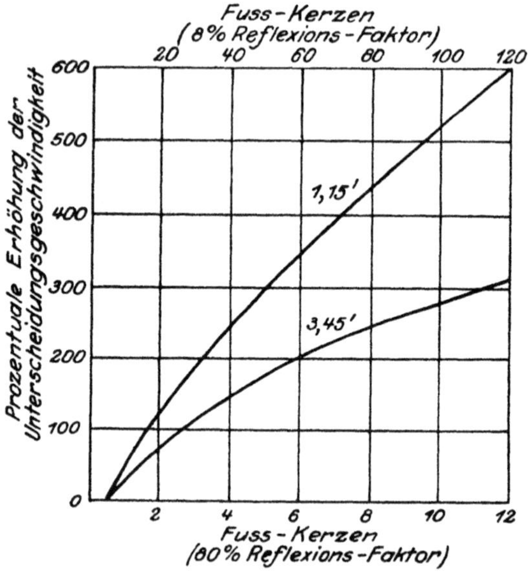

Abb. 38. Die in Abb. 37 für den kleinsten und größten Versuchsgegenstand gegebenen Resultate werden hier in der prozentualen Erhöhung der Unterscheidungsgeschwindigkeit aufgetragen, und zwar für den gleichen Bereich der Fußkerzen wie früher (sogenanntes Weiß und Dunkelgrau als Hintergrund).

ohne verlangen gleiche Unterscheidungsgeschwindigkeiten bei geringeren Kontrasten als Schwarz-Weiß Beleuchtungsintensitäten von 100 FK und mehr.

Die Beziehung zwischen Gesichtswinkel und Unterscheidungsgeschwindigkeit bei einem schwarz-weißen Versuchsobjekt wird in Abb. 39 für drei verschiedene Beleuchtungsintensitäten gezeigt. Es ist eine Freiheit des Verfassers, die tatsächlichen Daten durch eine gerade Linie, die sich der Wirklichkeit ziemlich genau anpaßt, darzustellen und so die Diagramme wesentlich zu vereinfachen.

Man sieht, daß die zur Erkennung des Versuchsgegenstandes erforderliche Zeit in dem Maße abnimmt, als sich der Gesichtswinkel vergrößert (die Unterscheidungsgeschwindigkeit zunimmt); außerdem sieht man, daß die Erhöhung der Unterscheidungsgeschwindigkeit mit wachsendem Gesichtswinkel bei einer hohen Beleuchtungsintensität größer ist als bei einer geringen.

Das bisher Gesagte zeigt uns allgemein, daß die visuelle Geschwindigkeit (des Sehens, des Erkennens und der Unter-

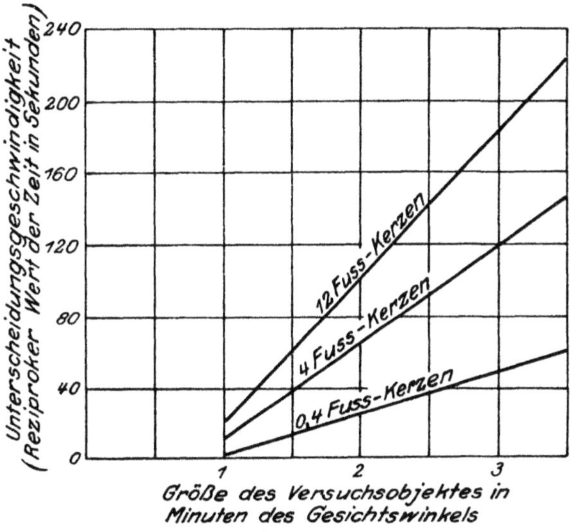

Abb. 39 zeigt die Beziehung zwischen Gesichtswinkel und Unterscheidungsgeschwindigkeit des schwarzweißen Versuchsgegenstandes für drei Beleuchtungsintensitäten. Wäre das Versuchsobjekt wirklich vollkommen schwarz und gegen einen Hintergrund mit einem Reflexionsfaktor von etwa 8 vH (also ein Kontrast schwarz-dunkelgrau) gesehen, so wären diese Fußkerzenwerte zehnmal größer.

scheidung) mit wachsender Beleuchtungsintensität zunimmt. Wir können also folgern, daß dort, wo die Arbeit eine Unterscheidung feiner Einzelheiten verlangt, wie z. B. in Webereien, bei Präzisionsarbeiten, im Prüfraum und bei mancherlei anderen Fabrikarbeiten, bei hohen Beleuchtungsintensitäten mehr geleistet wird als bei relativ geringen. Wir konnten bisher feststellen, daß der Vorteil einer erhöhten Beleuchtung (bei schwarzen Einzelheiten, die gegen einen sogenannten weißen Hintergrund gesehen werden), zwischen 0,4 und 12 FK besonders deutlich hervortritt, und daß er auch über 12 FK hinaus anzuhalten scheint. Es ist natürlich selbstverständlich, daß bei geringeren Kontrasten, wie z. B. Hellgrau auf Weiß oder Dunkelgrau auf mittlerem Grau, weit höhere Intensitäten notwendig sind als bei einem Kontrast Schwarz-Weiß.

Dr. P. W. Cobb[45]), der sich seit Jahren mit diesem Thema beschäftigt, hat vor kurzem verschiedene Ergebnisse seiner Untersuchungen über die zur Erkennung eines Gegenstandes erforderliche Zeit veröffentlicht. Er benutzte verschiedene Versuchsgegenstände; einige wurden dem Beobachter aus einem klaren Gesichtsfeld heraus vorgeführt, bei anderen wurden vorher und nachher Täuschungsmuster gegeben. Beim ersten Experiment richtet die Versuchsperson den Blick auf eine Stelle, auf der ein Punkt erscheinen sollte; das Gesichtsfeld war aber indifferent. Beim zweiten Experiment wurde dem Auge vorher kurzzeitig ein Täuschungsmuster dargeboten, unmittelbar darauf der Versuchsgegenstand, dem ein anderes Täuschungsmuster folgte.

Abb. 40 zeigt das Ergebnis eines solchen Versuches. Der schwarze Punkt hatte einen Durchmesser von 0,167 Zoll und wurde aus einer Entfernung von 19,7 Fuß betrachtet; der Gesichtswinkel betrug daher 2,43 Minuten. Der Punkt war tatsächlich schwarz, d. h. seine Helligkeit gleich Null. Ein leeres Feld von der gleichen Helligkeit wie der Hintergrund (80 vH Reflexionsfaktor), auf dem der Punkt gezeigt wurde, ging dem Punkt voran und folgte ihm. Es ist bei solchen Experimenten wichtig, genau zu wissen, ob die Versuchsperson das, was sie angibt, auch wirklich sieht. Bei den Versuchen wurde daher jede Belichtung gruppenweise 10mal gegeben: 5mal war der Punkt da, 5mal nicht; die Reihenfolge des Vorhandenseins oder Fehlens des Punktes war willkürlich. Die Versuchsperson hatte zu sagen, wann der Punkt da ist und wann nicht. In jeder Gruppe wurden die jeweils aufeinanderfolgenden Belichtungen verkürzt, und zwar so lange, bis der Punkt nicht mehr mit Sicherheit gesehen werden konnte. Wir sehen, daß bei 130 FK (auf weißem Hintergrund) die Unterscheidungsgeschwindigkeit noch steigt und daß bei Beleuchtungsintensitäten unter 10 FK — ein Wert, der im geschlossenen Raum vorherrschend ist — die Sehgeschwindigkeit weit unter dem Wert von z. B. 50 FK liegt.

Für einen Versuch mit schwarzem Punkt auf sehr dunklem, grauem Hintergrund (Reflexionsfaktor 8 vH) ist die obere FK-

Skala der Abb. 40 maßgebend. Hier finden wir gerade oberhalb des Knies der Kurve einen Wert der Beleuchtungsintensität von 500 FK für einen derartig gering kontrastierenden Versuchsgegenstand. Dr. Cobb hebt aber hervor, daß die präzise Lage

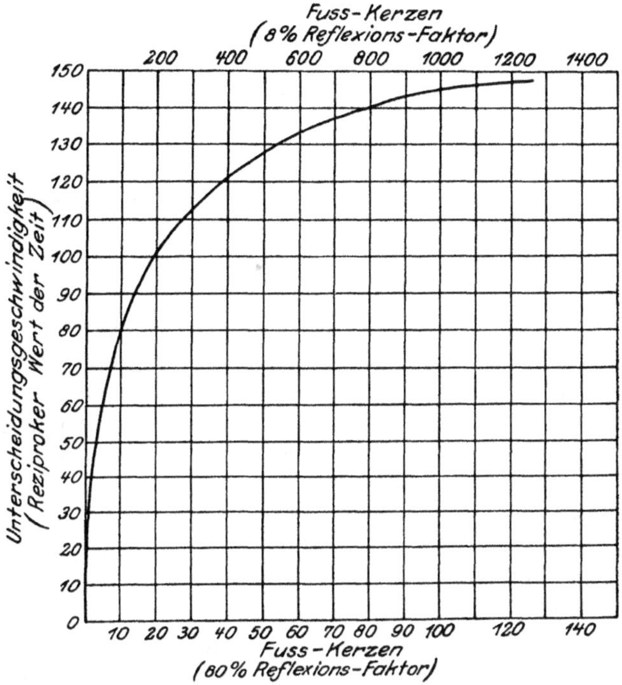

Abb. 40 zeigt die Unterscheidungsgeschwindigkeit eines schwarzen Punktes (2,43 Minuten Gesichtswinkel) auf einem sogenannten weißen Hintergrund (80 vH Reflexionsfaktor) für einen Beleuchtungsbereich bis zu 150 Fuß-Kerzen. Die obere Skala gilt für einen wirklich schwarzen Punkt, auf einem dunkelgrauen Hintergrund mit 8 vH Reflexionsfaktor.

des „Knies" ganz von der Art des Skalenmaßstabes abhängt, wie wir es in Kap. XIII erörtert finden. Sogar bei 1000 FK war noch immer eine Erhöhung der Unterscheidungsgeschwindigkeit festzustellen.

Lesegeschwindigkeit.

Die Auswahl des Versuchsgegenstandes für einen visuellen Test muß stets ernsthaft überlegt werden. Der Gegenstand soll sich leicht beschreiben und reproduzieren lassen und soll so beschaffen sein, daß das erzielte Ergebnis an Hand täglich vorkommender visueller Vorgänge ausgewertet werden kann. Der Versuch muß auch sensitiv genug beschaffen sein, um einen gewissen Maßstab für die in Frage kommenden Einflüsse zu liefern. Lesen ist eine sehr alltägliche Beschäftigung; der Lesestoff läßt sich auch sehr genau beschreiben und reproduzieren. Um irgendeinen Maßstab für die Wirkung der Beleuchtungsintensität auf die Lesegeschwindigkeit zu erhalten, wurde von dem Verfasser und seinen Kollegen bei den allerersten Untersuchungen[22]) ein geeignetes Lesematerial gewählt.

Das gewöhnliche Lesen ist im Gegensatz zur allgemeinen Auffassung nicht nur eine Frage der Sehschärfe. Sehschärfe ist ein Maß für die feinsten Einzelheiten, die unter bestimmten Bedingungen gesehen werden können. Die einzelnen Buchstaben einer Druckseite sind selten so klein, daß sie unter gewöhnlichen Verhältnissen nicht gerade noch sichtbar wären; wir könnten Buchstaben, die mehrere Male kleiner sind, noch immer erkennen. Ferner ist bekannt, daß beim Lesen die Augen nicht mit einheitlicher Geschwindigkeit über die Druckschrift gleiten; sie springen von Punkt zu Punkt und bleiben in der üblichen Zeile von 4 bis 5 Zoll Länge gewöhnlich 2- bis 7mal haften. Im Verlauf dieser Sprünge können die Augen unter keinen Umständen irgendwie deutlicher sehen, als wenn sie z. B. auf einen stationären Punkt gerichtet, einer schnell vorbeieilenden Schrift folgen würden. Es ist nicht gesagt, daß nur beim stationären Auge ein klares Sehen erfolgt; wie Abb. 28 zeigt, ist die Sehschärfe nur an jener Stelle ausgesprochen, wo die Augenachse die Netzhaut schneidet. Es ist also das gewöhnliche Lesen ein Erkennen von Gruppen von Buchstaben und sogar von Worten, die bedeutend größer sind als die kleinsten Schriftzeichen, die unter den üblichen Beleuchtungsbedingungen noch wahrnehmbar wären. Es müssen daher die Ergebnisse eines Sehschärfentests nicht notwendigerweise die gleichen sein, wie jene eines Leseversuches oder der meisten anderen visuellen Betätigungen, obwohl ohne Zweifel hier eine gewisse Analogie besteht.

Ein weiterer Grund für die Vornahme von Leseversuchen war, ein Verfahren zu entwickeln, bei dem das Ergebnis ohne Zusammenfassung verschiedener Resultate erhältlich ist. Es war also ein „direkt ablesbarer Apparat“ zu konstruieren. Mannigfaltige Versuchsgegenstände wurden benutzt, z. B. Striche verschiedener Art, Buchstaben, andere Zeichen und unterschiedliches Lesematerial. Der Kontrast ergab sich im allgemeinen durch „schwarze“ Tinte auf „weißem“ Papier; später wurde er auch reduziert, und zwar bei dem wirkungsvollsten Leseobjekt (das Lesen in alten englischen Typen), indem der Reflexionsfaktor des Papieres vermindert wurde. Die Zahl der Versuchspersonen — durchweg mittleren Alters — bewegte sich zwischen 37 und 49.

Nach verschiedenen Vorversuchen wurde schließlich ein allgemeiner Vorgang gewählt, nach welchem die Versuchspersonen durch einen Spalt von einem auf einer Trommel *C*, Abb. 41, rotierenden Lesestoff laut vorzulesen hatten; entsprechend der Lesegeschwindigkeit der Versuchspersonen wurde die Geschwindigkeit der Trommel bei einer bestimmten Beleuchtungsintensität eingestellt. Durch das Deckblatt *D* mit einem in der Mitte befindlichen horizontalen Schlitz *E* wurde alles andere bis auf drei oder vier Zeilen des Lesetextes abgedeckt. Das Deckblatt hatte die gleiche Helligkeit wie der Lesebogen. War die Trommelgeschwindigkeit der Lesegeschwindigkeit bei einer gegebenen Beleuchtungsintensität angepaßt, dann wurde sie auf einem Geschwindigkeitsmesser, der auf dem Regulierantriebsmotor der Trommel angebracht war, abgelesen.

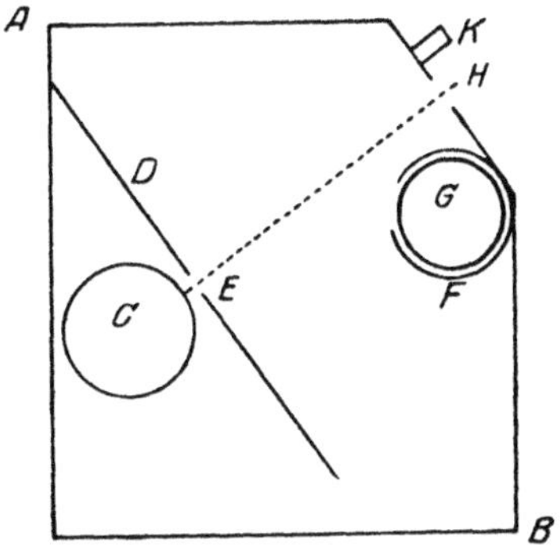

Abb. 41. Vorrichtung zum Messen der Geschwindigkeit bei Leseversuchen. Ein altenglischer Druck dreht sich auf der Trommel *C* unterhalb des Schlitzes *E*, der von *H* aus betrachtet wird, wobei die Stirn auf *K* ruht. *G* ist die Lichtquelle im Zylinder *F*; die Intensität wurde ohne Veränderung der Lichtqualität eingestellt. *D* ist ein Schutzschirm von der gleichen allgemeinen Helligkeit wie das gedruckte Material.

Die Versuchspersonen hatten sich mit der Stirn gegen die Stütze *K* zu lehnen und durch den Schlitz *H* hindurchzusehen; die Lichtquelle war von einem streuenden Glaszylinder *G* umgeben und ließ das Licht nur durch einen Schlitz der unsichtbaren Zylinderhülle *F* durch. Gegen eine Schwankung der Lichtfarbe war *G* mit Stanniol bedeckt und mit zackigen Einschnitten versehen. Diese Einschnitte oder „Zähne“ bewegten sich durch Drehung von *G* an dem Schlitz *F* vorbei, wobei der Prozentsatz der undurchsichtigen Fläche bei einer Umdrehung der Trommel von 0—100 variierte.

Man einigte sich schließlich auf das Lesen von altenglischem Druck. Die Lesegeschwindigkeit war einheitlicher, und zwar deshalb, weil der Leser nicht imstande war, irgendein Wort oder eine Gruppe von Lettern schneller als eine andere zu erkennen; es war nötig, diesem wenig vertrauten Material volle Aufmerksamkeit zu schenken. Um sowohl eine geistige als auch physische Betätigung zu erreichen, hatte die Versuchsperson laut vorzulesen; man hatte auch so die Sicherheit, daß jedes Wort tatsächlich gelesen wurde. Der Druck war scharf geschnitten, einheitlich und in Form von zwei schmalen Spalten ohne eingerückte Absätze. Der Text enthielt keinerlei ungewöhnliche Worte, auch das Thema war derart, daß keine ungewöhnliche Anstrengung oder Konzentration seitens des Lesers nötig waren. Das Bemerkenswerte des Versuches liegt darin, daß hier Verhältnisse geschaffen wurden, die nicht immer bei Laboratoriumsversuchen, wohl aber fast stets in der Praxis anzutreffen sind; die Netzhaut ist von Anfang an den verschiedensten Bildern ausgesetzt, so daß die Wirkung der Nachbilder verschiedener Muster fast immer genau wie in der Praxis vorhanden ist. Weitere Einzelheiten über den Versuch gibt der Originalbericht[22]).

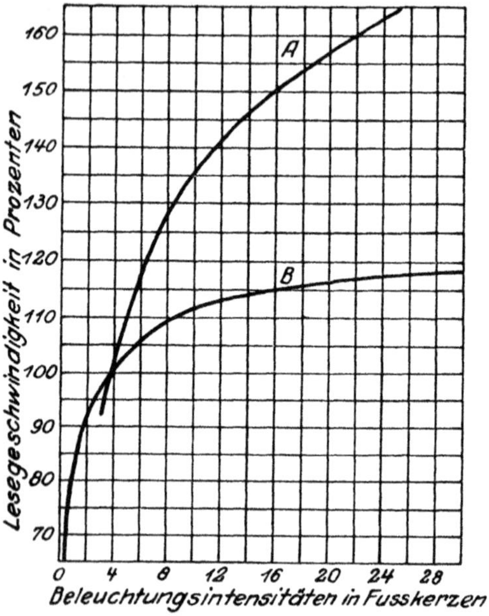

Abb. 42. Wirkung der Beleuchtungsintensität auf die Sehgeschwindigkeit. Kurve *A* gilt für einen gering kontrastierenden Versuchsgegenstand (schwarzer Druck auf einem Hintergrund mit einem Reflexionsfaktor von 23 vH); *B* entspricht den üblichen Bedingungen von schwarzem Druck auf weißem Papier mit einem Reflexionsfaktor von 80 vH.

Das Ergebnis dieses Versuches ist in Abb. 42 aufgetragen; Kurve *B* gilt für das Lesen von schwarzem Druck auf weißem Papier (80 vH Reflexionsfaktor), Kurve *A* für schwarzen Druck auf grauem Papier (Reflexionsfaktor 23 vH). Bei einer Erhöhung der Lichtintensität von 0,4 auf 4 FK erhöhte sich die Lesegeschwindigkeit bei dem hochkontrastierenden Versuchsobjekt um 54 vH. Bei einer Steigerung von 4 FK auf 16 FK ging die Lesegeschwindigkeit beim hochkontrastierenden Versuchsobjekt um 15 vH, beim niedrigkontrastierenden um 50 vH hinauf. Bei

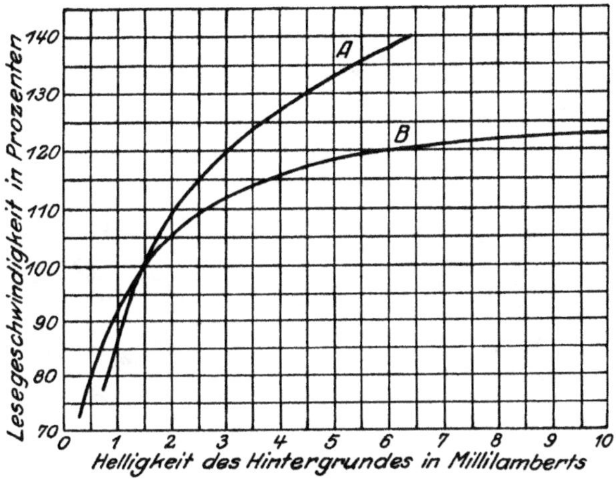

Abb. 43. Beziehung der Helligkeit des Hintergrundes (die leere Seite) zu der Lesegeschwindigkeit (Versuchsdaten von Abb. 42 entnommen). *A* gilt für geringen Kontrast (schwarzer Druck auf grauem Papier mit einem Reflexionsfaktor von 23 vH) und *B* für einen hohen Kontrast (schwarzer Druck auf weißem Papier mit einem Reflexionsfaktor von 80 vH).

4 FK schneiden sich beide Kurven; selbstverständlich aber war die absolute Geschwindigkeit bei *A* tatsächlich viel geringer als bei *B*.

Abb. 43 zeigt die Abhängigkeit der Lesegeschwindigkeit von der Helligkeit des Hintergrundes anstatt wie bisher von FK. Falls der Druck wirklich schwarz, also nicht reflektierend ist, müßten die Kurven die gleichen wie in Abb. 42 sein. Da aber der schwarze Druck noch weit von einem wirklichen Schwarz entfernt ist, wird der Unterschied deutlich erkennbar. Dieses Ergebnis erhärtet unsere Behauptung, daß wir die Beleuchtungsintensitäten tatsächlich erhöhen müssen, um die Wirkung der Lichtreflexion auf einen sogenannten schwarzen Gegenstand zu berücksichtigen, da dieses sogenannte Schwarz den Kontrast, wie er bei einem wirklichen Schwarz auf dunklem Hintergrund (mit 8 vH Reflexionsfaktor) auftreten würde, herabsetzt (s. Abb. 56, 57).

Die Zeichnungen 42 und 43 zeigen uns, daß die steigende Tendenz der Lesegeschwindigkeit auch über 30 FK hinaus (insbesondere bei den geringkontrastierenden Leseversuchen) deutlich ausgeprägt ist, daß wir also von einer erhöhten Beleuchtungsintensität noch weitere Vorteile zu erwarten haben.

Die Wirkung von Täuschungsmustern auf die Unterscheidungsgeschwindigkeit.

Dr. P. W. Cobb[45] fügt in seinen neuesten Versuchen vor und nach Exponierung der tatsächlichen Versuchsobjekte das Täuschungsfeld ein. Der Versuchsgegenstand besteht aus zwei

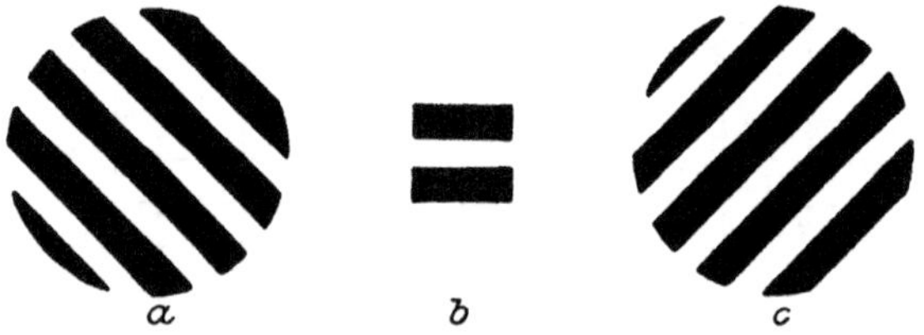

Abb. 44. Dem Versuchsobjekt *b* geht *a* voraus und folgt *c*. Diese Täuschungsfelder *a* und *c* haben einen merklichen Einfluß auf die zur Unterscheidung von *b* gebrauchte Zeit.

schwarzen Stäben, die in Abb. 44 unter *b* gezeigt sind. Diese Stäbe können so rotieren, daß man sie der Versuchsperson in verschiedenen Lagen vorführen kann. Die beiden anderen Muster *a* und *c* sind Täuschungsfelder, die vor und nach Exponierung des Versuchsobjektes *b* eingefügt werden. Abb. 45 zeigt in Kurve *A* den Verlauf der Unterscheidungsgeschwindigkeit des Versuchsgegenstandes *b* mit vorangehendem und folgendem leeren Feld von gleicher Helligkeit wie der Hintergrund. In der Kurve *B* sehen wir die Beziehung der Unterscheidungsgeschwindigkeit zur Beleuchtungsintensität, wo aber vor und nach dem Versuchsgegenstand das Täuschungsmuster *a* und *c* exponiert wurde. *b* besteht aus zwei schwarzen Stäben je 0,125 Zoll breit, getrennt durch ein Intervall von gleicher Breite; die zwei Stäbe und das Intervall geben zusammen ein Quadrat, es ist also der Stab 3 mal so lang als breit. Der Gesichtswinkel beträgt bei einer Entfernung von 19,7 Fuß, 1,82 Bogenminuten. Der Reflexionsfaktor der schwarzen Stäbe ist etwa 4 vH, jener des weißen Hintergrundes 80 vH. Die Kurven *A* und *B* sind das Durchschnittsergebnis von vier Versuchspersonen; Versuche mit anderen Personen zeitigten ähnliche Ergebnisse.

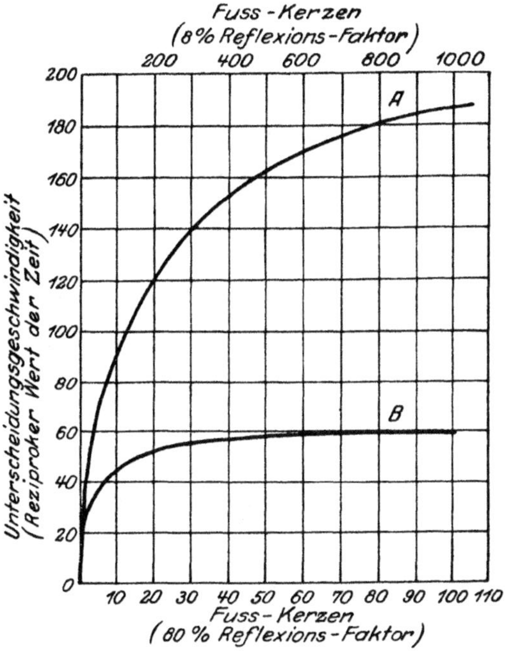

Abb. 45. Kurve *A* zeigt die Beziehung der Unterscheidungsgeschwindigkeit des Versuchsgegenstandes *b* der Abb. 44 zur Beleuchtungsintensität des weißen Hintergrundes von 80 vH Reflexionsfaktor. Kurve *B* zeigt die Ergebnisse, wenn dem Versuchsgegenstand *b* das Täuschungsfeld *a* vorausgeht und *c* folgt (Abb. 44). Die obere Skala stellt die Beziehung zwischen Unterscheidungsgeschwindigkeit und Fuß-Kerzen dar, wenn der Versuchsgegenstand wirklich schwarz auf einem dunkelgrauen Hintergrund mit einem Reflexionsfaktor von 8 vH ist.

Wir sehen aus diesen Kurven, daß die Hinzuziehung eines Täuschungselementes die Unterscheidungsgeschwindigkeit stark vermindert. Es ist auch tatsächlich anzunehmen, daß die verschiedenen Bilder, die nacheinander und fortlaufend beim täglichen Sehen auf die Netzhaut fallen, zumindest eine gewisse Verwirrung anrichten und bei der Arbeit von ungünstigem Einfluß sind. Diese störenden Nachbilder sind nicht nur rein visuell, sondern bis zu einem gewissen Grad auch psychologisch begründet. Es ist bekannt, daß bei erhöhter Helligkeit die Nachbilder hartnäckiger sind, was auch durch Cobbs Arbeit erwiesen erscheint.

Dr. Cobb führte den Versuch auch mit einem doppelt so großen Versuchsobjekt und den entsprechend größeren Täuschungsfeldern durch, also bei einem Gesichtswinkel von 3,63 Bogenminuten. Das Resultat ergab bei der gleichen Beleuchtungsintensität eine größere Unterscheidungsgeschwindigkeit; in Kurvenform aufgetragen, würden die Werte rund 50 vH über der Kurve *B* liegen, und zwar oberhalb ihres Knies. Aus all diesen Versuchen zeigen sich die Vorteile hoher Beleuchtungsintensitäten, und zwar sind diese Vorteile auch über 100 FK bei 80 vH Reflexionsfaktor und über 1000 FK bei 8 vH Reflexionsfaktor noch immer anhaltend.

Einfache Veranschaulichung der Sehgeschwindigkeit.

Ein einfacher Weg, um diese zu veranschaulichen, besteht darin, einen Buchstaben, z. B. E, während verschiedener Zeitspannen bei verschiedenen Beleuchtungsintensitäten zu exponieren (vgl. Abb. 46).

In einem Umschlag aus Pappkarton erhält der vordere Karton (siehe *a*) einen Schlitz, der rückwärtige (siehe *c*) ein E, das durch den Schlitz hindurchschaut. Der Schieber *b* hat ebenfalls einen Schlitz, der jedoch über den Schlitz in *a* hinweggleitet, wenn er völlig eingeschoben ist. Je kürzer die Wege, innerhalb welcher der Schieber *b* verschoben wird, um so geringer ist die Exponierung des Buchstabens E.

Eine gewisse Vervollkommnung dieser Demonstration läßt sich dadurch erreichen, daß der Schlitz breit und divergierend ausgeführt wird und mehrere Buchstaben gleichzeitig, aber jetzt nach verschiedenen Zeitspannen, exponiert (siehe *d*). Auf diese Weise bringt man das Zeitelement herein, ohne die Beleuchtungsintensität verändern zu müssen. Bei richtiger Beleuchtung wird der Buchstabe im weitesten Teile des Schlitzes (längste Exponierung) klar unterschieden werden können, während der die kürzeste Zeit exponierte Buchstabe (ganz links im Schlitz) nicht erkennbar sein wird.

G. H. Stickney setzt in einfacher Weise einen Pappdeckelzylinder auf die Drehscheibe eines Phonographen. Der Zylinder ist mit Buchstaben verschiedener Größe beklebt oder bedruckt. Geschwindigkeit der Drehscheibe und Beleuchtungsintensität sind veränderlich. Die Trommel wird irgendeiner niedrigen Beleuchtungsintensität des Raumes ausgesetzt. Durch eine mit einem Reflektor versehene Blendlampe wird Licht plötzlich auf den Zylinder gerichtet; dadurch werden einige Buchstaben, die

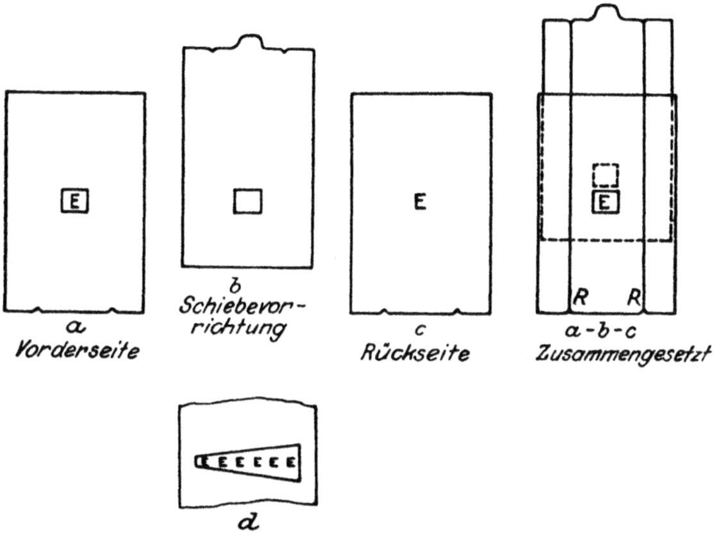

Abb. 46. Eine einfache Vorrichtung, um die Wirkung der Beleuchtungsintensität auf die zur Unterscheidung eines Gegenstandes erforderliche Zeit darzustellen. *a* hat im vorderen Teil eines Umschlages einen Schlitz; ein Buchstabe E befindet sich auf dem rückwärtigen Teil *c*. Der Verschluß *b* wird aufgesetzt und zwei Gummibänder *R* werden um die Vorrichtung geschlungen, wie aus der Montage *a*—*b*—*c* hervorgeht. Wenn man den Verschluß herauszieht, kann man verschiedene Exponierungen von E erzielen. *d* zeigt einen divergierenden breiten Schlitz, wo verschiedene Buchstaben für verschiedene Zeitspannen gleichzeitig exponiert werden können.

bei der niedrigen Raumintensität nicht kenntlich waren, nunmehr sichtbar.

Eine photographische Kamera, von der man die Linse und die Rückwand entfernt hat, läßt sich mit ihrem Verschluß ebenfalls zur Veranschaulichung der Sehgeschwindigkeit verwenden. Die Gegenstände werden durch die Linsenöffnung betrachtet, die Dauer der Exposition wird in üblicher Weise durch den Verschluß bewerkstelligt. Mitunter ist es besser, das Bild des Versuchsgegenstandes auf dem geschliffenen Glas der Kamera zu sehen, in welchem Fall die Linse im Apparat bleibt. Ist der Verschluß verläßlich, so läßt sich auf diese Weise eine gute Untersuchung durchführen. Es muß aber selbstverständlich die große Verminderung der Leuchtdichte des Bildes im Vergleiche zu jener des Gegenstandes berücksichtigt werden.

X. Beleuchtung und Produktion.

Die Deutlichkeit und Schnelligkeit, mit der wir unsere Arbeit und Umgebung sehen und unterscheiden können, bestimmt die Sicherheit und Geschwindigkeit, mit der wir arbeiten. Eine Flut von Licht übt einen anregenden, belebenden Einfluß aus. Die Umgebung erscheint durch sie freundlicher, und die allgemeine Einstellung des Arbeiters seiner Arbeit, seiner Umgebung und sogar dem Leben gegenüber wird durch sie sicherlich günstig beeinflußt. In allen diesen Beziehungen spielen Licht und Beleuchtung eine große Rolle. Die wirkungsvollste Beleuchtung ist jene, die große Sicherheit, Bestimmtheit, Geschwindigkeit und Behaglichkeit bei der Arbeit ermöglicht. Dieser Zustand wird wahrscheinlich dann erreicht, wenn die wichtigsten Charakteristiken, also Qualität und Intensität des im Freien herrschenden Tageslichtes, auch auf die Raumbeleuchtung übertragen werden. Es gibt auch noch andere Faktoren, wie Streuung und Verteilung des Lichtes und Helligkeit der Umgebung, die berücksichtigt werden müssen.

Es ist interessant festzustellen, daß eine erhöhte Produktion des Arbeiters infolge besserer Beleuchtung nicht auf Kosten seiner Energie geht. Durch die Erhöhung der Sicherheit des Sehens kann der Arbeiter leichter und mit größerer Bestimmtheit arbeiten. Gute Beleuchtung merzt daher den Zeitverlust aus, welcher unter ungenauer und nicht zweckentsprechender Beleuchtung unvermeidlich ist. Die Schwere der Arbeit an sich bleibt in beiden Fällen die gleiche, nur leistet der Arbeiter bei ungenügender Beleuchtung weniger.

Was man von einer verbesserten Beleuchtung erwarten darf.

Wenn wir den Kostenpunkt nicht unberücksichtigt lassen wollen, müssen wir nötigenfalls unsere Grundforderung an eine wirkungsvolle Beleuchtung etwas einschränken. Es besteht kein

Zweifel, daß eine erhöhte Lichtintensität und eine allgemeine Verbesserung der meisten Beleuchtungseinrichtungen sich in hohem Maße bezahlt machen wird, obwohl es klar ist, daß es auch hier eine gewisse Grenze geben muß. Der Wert der Vorteile einer verbesserten Beleuchtung ist aber im allgemeinen weit höher als die erhöhten Beleuchtungskosten. Vielfach läßt sich schon dadurch viel erreichen, daß man ein nicht wirkungsvolles und nicht leistungsfähiges System mit einem modernen vertauscht, ohne eine nennenswerte Erhöhung der Kosten herbeizuzuführen. Das wird häufig der Fall sein, da ein Großteil der augenblicklich vorhandenen Systeme keine rationelle Lichtausnutzung und keine zweckmäßigen Sehverhältnisse ermöglicht. Es ist Aufgabe des Lichtexperten, genau festzustellen, welche Beleuchtung für den gegebenen Fall die geeignetste ist, und diese dann in dem Umfang einzuführen, als Kosten und erzielter Vorteil sich die Wage halten. Alle bisherigen Untersuchungen haben gezeigt, daß wir noch weit von dem Punkt entfernt sind, wo die Investierungen den erzielten Vorteilen nicht entsprechen. Alle Gesetze, die sich auf das Sehen beziehen und die in den Kap. VIII und IX dargelegt sind, zeigen mit einer Erhöhung der Lichtintensität eine Erhöhung der Seh- und Arbeitsfähigkeit, wobei man als selbstverständlich voraussetzt, daß alle anderen Beleuchtungsmomente zufriedenstellend sind. Produktionsversuche unter hoher Lichtintensität zeigten die Tendenz zu einer weiteren Erhöhung der Produktion bei noch weiter gesteigerten Intensitäten.

Eine Umfrage bei den Fabrikanten, die Vorteile verbesserter Beleuchtung ihrer Meinung nach, und zwar nach dem Grade der Wichtigkeit geordnet bekanntzugeben, ergab vor einigen Jahren folgendes allgemein interessantes Ergebnis:

Erhöhung der Produktion	79 vH
Verminderung des Ausschusses	71 vH
„ der Unfälle	60 vH
Verbesserung der Disziplin	51 vH
„ der hygienischen Verhältnisse	41 vH

Diese Erörterung ist vor allem auf den Werkstattbetrieb beschränkt, läßt sich aber in gleicher Weise auf Bureaus, Ladengeschäfte usw. erweitern. Genau so wie in den Fabriken kann der Wirkungsgrad besserer Beleuchtung auch für Bureaus und Geschäftsräume in Geldwert ausgedrückt werden.

Im Jahre 1919 arbeiteten etwa 9,1 Millionen Lohnarbeiter in den amerikanischen Fabrikationsbetrieben. Außerdem zählte man noch 1,447 Millionen Angestellte und etwa 269000 Besitzer und Teilhaber. Die Gesamtzahl der beschäftigten Personen betrug 10812736, von denen viele in Bureaus tätig waren. Wenn man berücksichtigt, daß nur etwa $^1/_{10}$ der Bevölkerung Amerikas in fabrikmäßigen Industrien arbeitet, ist es klar, daß viele Millionen einer anderen Tätigkeit nachgehen, von denen wiederum ein großer Prozentsatz auf Bureaus entfällt. Daß eine erhöhte Beleuchtung auch hier sich reichlich bezahlt macht, zeigten deutlich die in Kap. IX beschriebenen Leseversuche ebenso wie auch andere Beobachtungen.

Einfluß verbesserter Beleuchtung auf die Produktion.

Die Wirkungen verbesserter Beleuchtung auf eine erhöhte Sicherheit und Geschwindigkeit des Sehens stehen heute ohne Zweifel fest. Trotzdem muß noch sehr viel Arbeit geleistet werden, bis die Beleuchtungswissenschaft einen gewissen Grad der Vollkommenheit erreicht hat. Die in den Fabriken vorgenommenen Untersuchungen sind mit den Laboratoriumsforschungen parallel gegangen. Die tatsächlichen Ergebnisse verbesserter Beleuchtung in der Produktion können gemessen werden; es ist aber nötig, eine solche Untersuchung in mehr oder weniger ausgedehnten Versuchsreihen durchzuführen und in deren Verlauf alle in Betracht kommenden Faktoren zu kontrollieren und ihren Einfluß einwandfrei festzulegen.

Einige interessante Ergebnisse wurden vor einigen Jahren von W. A. Durgin erzielt, der die Produktion mehrerer Abteilungen verschiedener Fabriken vor und nach Verbesserung des Beleuchtungssystems untersuchte.

Fall I. Eine Erhöhung der Lichtintensität von 4 auf 12 FK führte in den einzelnen Abteilungen zu Leistungserhöhungen von 8—27 vH, der Durchschnitt betrug 15 vH. Dabei war die ursprünglich vorhandene Beleuchtung bedeutend besser, als man sie gewöhnlich in Fabriken antrifft.

Fall II. Die ursprüngliche Beleuchtung war nur mangelhaft. Das System — wenn man überhaupt von einem solchen sprechen konnte — bestand aus nackten Lampen an herabhängenden Leitungsdrähten. Mit einer nur 7fachen Erhöhung des Stromaufwandes konnte die Lichtintensität auf das 25fache gebracht werden. In einer Abteilung war eine Leistungssteigerung von 100 vH das Ergebnis dieser verbesserten Beleuchtung; in keiner Abteilung war sie aber geringer als 30 vH. Hier handelte es sich um einen ganz extremen Fall.

Fall III. Die Lichtintensität wurde von 3 auf 12 FK erhöht bei einer Verdreifachung des Stromverbrauches. Die Erhöhung der Beleuchtungskosten betrug 1,2 vH der Löhne, die Leistungssteigerung aber durchschnittlich 10 vH.

Fall IV. Die Lichtintensität wurde um das 6fache bei einem nur verdoppelten Verbrauch an elektrischem Strom erhöht. Die Erhöhung der Produktion belief sich durchschnittlich auf 10 vH.

Durgin schließt, daß das durchschnittliche Ergebnis einer innerhalb vernünftiger Grenzen erfolgten Erhöhung der Beleuchtung und einer entsprechend zweckmäßigen Beleuchtungsanlage eine Erhöhung der Produktion um mindestens 15 vH bei einer gleichzeitigen Erhöhung der tatsächlichen Beleuchtungskosten um nur einige Prozent der Löhne zeitigen muß.

Ein interessanter Fall wird von John Magee aus einer Fabrikabteilung berichtet, die Kolbenringe herstellte. Die Untersuchung wurde 15 Monate lang durchgeführt. Beim vorgefundenen System war eine Lichtintensität von etwa 1,2 FK im Mittel vorhanden.

Drei verschiedene Beleuchtungsstufen der neuen Lichteinrichtung wurden durchgeprobt, und zwar jede Stufe etwa 4 Monate lang. Die durchschnittlichen Ergebnisse waren:

Fuß-Kerzen	Erhöhung der Produktion
1,2	0 vH
6,5	13,0 vH
9,0	17,9 vH
14,0	25,8 vH

Die maximale Erhöhung der Beleuchtungskosten betrug etwa 48 vH der ursprünglichen Lichtkosten, was 2 vH der Löhne gleichkommt. Die Ersparnisse durch verminderten Ausschuß und weniger Unfälle machten die erhöhten Kosten mehr als wett.

Eine kürzlich von D. P. Hess und Ward Harrison[43] durchgeführte Untersuchung, die sich über 10 Wochen erstreckte und besonders wegen der gründlichen Durcharbeitung der Versuche interessant ist, sei hier geschildert. Gegenstand der Untersuchung war die Prüfabteilung einer Fabrik. Während der Untersuchungsperiode schwankte die Gesamtzahl der Prüfmeister zwischen 38 und 48. Das Material bestand aus Kappen und Schrauben verschiedener Größe mit Gewinde, die Einzelteile eines Kugellagers darstellten und nach dem Verlassen der Gewindeautomaten zu überprüfen waren. Während der Versuchsperiode wurden mehr als 7 Millionen solcher Stücke überprüft. Die Arbeit verlief in drei Phasen: die erste Gruppe der Prüfmeister hatte das Material mit Lehren auf Durchmesser und Schnittiefe zu messen, die zweite Gruppe überprüfte es auf loses Sitzen, Beschädigung durch Werkzeuge, Bruch usw. und die dritte Gruppe hinsichtlich Beschädigungen des Innengewindes der Kappen, in bezug auf schlechte Arbeit, unganze Stellen und unzureichendes Polieren. Ein Teil der Arbeit verlangte eine sehr genaue visuelle Prüfung. Die Prüfmeister wurden im Stundenlohn bezahlt. Die relative Feuchtigkeit und die Temperatur des Arbeitsraumes wurden fast konstant gehalten. Das ursprüngliche System der künstlichen Beleuchtung lieferte ein durchschnittliches Licht von 2 FK, die Verteilung des Lichtes war aber ungleichmäßig und verursachte scharfe Schatten. Das Tageslicht trat durch entfernt liegende Fenster und Oberlichte in die Werkstatt ein.

Während der ersten zwei Wochen wurden die Versuche mit einer Kombination der ursprünglichen künstlichen und der Tagesbeleuchtung durchgeführt, wobei die durchschnittliche Intensität 5 FK betrug. Dann wurde das neue Beleuchtungssystem eingeführt und das Dachoberlicht geschwärzt. Das neue System bestand aus streuenden Glasarmaturen, die im Mittelpunkt von 8×10 Fuß Flächen, 12 Fuß oberhalb des Bodens angebracht waren. Die angewendeten Lichtintensitäten betrugen für die ersten zwei Wochen 5 FK mit dem ursprünglichen Beleuchtungssystem und 6, 13 und 20 FK mit dem neuen System. Bei diesem änderte sich die Intensität wöchentlich, jedoch ohne stetige Folge. Die Produktion wurde allwöchentlich auf den Durchschnitt der pro Person und Stunde geprüften Stückzahl reduziert. In Abb. 47 wird diese durchschnittliche Wochenproduktion und die zugehörige Lichtintensität gezeigt. Man erkennt sofort, daß sich mit der Erhöhung der Intensität auch die Produktion erhöht und umgekehrt. In Tab. 12 und Abb. 48 werden sowohl die durchschnittlichen Produktionserhöhungen auf Grund der verschiedenen

Beleuchtungsarten und die Lichtkosten in Prozenten der Löhne veranschaulicht. Nicht nur, daß sich die Produktion mit steigender Lichtintensität erhöht (wobei alle anderen Faktoren fast konstant bleiben), es sind auch die Vorteile eines gut angeordneten Beleuchtungssystems im Vergleich zu einem minder-

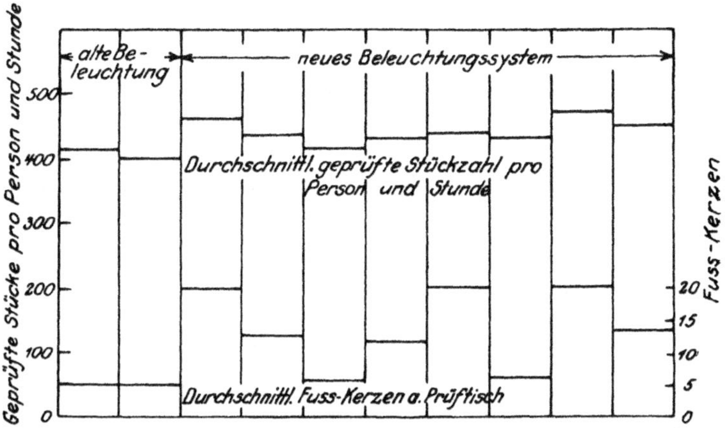

Abb. 47 zeigt die durchschnittliche Stückzahl des pro Person und Stunde geprüften Materials für zehn aufeinanderfolgende Wochen. Für die gleiche Zeit sind auch die entsprechenden Lichtintensitäten angegeben. Während der ersten zwei Wochen bestand noch das alte Beleuchtungssystem (halbes Tageslicht). Während der verbleibenden acht Wochen wurde das neue System künstlicher Beleuchtung erprobt.

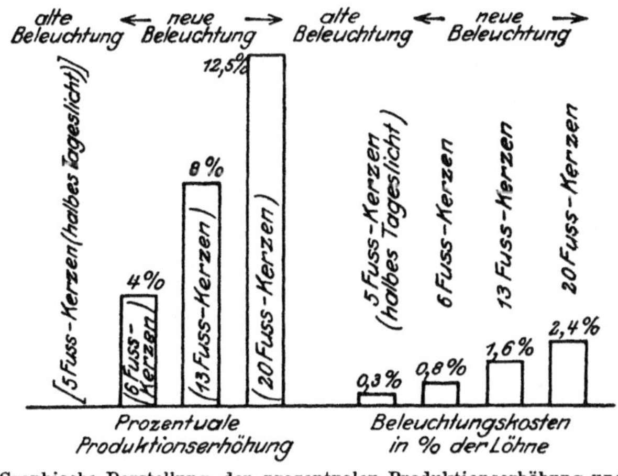

Abb. 48. Graphische Darstellung der prozentualen Produktionserhöhung und der Beleuchtungskosten, auf die Löhne bezogen, für die verschiedenen Intensitäten der Beleuchtung. Die Produktionserhöhungen sind ein Durchschnitt der in Abb. 47 gegebenen Zahlen.

wertigen sehr augenfällig, was besonders deutlich durch die nennenswerte Produktionserhöhung nach dem neuen System mit 6 FK im Vergleich zu dem alten mit 5 FK zum Ausdruck kommt. Interpolieren wir die mit dem neuen System bei 6 FK erzielte Produktion auf 5 FK und vergleichen wir diese mit der Produktion bei der gleichen Intensität der alten Lichtanlage, so können wir ermitteln, daß eine 3,4 proz. Erhöhung der Produktion lediglich durch eine zweckmäßige Anlage bei gleicher Intensität erzielt worden wäre.

Tabelle 12 zeigt das Verhältnis der Beleuchtungsintensität zur Fabrikausbeute.

	Neues Beleuchtungssystem Fuß-Kerzen		
	6	13	20
Durchschnittliche Produktion (pro Person und Stunde geprüfte Stückzahl)*) . .	424	440	458
Prozentuale Erhöhung der Produktion .	4,0	8,0	12,5
Beleuchtungskosten in Prozenten der Löhne	0,8	1,6	2,4
Prozentuale kostenlose Erhöhung der Produktion	3,2	6,4	10,1
Verhältnis der Produktionserhöhung zu den prozentual auf die Löhne bezogenen Beleuchtungskosten	5	5	5,2

Um die allmähliche Erhöhung der Produktion bei einem modernen Beleuchtungssystem mit allmählicher Zunahme der Lichtintensität zu veranschaulichen, sind die in Tab. 12 und Abb. 48 enthaltenen Angaben in Abb. 49 in Kurvenform dargestellt worden. Interessant ist, daß die steigende Tendenz gerade Linien ergibt, die zurückverlängert, vor dem Nullpunkt die Abszisse schneiden. Noch interessanter werden die Erwägungen, wenn man diese Ergebnisse in der Darstellung der Abb. 62, 63 und 65 betrachtet. Es besteht keinerlei Grund zu der Annahme, daß bei 20 FK die proportionale Erhöhung der Produktion mit der

*) Bei dem ursprünglich vorhandenen System von geringer künstlicher und natürlicher Beleuchtung, die eine durchschnittliche Intensität von 5 FK hatte, betrug die Produktion in den ersten zwei Wochen der Untersuchung 408 geprüfte Stücke pro Person und Stunde. Die Kosten dieser minderwertigen künstlichen Beleuchtung (ausschließlich der Kosten des natürlichen Lichtes) betrugen 0,3 vH der Löhne.

Zunahme der Lichtintensität aufhört. Das würde erst eintreten, wenn das Maximum der Muskeltätigkeit oder -bewegung oder die maximale Sehgeschwindigkeit (Unterscheidung oder Erkennung) fast erreicht wäre. Es ist schwierig zu sagen, was als Erstes den Grad der Produktionserhöhung beeinträchtigen würde; das wird wohl von der Art der Arbeit abhängen, da die entsprechenden Hemmungsfaktoren bei den verschiedenen Arbeitsarten in verschiedenem Maße vorhanden sind. Bei Arbeiten, die eine genaue

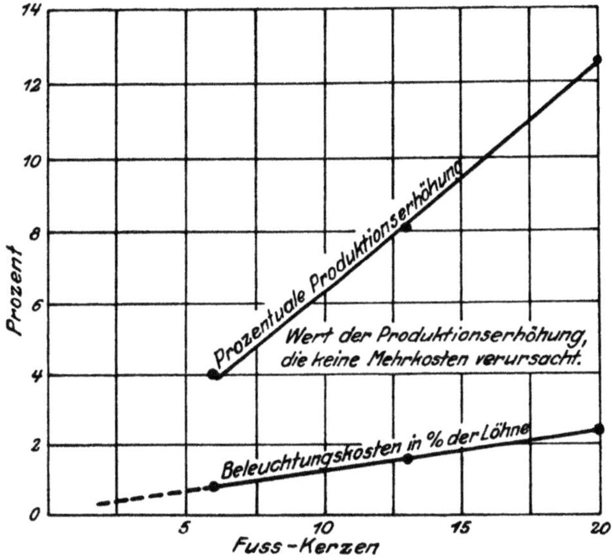

Abb. 49 zeigt die Beziehung steigender Lichtintensität zur Produktionserhöhung und die Beleuchtungskosten auf Grundlage der Löhne.

visuelle Unterscheidung erfordern, werden die maximalen Sehgeschwindigkeiten auch bei sehr hohen Lichtintensitäten nicht erreicht. Auch da, wo das Maximum an Muskeltätigkeit erreicht ist, wird sich die Produktion noch immer erhöhen, und zwar so lange, bis keine Erhöhung der Genauigkeit oder Geschwindigkeit visueller Unterscheidung mehr festzustellen ist.

In Kap. XI werden in zwei Fällen die Ergebnisse der Reinigung von Fenstern gezeigt, die zu einer Erhöhung der Produktion um 5 bzw. 10 vH führten. Laboratoriumsuntersuchungen über die Lesegeschwindigkeit haben bei schwarzem Druck auf weißem

Papier ergeben, daß die durchschnittliche Lesegeschwindigkeit einer großen Gruppe von Versuchspersonen um 15 vH bei einer Erhöhung der Lichtintensität von 4 FK auf 16 FK gestiegen ist; die Lesegeschwindigkeit bei schwarzem Druck auf grauem Papier (23 vH Reflexionsfaktor) erhöhte sich im gleichen Lichtbereich um 50 vH. Obwohl es sich um einen Laboratoriumsversuch handelt, stellt er doch einen Produktionsversuch dar, da er sich unmittelbar auf die Tätigkeit zahlloser Angestellter in Bureaus usw. anwenden läßt. Die erzielten Ergebnisse bestärken uns in unserer Schlußfolgerung bezüglich der Auswirkung gesteigerter Lichtintensität auf die Produktion. Ganz strenge Laboratoriumsuntersuchungen über die Gesetze des Lichtsinnes sind in den Kap. VIII und IX erörtert und zeigen uns in großen Umrissen, was wir von jeder Tätigkeit, die unser Auge in Anspruch nimmt, erwarten können. Auf Grund dieser Angaben erscheint es durchaus nicht zu hoch angesetzt, wenn wir behaupten, daß sich die Ausbeute unserer Fabriken durch bessere Beleuchtung ohne Aufwand an Mehrkosten um 10 vH erhöhen würde. Wo die vorhandene Beleuchtung besonders schlecht ist, wird dieser Prozentsatz noch viel größer werden. Man sollte stets eingedenk sein, daß sich die Leichtigkeit und daher Schnelligkeit in der Unterscheidung feiner Einzelheiten mit erhöhter Lichtintensität gleichfalls erhöht. Diese durch sehr hohe Lichtintensitäten herbeigeführte Erhöhung gilt mehr für schwache als für starke Kontraste. Hierüber soll noch in den Kap. XIII und XIV näher gesprochen werden. Unsere Erörterung beschäftigt sich vor allem mit dem Vorteil einer erhöhten Produktion. Auch ein verminderter Ausschuß, erhöhte Sicherheit, bessere Disziplin, geringere Augenanstrengung und verminderte Unbehaglichkeit sind Begleiterscheinungen einer besseren Beleuchtung. Sie besitzen alle durchaus Geldwert, der jedoch schwer in Ziffern auszudrücken ist.

Ein Blick in die Produktionsstatistik.

Wenn wir anerkennen, daß verbesserte Beleuchtung einen Wert schaffen kann, der in keinem Verhältnis zu den erhöhten Kosten steht, d. h. also, wenn sie einen Nettowert schafft, so ist es auch von Interesse, einmal nachzuweisen, was eine derartig erhöhte Produktion für die Industrie der Vereinigten Staaten bedeutet. Es steht fest, daß die Beleuchtung fast jeder Fabrik entweder in bezug auf die Intensität oder Verteilung verbessert werden kann. Wir haben an anderer Stelle gesehen, daß nur etwa 9 vH der vor einigen Jahren auf ihre Lichtverhältnisse hin genau untersuchten Industrien Lichtverhältnisse besaßen, die man auf Grund der damaligen geringen Ansprüche an die Beleuchtung als gut ansprechen konnte.

Um ein Bild unserer Wirtschaftlichkeit in der Industrie zu vermitteln, sind im nachfolgenden aus der letzten zur Verfügung stehenden amtlischen Produktionsstatistik des Jahres 1919 einige Daten gegeben.

In Tab. 13 finden wir eine Zusammenstellung für die Vereinigten Staaten aus den Jahren 1904, 1909, 1914 und 1919. Diese Zusammenstellung zeigt, daß die Belegschaft in der Industrie mehr als 9 Millionen Arbeiter betrug, die im Jahre 1919 Fertigprodukte im Werte von 62 Milliarden Dollar herstellten. Um die verschiedenen Daten miteinander leichter vergleichen zu können, sind sie gleichzeitig in Prozenten zum Wert des Jahres 1904 angegeben; die tatsächlichen Werte sind in Millionen Dollar ausgedrückt.

Tabelle 13. Zusammenfassung der Produktionsstatistik in den Vereinigten Staaten.

Die tatsächlichen Werte sind in Millionen Dollar ausgedrückt, die relativen in Prozenten, bezogen auf das Jahr 1904.

	1904	1909	1914	1919
Anzahl der Unternehmungen	216180	268491	275791	290105
in Prozenten	100	124	127	134
Anzahl der Lohnarbeiter .	5468383	6615048	7036247	9096372
in Prozenten	100	121	129	166
Kapital:				
Millionen Dollar	12676	18428	22791	44467
in Prozenten	100	145	180	350
Löhne:				
Millionen Dollar	2610	3427	4078	10533
in Prozenten	100	131	156	400
Materialkosten:				
Millionen Dollar	8500	12143	14368	37376
in Prozenten	100	143	169	440
Wert der Fertigerzeugnisse:				
Millionen Dollar	14794	20672	24246	62418
in Prozenten	100	140	165	423
Wertzuwachs durch die Produktion:				
Millionen Dollar	6294	8529	9878	25042
in Prozenten	100	136	157	402

In Städten der Großindustrie ist infolge von Rauch und Überfüllung die natürliche Beleuchtung meist weniger intensiv als an kleineren Orten. Andererseits ist aber die Elektrizitätswirtschaft hoch entwickelt und es wird ein leichtes sein, den Fabriken ein qualitativ besseres künstliches Licht zu geben. Einige Produktionsziffern für das Jahr 1919, die sich auf Städte mit einer Bevölkerungszahl von 10000 und mehr, sowie 100000 und mehr Köpfe beziehen, sind in Tab. 14 gegeben. Die Ziffern stellen den Prozentsatz der Gesamtziffern der Vereinigten Staaten dar.

Tabelle 14. Produktionsstatistik für Städte mit 10000 und mehr Einwohnern und solche mit 100000 und mehr Einwohnern in Prozenten der Gesamtziffern für die Vereinigten Staaten im Jahre 1919.

	Städte mit 10000 Einwohn. u. mehr vH	Städte mit 100000 Einwohn. u. mehr vH
Anzahl der Fabriken	57,2	38,7
„ „ Lohnarbeiter	70,2	41,7
Einwohnerzahl	42,3	25,9
Wert der Fertigerzeugnisse	72,6	45,7
Wertzuwachs durch die Produktion	74,1	46,3

Aus Tab. 14 ist ersichtlich, daß etwa $^3/_4$ der industriellen Betriebe und Lohnarbeiter sich in Städten befinden, die 10000 und mehr Einwohner besitzen, während wenigstens die Hälfte der Fabriken (nach Arbeiterzahl und Produktion) sich in Großstädten befindet. Sie liegen also im Bereiche größerer und gut organisierter Kraftwerke.

Es ist nun interessant festzustellen, welchen Wert sogar kleine Produktionserhöhungen in der Gesamtziffer der industriellen Produktion einnehmen. Vom Jahre 1919 ausgehend finden wir, daß der Wert einer durch Verbesserung der Beleuchtung erzielten 1proz. Produktionserhöhung etwa folgendem gleichkommt:

100000 Lohnarbeiter,
100000000 Dollar Löhne,
250000000 „ Wertzuwachs durch die Produktion,
625000000 „ Wert der Fertigprodukte.

Man kann ziemlich sicher behaupten, daß eine leidliche Erhöhung der Lichtintensität und Instandsetzung der Beleuchtungsanlagen durchschnittlich eine Nettoproduktionserhöhung von mindestens 10 vH zeitigen dürfte, was der Arbeit von 1 Mill.

Lohnarbeitern mit einer Ersparnis von 1 Milliarde Dollar an Lohn gleichkommt. Dieses Äquivalent von 1 Mill. Lohnarbeitern würde den Gesamtwert der Fertigprodukte um 6 Milliarden Dollar erhöhen. Ohne irgendwelche zusätzlichen Kosten würden wir also jährlich eine Erhöhung von 2,5 Milliarden Dollar im Wertzuwachs der Fertigware beim gegenwärtigen Fabrikationstempo erzielen. Oder: wenn man der gesamten Beleuchtung in den Vereinigten Staaten die ihr gebührende Beachtung schenkt, so

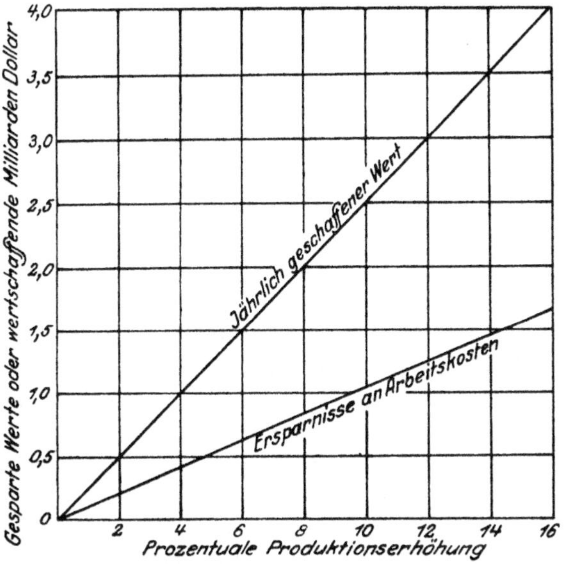

Abb. 50 zeigt die Milliardenwerte, die jährlich ohne Mehrkosten auf Grund verbesserter Beleuchtung und gesteigerter Produktion in der gesamten Industrie der Vereinigten Staaten geschaffen werden könnten, und auch die sich hieraus ergebende Ersparnis an Arbeitskosten. Die Auswertung stützt sich auf die industrielle Produktionsstatistik vom Jahre 1919.

würde auf der Produktionsgrundlage von 1919 ein Nettowert von mehr als 2,5 Milliarden Dollar zu verzeichnen sein, wobei der verminderte Ausschuß, der geringere Arbeiterwechsel und die verminderte Unfallgefahr noch gar nicht veranschlagt sind.

Über die Auswirkung verbesserter Beleuchtung in dieser Hinsicht besitzen wir bisher noch keine genauen Zahlen; im allgemeinen nimmt man an, daß der Ausschuß etwa in dem Maße sich vermindert, als die Produktion steigt. Der jährliche Erfolg verbesserter und ausreichender Beleuchtung bezogen auf die

Produktion von 1919, wird in Abb. 50 gezeigt. Der geschaffene Wert ist in Milliarden Dollar, und zwar für verschiedene Produktionserhöhungen bis zu 16 vH angegeben, der auch, wie die zweite Linie zeigt, in ersparten Arbeitskosten ausgedrückt werden kann.

XI. Der Wert entsprechender Instandhaltung der Beleuchtungsanlagen.

Vollständig verschmutzte Glasflächen sind ein besonders drastischer Beweis von mangelndem Verständnis für den Wert ausreichender Beleuchtung, und doch macht sich diese ziemlich bedeutende Kapitalinvestierung erst dann bezahlt, wenn das Glas sauber gehalten wird. Fabrikanten, die es keinesfalls zulassen, daß irgendein anderes Moment gewinnbringender Produktion außer acht gelassen wird, sehen ruhig zu, wie durch Schmutz und Staub die Beleuchtung von Monat zu Monat geringer wird, und zwar vor allem deshalb, weil der Verlust nicht sofort als Geldwert in die Augen springt.

Aus ästhetischem Empfinden reinigen wir die Fenster unserer Wohnungen und Bureaus, und zwar ehe sich eine Verminderung des Lichtes ernstlich bemerkbar macht; in Fabriken fehlt dieser Ansporn aber leider nur zu oft und der „Tag" wird in den betreffenden Räumen auf diese Weise stark verkürzt. Noch empfindlicher sind aber die Produktionsverluste, die nachlassende gute Stimmung, das Lockern der Disziplin, der Ordnung und auch die indirekten Verluste, wie z. B. erhöhter Arbeiterwechsel usw. Das gleiche Ergebnis zeigt die Vernachlässigung der künstlichen Beleuchtung. Die Ansammlung von Schmutz auf Lampen, Reflektoren, Decken und Wänden ist verlustbringend; ungeeignete sowie ausgebrannte alte Lampen und eine zu schwache Lichtspannung (Voltzahl) vermindern die Lichtausbeute beträchtlich.

Wirkung der Reinigung des Glases bei der Tageslichteinrichtung.

Die von der Leitung zweier verschiedener Fabriken in diesem Punkte gemachten Erfahrungen seien im folgenden kurz geschildert:

Fall I. In der Galvanisieranstalt eines großen Fabrikkonzernes ließ die natürliche Beleuchtung durch die Niederschläge auf den Fenstern stark nach. Diese Ablagerungen widerstanden allen Reinigungsversuchen, bis schließlich doch ein geeignetes Reinigungsmittel gefunden wurde. Es folgen die Kosten und der erzielte Wert der Reinigung:

Reinigungskosten:

Reinigungsmittel	30,–	Dollar
Arbeitsaufwand (11 Tage)	66,–	„
Gesamtkosten für 6000 Quadratfuß	96,–	Dollar
Pro Quadratfuß	0,016	„

Erfolgsnachweis:

Tägliche Ersparnis an künstlicher Beleuchtung . . .	0,60	Dollar
Erhöhung (5 vH) der Leistungsfähigkeit der Arbeiter	13,75	„
Ersparnis pro Tag	14,35	Dollar
„ pro Monat	358,75	„

Die wöchentliche Ersparnis an Arbeitskosten deckte die Reinigungskosten, ohne Berücksichtigung des Überschusses aus zusätzlicher Produktion und Verminderung des Ausschusses. Dabei gibt aber die Betriebsleitung an, daß „einer der Hauptgründe für das Reinigen der oberen Fenster darin bestand, den allgemeinen Eindruck des Betriebes zu erhöhen. Das allein sei schon den geldlichen Aufwand wert gewesen".

Fall II. Im Lagerhaus eines sehr großen Fabrikunternehmens wurden 16000 Quadratfuß Oberlichtfenster gereinigt, die durch ein unmittelbar in der Nähe befindliches chemisches Unternehmen stark in Mitleidenschaft gezogen wurden; auch hier wurde zunächst nach einem entsprechenden Reinigungsmittel gefahndet. Das Ergebnis war folgendes:

Reinigungskosten:

Reinigungsmittel	250,–	Dollar
Arbeitsaufwand (448 Stunden)	246,40	„
Gesamtkosten für 16000 Quadratfuß	496,40	Dollar
Pro Quadratfuß	0,031	„

Erfolgsnachweis für ein Jahr:

Ersparnis an künstlicher Beleuchtung	150,–	Dollar
Erhöhung (5 vH) der Leistungsfähigkeit der Arbeiter .	7500,–	„
Jährliche Bruttoersparnis	7650,–	Dollar
Jährlicher Nettowert	7153,60	„
Verminderung der Fehler	5 vH	
„ der Unfälle	10 vH	

Die Leitung dieses Lagerdepots bestätigt, daß sich „mit dem verbesserten Licht der Geist und die Stimmung des Betriebes geändert haben. Die Arbeiter fanden die Arbeitsbedingungen weit angenehmer und befreundeten sich sogar mit ihrer Arbeit. Die Anstrengung der Augen wurde stark herabgesetzt. Alles in allem war die Wirkung auf die Arbeiter äußerst zufriedenstellend“. Die einmalige jährliche Reinigung der Glasflächen machte sich 28mal bezahlt ohne Berücksichtigung des Geldwertes einer 5 proz. Fehlerverminderung und einer 10 proz. Herabsetzung der Unfälle. Die Betriebsleitung ist ferner der Meinung, daß auch der Arbeiterwechsel günstig beeinflußt wurde, obwohl keine konkreten Ziffern hierüber vorliegen.

Es ist außer Zweifel, daß bei gegebenen günstigen Bedingungen das Tageslicht als ein idealer Beleuchter auch in Zukunft beibehalten werden wird. Der Entwurf einer Tageslichteinrichtung unter Berücksichtigung einer genügenden Menge und geeigneten Verteilung des Lichtes bedingt eine besondere Geschicklichkeit. Die notwendige Investierung braucht dieses Licht nicht zu diskreditieren, obwohl sie nicht außer acht gelassen werden darf. Wenn eine Tageslichtausrüstung mit nicht unerheblichen Kosten einmal eingerichtet wurde, soll sie auch instand gehalten werden; sonst macht sich die Anlage nicht bezahlt.

Die Absorption des Lichtes durch verschmutzte Glasflächen.

In Kap. III haben wir gesagt, daß reines Kristallglas 75 bis 90 vH des auffallenden Lichtes durchläßt. In Fabrikgegenden bzw. in fast allen Teilen unserer Städte bilden sich in kurzer Zeit Schmutzschichten, die bei Vernachlässigung nur schwer entfernt werden können. In Tab. 15 wird zunächst die Durchlässigkeit sieben verschiedener Glasarten gezeigt, und zwar in dem Zustande, wie man sie vorgefunden hat. In Spalte 2 und 3 sehen wir die ganz bedeutende Erhöhung der Durchlässigkeit nach Reinigen mit einem besonderen Mittel. In einem Fall war das Glas so schmutzig, daß es vollkommen undurchlässig war; in anderen Fällen wurde die Beleuchtung auf etwa $^1/_6$ des ursprünglichen Wertes herabgedrückt. Geldlich ausgedrückt würde das ganz ungeheure Werte darstellen.

Tabelle 15. Folgen der Fensterreinigung einer betrieblichen Tageslichteinrichtung.

Glasart	Durchlaßfaktor in Prozenten		Durch Reinigung erhöhte Durchlässigkeit
	vor d. Reinigen	nach d. Reinigen	
einfaches klares Glas	12	88	7,3 mal
„ „ „	16	88	5,5 „
fein geripptes Glas	14	80	5,7 „
„ „ „	17	76	4,5 „
„ „ „	0,3	75	250,0 „
gewelltes Drahtglas	13	80	6,1 „
„ „	5	75	15,0 „

Eine Messung der Beleuchtungsintensität vor und nach dem Reinigen der Glasflächen ergab erstaunliche Ergebnisse. In manchen Fällen betrug die Erhöhung das 5—10fache, einige Teile der Innenräume erhöhten ihre Lichtintensität nach der Reinigung von durchschnittlich 1 FK bis auf 15 FK.

Beeinträchtigung der künstlichen Beleuchtung.

Auch die künstliche Beleuchtung entgeht nicht der Verschmutzung. Die Verminderung der Lichtausbeute hängt im großen Maße von der Lage und Art der Beleuchtungseinrichtung ab. Ein direktes Beleuchtungssystem, das aus einem dicht streuenden Glasschirm, aus undurchsichtigen Reflektoren oder nichtventilierten streuenden Glaseinheiten besteht, wird in der Lichtausbeute nicht so schnell heruntergehen, wie das bei den meisten anderen Systemen unter ähnlichen Bedingungen der Fall ist. Früher war man der Meinung, daß die Beleuchtungskörper ventiliert werden müssen. Bei den neuzeitigen Wolframlampen ist indessen keine Ventilation nötig, wenn das umgebende Glas groß genug ist.[38] Ventilationsöffnungen saugen zusammen mit der Luft Staub an, und viel davon lagert sich auf der Lampe und den Reflexionsflächen des Beleuchters ab. Allein durch die Ansammlung des Staubes kann schon nach 3 Monaten eine Verminderung der Lichtausbeute von 10—50 vH je nach Lage und Art der Lichteinrichtung eintreten. Ein regelmäßiger Instandhaltungsdienst hat sich als das beste Verfahren erwiesen, um sich gegen einen großen Lichtverlust zu sichern, um so mehr, als ein Nachlassen der künstlichen Beleuchtung nicht so rasch erkennbar ist wie bei der natürlichen. Verschiedene Einflüsse auf Lichtausbeute und Beleuchtungsintensität werden in Abb. 51 für drei typische Fälle von halb indirekter und direkter Beleuchtung nach Angaben von Ward Harrison gezeigt.

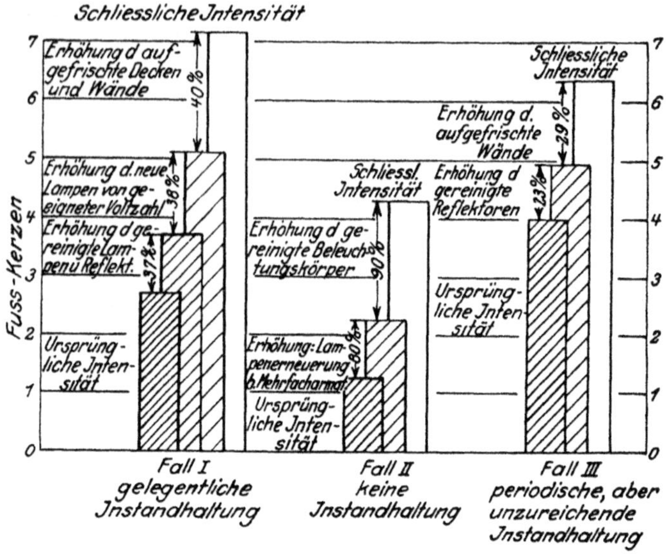

Abb. 51. Graphische Darstellung, die uns die Wichtigkeit einer rechtzeitigen Erneuerung ausgebrannter Lampen und einer systematischen Reinigung der Beleuchtungsanlage zeigt.

Fall I. Hier handelt es sich um eine gelegentliche Instandhaltung:

	Fuß-Kerzen	Prozentuale Erhöhung
Ursprüngliche Beleuchtungsintensität . .	2,7	—
Abwaschen der Lampen und Reflektoren	3,7	37
Neue Lampen mit richtiger Voltzahl . .	5,1	38
Auffrischen der Decke und der Wände .	7,1	40
Gesamterhöhung der Lichtausbeute . . .	4,4	163

Fall II behandelt eine nicht instand gehaltene Lichtausrüstung. Die Ergebnisse einer Instandhaltung waren folgende:

	Fuß-Kerzen	Prozentuale Erhöhung
Ursprüngliche Beleuchtungsintensität . .	1,2	—
Auswechseln ausgebrannter Lampen . . .	2,2	80
Reinigen der Beleuchtungseinrichtung . .	4,2	90
Gesamte Erhöhung der Lichtausbeute . .	3,0	260

Fall III. Hier wurde eine periodische aber unzulängliche Instandhaltung durchgeführt:

	Fuß-Kerzen	Prozentuale Erhöhung
Ursprüngliche Beleuchtungsintensität . .	4,0	—
Gereinigte Beleuchtungsausrüstung . . .	4,9	23
Auffrischen der Wände.	6,3	29
Gesamte Erhöhung der Lichtausbeute . .	2,3	58

Im allgemeinen finden wir in Fabriken direkte Beleuchtungssysteme vor, so daß vorstehende Darstellung, die sich auf halb indirektes und ganz indirektes Licht bezieht, als zu tendenziös gegriffen erscheinen mag. Bei direktem Licht haben Decken und Wände eine viel geringere Wirkung als bei den anderen Systemen. Wir können diesen Posten zunächst vollkommen aus unserer Betrachtung streichen, obwohl bei bestimmten modernen Fabrikbeleuchtungssystemen, bei denen Glas vielfach einen Teil der Ausrüstung darstellt, auch die Decke einen nennenswerten Einfluß auf die Beleuchtung hat. Tatsächlich spielt eine etwas beleuchtete Decke für die Erhöhung der visuellen Behaglichkeit eine große Rolle, und sie erhöht auch die anheimelnde Wirkung des geschlossenen Raumes.

Anderson und Ketch[39]) haben sieben Wochen hindurch beobachtet, daß die Lichtausbeute einer Beleuchtungseinrichtung, die einem ölig-rußigen Staub ausgesetzt war, schneller vom Schmutz allein beeinträchtigt wurde, als in einer doppelt so langen Zeit bei trockenem, feinem Staub. Es entfielen 11—30 vH der verminderten Lichtausbeute auf Staubansammlung. Berücksichtigt man aber, daß die Beleuchtungsanlagen der meisten Fabriken nicht regelmäßig gereinigt werden, daß die Häufigkeit der Reinigung meist sehr gering ist, ferner, daß die Reflexion der Decke einen gewissen Einfluß ausübt, daß die Voltzahl nicht immer die richtige ist und daß ausgebrannte, schwarz gewordene oder ungeeignete Lampen in ihren Fassungen bleiben, so geht man wohl in der Annahme nicht fehl, daß die genannte durchschnittliche Lichtverminderung wahrscheinlich noch bedeutend größer ist als der Wert, der von Andersen und Ketch ermittelt wurde.

Schäden durch Vernachlässigung der Beleuchtung.

In den geschilderten drei Fällen betrug die Erhöhung der Lichtausbeute nach entsprechender Instandhaltung 58—260 vH. Man kann kaum glauben, daß man etwas so Wichtiges, wie eine Lichtanlage einer so großen Vernachlässigung aussetzte, doch finden wir hierfür reichliche Beweise.

Es ist erschreckend, sich vorzustellen, daß die Vernachlässigung der Beleuchtungsanlagen in den Vereinigten Staaten dem Lande jährlich 1 Milliarde Dollar Kosten auferlegt. Wenn wir uns nach all dem bisher Gesagten vergegenwärtigen, daß eine auf 50 vH ihrer Lichtausbeute vernachlässigte Lichtanlage unter Umständen eine Produktionsverminderung bis zu 4 vH herbeiführen kann, ist dieser Betrag nicht übermäßig veranschlagt. Nach A. L. Powell[40] betragen die Reinigungskosten direkter Beleuchtungsausrüstungen, wie sie im allgemeinen in Fabriken verwendet werden, durchschnittlich je 3—5 Cent pro Beleuchtungseinheit. Zur Erzielung einer entsprechenden Wirtschaftlichkeit auch bei der Reinigung, ist es notwendig, Lichtanlagen gleich von vornherein mit einem Sicherheitszuschlag zu projektieren, der eine gewisse Verminderung der Lichtausbeute durch beginnende Verschmutzung ohne nennenswerten Schaden zuläßt.

Während der Benutzung tritt abgesehen von der Verschmutzung usw. bei reinen elektrischen Glühlampen (ebenso wie beim Quecksilberlichtbogen) ohnehin eine Verminderung der Lichtausbeute ein. Dieser Verlust ist für die festgesetzte normale Lebensdauer der Lampe nicht wesentlich; viele Lampen bleiben aber weit über die normale Lebensdauer hinaus im Gebrauch. Wie aus Abb. 51 hervorgeht, können derartige Lampen recht bedeutende Schädigungskosten verursachen. Ein gewinnbringendes Reinigungsprogramm kann in jedem Einzelfall ohne große Schwierigkeiten innegehalten werden. Ein FK-Messer (Luxometer), der heute bereits zu einem recht annehmbaren Preis erworben werden kann, sollte einen Teil der Ausrüstung aller großen Fabriken und Bureaugebäude darstellen. Die Betriebsleitung wird auf diese Weise stets feststellen können, daß die Bestimmung der Beleuchtung in FK belehrend und wertvoll ist, und danach ihr Instandhaltungsprogramm der Lichtanlage einrichten.

XII. Der Beleuchtungswert der Farbe.

Wollen wir etwas, das in tiefem Schatten liegt, sehen, dann schirmen wir unser Auge so ab, daß der Schirm Licht in den Schatten wirft.

Hier finden wir bereits eine kleine Anwendung des Lichtwertes von Flächen mit hohem Reflexionsfaktor. Der Verlust durch den verminderten Reflexionsfaktor vernachlässigter angestrichener Flächen ist ganz ungeheuer. Das gilt nicht nur dort, wo Farben bewußt verwendet werden, sondern auch für jede Flächenbekleidung, obwohl Farben vom Standpunkt dieses Buches aus die praktischere Bekleidung darstellen. Die Bestimmung des Reflexionsfaktors ist unter gewissen Bedingungen für ein zweckentsprechend ausgerüstetes Laboratorium heute eine verhältnismäßig einfache Sache. Im allgemeinen sprechen Farbunterschiede hier wesentlich mit, sodann hängt der Reflexionsfaktor einer Fläche — ausgenommen die vollständig streuenden Flächen — von der Richtung und Verteilung des einfallenden Lichtes ab. Bei der Verteilung des Lichtes auf die Arbeitsflächen spielen Wände und Decken eine wichtige Rolle; auch die Art des Beleuchtungssystems ist von wesentlichem Einfluß. Man hat festgestellt, daß ein hellerer Anstrich von Maschinen und anderen Einrichtungsstücken, als er bisher üblich war, einen nennenswerten Lichtbeitrag für die Arbeit liefert.

Einfluß der Decken und Wände.

Das Verhältnis des Lichtes, das eine 30 Zoll über dem Boden befindliche Fläche erreicht, zu dem durch die Lichtquelle gespendeten Gesamtlicht nennen wir Nutzfaktor. Ein Teil des erzeugten Lichtes wird vom Beleuchtungskörper absorbiert, da von einem Reflektor nicht alles einfallende Licht zurückgeworfen wird und ein streuendes Glas nicht alles Licht hindurchläßt. Dieser Verlust beträgt bei einer gut angelegten, rein gehaltenen Fabrikbeleuchtung ca. 30 vH. Nicht nur die Eigenschaft der Decken und Wände, sondern auch die Art der Beleuchtungseinrichtung und die Raumverhältnisse sind hier von Einfluß. Denken wir uns z. B. einen sphärischen Raum ohne Fenster und Öffnungen, der in einer einheitlichen Farbe gehalten ist; in der

Mitte dieses Raumes befindet sich eine Lichtquelle, deren direktes Licht eine Beleuchtung von 1 FK an der Raumfläche erzeugt; dieses Licht wird viele Male reflektiert und die Intensität von 1 FK dementsprechend vergrößert. Die Vergrößerung ist gleich Null, wenn die Flächen vollkommen schwarz sind, wird aber sogar schon bei geringen Reflexionsfaktoren ziemlich beträchtlich. Tab. 16 zeigt uns die verschiedenen Beleuchtungsverhältnisse eines solchen Raumes bei verschiedenen Reflexionsfaktoren. Für vollkommenes Schwarz beträgt die Lichtintensität auf der Raumfläche 1 FK, steigert sich in dem Maße, als sich der Reflexionsfaktor bei Anwendung verschiedener Farben erhöht und würde bei vollkommenem Weiß unendlich werden, da durch Absorption keinerlei Licht verlorenginge und immer wieder reflektiert würde.

Tabelle 16 zeigt den Einfluß des Reflexionsfaktors der Wände eines sphärischen Raumes auf die Beleuchtung dieser Wände. In der Mitte der Kugel hängt eine nicht abgeblendete Lichtquelle von solcher Intensität, daß sie den Raum mit einem einheitlichen direkten Licht von einer Intensität von 1 FK beleuchtet.

Farbenbeschaffenheit der Raumfläche	Reflexionsfaktor der Farbflache vH	Fuß-Kerzen auf der Raumfläche
Vollkommenes Schwarz . . .	0	1,00
Gewöhnliches Schwarz . . .	4	1,04
Dunkelgrau	10	1,11
Mittleres Grau	50	2,00
Handelsübliches Weiß	80	5,00
Weißer Puder	90	10,00
Bester weißer Puder	98	50,00
Vollkommenes Weiß	100	unendlich

Diese rein theoretische Betrachtung ist eine recht interessante Veranschaulichung der Reflexionsmöglichkeiten des Lichtes. Die Gegenstände unserer Innenräume absorbieren Licht, sogar weiße Wände und Decken haben bestenfalls einen Reflexionsfaktor von nur 80 vH. Es wäre verfehlt, lichtreflektierende Fußböden zu schaffen, auch rein weiße Decken und Wände wirken unbehaglich und unangenehm auf das Sehen. Dort, wo von den Beleuchtungskörpern viel Licht gegen die Decke geworfen wird, sollte diese einen hohen Reflexionsfaktor besitzen. Vom allgemeinen Gesichtspunkt aus betrachtet, sollten Wände, die sich im unmittelbaren Gesichtsfeld befinden, kaum einen höheren Reflexionsfaktor als 50 vH haben.

Bei direkter Beleuchtung mit undurchsichtigen Reflektoren ist der Reflexionsfaktor der Decke vom Standpunkt der künstlichen Beleuchtung von geringem Wert, da nur wenig Licht die Decke erreicht. Bei Tagesbeleuchtung durch die Fenster ist er hingegen von Wichtigkeit, ebenso bei indirekter oder halb-indirekter künstlicher Beleuchtung, wo ein großer Teil des Lichtes gegen die Decke fällt. Der Reflexionsfaktor der Wände kommt in dem Maße in Betracht, als sie vom Licht getroffen werden; seine Bedeutung ist bei natürlichem Licht wesentlicher als beim künstlichen.

Tab. 17 zeigt den Einfluß der Reflexionsfaktoren der Decken und Wände für drei verschiedene Beleuchtungsarten und drei verschieden große Räume. Die Beleuchtungskörper befinden sich 10 Fuß oberhalb der horizontalen Arbeitsfläche. Die Daten sind einer ausgezeichneten Arbeit von E. A. Anderson[41] über Nutzfaktoren entnommen. Die hinter dem Wort Decke und Wände eingeklammerten Ziffern geben deren Reflexionsfaktor. Das direkte Beleuchtungssystem bestand aus anerkannt guten, weißen Emailreflektoren oder versilberten Glasreflektoren. Beim halb-indirekten Licht wurden bewährte, geschlossene Glasarmaturen verwendet. Beim indirekten System kamen die stark verbreiteten versilberten Glasreflektoren oder dicht opalisierte Glasglocken zur Verwendung.

Die Tabelle ist sehr aufschlußreich. Wir sehen den unwesentlichen Einfluß der Wände bei großen Räumen, der sich bei kleiner werdenden Räumen aber in stets zunehmendem Maße bemerkbar macht. Den belanglosen Einfluß der Decke bei direkter Beleuchtung sehen wir sehr kraß bei b und d, wo bei gleichbleibendem Reflexionsfaktor der Wände jener der Decke 70 vH bzw. nur 30 vH beträgt.

Geschlossene, streuende Beleuchtungskörper (halb-indirektes Licht) geben einen großen Teil des Lichtes an Decken und Wände ab, was in dem allgemein tiefer liegenden Wert der relativen Intensität gegenüber jener bei direktem Licht deutlich erkennbar ist; der relative Wert der Beleuchtung auf der Arbeitsfläche ist geringer; f, g und h zeigen den Einfluß des Reflexionswertes der Wände, g und i, oder h und j jenen der Decke.

Zusammenfassend können wir an Hand der Tab. 17 folgendes behaupten:

1. In kleinen oder engen Räumen ist bei direkter Beleuchtung der Einfluß der Wände nennenswert.

2. Bei halb-indirekter Beleuchtung ist besonders in kleinen und mittleren Räumen der große Einfluß der Wände und auch der Decke zu beachten.

3. Bei ganz indirekter Beleuchtung ist der Einfluß der Wände, besonders aber jener der Decke sehr groß.

Diese Tabelle vermittelt uns also eine recht gute Vorstellung über den Beleuchtungswert der Farbe.

Tabelle 17 zeigt die relativen FK auf den Arbeitsflächen und zwar bei einer bestimmten Anzahl von Lampen 3 verschiedener Beleuchtungssysteme bei verschiedenen Reflexionsfaktoren der Wände und Decken und in 3 verschieden großen Räumen.

Beleuchtungssystem und Reflexionsfaktor der Decke und der Wände	Relative Fuß-Kerzen auf der Arbeitsfläche		
	Kl. Raum 10×30 Fuß	Mittl. Raum 20×50 Fuß	Groß. Raum 100×100 Fuß
Direktes Beleuchtungssystem:			
a) Decke (70), Wände (50)	50	90	100
b) „ (70), „ (30)	42	86	97
c) „ (70), „ (10)	35	81	94
d) „ (30), „ (30)	40	84	94
e) „ (30), „ (10)	35	81	91
Halbindirektes System (geschlossene streuende Glasarmaturen):			
f) Decke (70), Wände (50)	32	67	80
g) „ (70), „ (30)	25	59	74
h) „ (70), „ (10)	20	54	68
i) „ (30), „ (30)	20	49	58
j) „ (30), „ (10)	17	45	55
Indirektes Beleuchtungssystem:			
k) Decke (70), Wände (50)	23	52	65
l) „ (70), „ (30)	19	46	60
m) „ (70), „ (10)	16	42	55
n) „ (30), „ (30)	10	25	32
o) „ (30), „ (10)	9	23	29

Reflexionseigenschaften von Flächen.

In Abb. 52 ist *I* der einfallende und *R* der reflektierte Lichtstrahl. a zeigt uns die gewöhnliche oder Spiegelreflexion, wo der Reflexionswinkel *R* dem Einfallswinkel *I* gleich ist, was sich durch gut polierte Metalle oder gefirnißte Flächen erreichen läßt. Eine stark glänzende, gefirnißte schwarze Fläche stellt einen sehr guten Spiegel dar. Für die Beleuchtung sind solche Spiegel unerwünscht, sie reflektieren Bilder der Lichtquelle und rufen Blendung mit allen ihren Nachwirkungen, wie z. B. visuelles Unbehagen, Augenermüdung und verminderte Sehfähigkeit, hervor. Polierte Schreibtischflächen, Wände, Decken und sonst polierte Flächen sind derartige Blendungsquellen.

Matte, glänzende Farben nähern sich sehr erheblich der völligen Reflexion (b), obwohl sie nicht nur streuend reflektieren, sondern auch durch die eigene, gewöhnliche Reflexion eine ausbreitende Reflexion (c) herbeiführen. In einer mit Firnis polierten oder mit Email überzogenen Fläche können wir uns eine Kombination von a und b vorstellen, d. h. wir haben eine gewöhnliche Reflexion, die mit einer streuenden Reflexion überlagert ist. Demonstrieren können wir ein solches Beispiel durch eine dünne Glasplatte, die auf ein weißes Löschpapier gelegt ist.

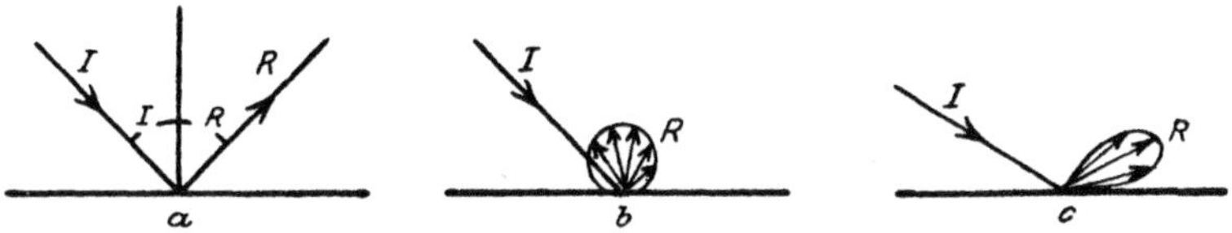

Abb. 52. Allgemeine Reflexionseigenschaften der Flächen: a) Gewöhnliche oder Spiegelreflexion; b) Völlig streuende Reflexion; c) Ausbreitende Reflexion.

Metallische Farben, wie z. B. Aluminiumfarbe geben eine typische ausbreitende Reflexion (s. Abb. 52c).

Die Verbindung gewöhnlicher und streuender Reflexion gibt es sehr oft. Im Diagramm der Abb. 53 sind einige interessante Fälle nach dieser Richtung hin festgehalten. Die Werte für gewöhnliche oder Spiegelreflexion gelten für lotrecht auffallende Strahlen (wie wir in Abb. 10 gesehen haben, erhöht sich der spiegelnde Reflexionsfaktor mit dem Einfallwinkel). Die von einer hochpolierten Fläche reflektierte Lichtmenge ist unabhängig von der streuenden Reflexion der unterhalb dieser durchsichtigen Politur liegenden farbigen Fläche. Auf der Abszissenachse des Diagramms finden wir nur streuende Reflexion, und zwar liegt vollkommenes (theoretisches) Schwarz im Nullpunkt und völliges (theoretisches) Weiß am Ende der Abszissenachse. Das im Handel vorkommende matte Schwarz liegt bei *B*, ein mattes Weiß bei *D*, *E* und *H*. *A* ist eine glänzende schwarze Farbe, die spiegelnd etwa 4 vH und streuend ebenfalls etwa 4 vH reflektiert. *C* zeigt ein poliertes Grau, das streuend ca. 50 vH reflektiert. Die hochpolierten

Metalle liegen in der Ordinatenachse mit dem üblichen Silberspiegel bei *K*. Ein vollkommener Spiegel würde am Ende der Ordinatenachse liegen; Flächen mit einer völligen Reflexion, die also das gesamte einfallende Licht reflektieren, müssen je nach

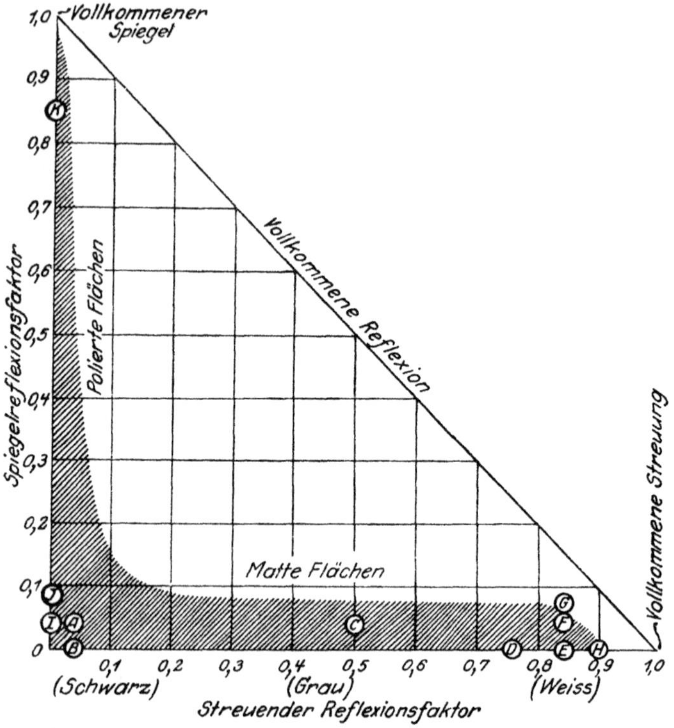

Abb. 53 zeigt den Grad der gewöhnlichen und streuenden Reflexion verschiedener Flächen, die eine Kombination dieser beiden Reflexionsarten darstellen. Die gewöhnliche Reflexion bezieht sich auf lotrecht einfallendes Licht.

A Glänzende schwarze Farbe
B Matte schwarze Farbe
C Glänzende graue Farbe
D Weißes Löschpapier
E Beste matte weiße Farbe
F Beste glänzende weiße Farbe
G Glasiertes weißes Porzellan
H Puder (Zinkoxyd)
I Eine Glas- oder Wasserflache
J Beide Flächen eines dünnen Glases
K Poliertes Silber

Prozentsatz der spiegelnden und streuenden Reflexion auf der Diagonale zu finden sein. Die Flächen mit einer gewöhnlich in der Praxis vorkommenden Reflexion liegen im schraffierten Teil des Diagramms. Die fast einzige Ausnahme hiervon sind die verhältnismäßig selten vorkommenden Flächen mit ausbreitender Reflexion (z. B. metallische Farben).

Reflexionsfaktoren.

Die absolut genaue Messung des Reflexionsfaktors ist sehr schwierig, da im allgemeinen das gesamte einfallende und das gesamte reflektierte Licht durch irgendein integrierendes Verfahren gemessen werden muß. In dem besonderen Fall einer völlig streuenden farblosen Fläche kann man ihre Helligkeit an Hand einer normalen, streuenden Fläche mit bekanntem Reflexionsfaktor bei gleichbleibender Beleuchtung bestimmen. Als eine solche Vergleichsnorm kann ein Block von kohlensaurem Magnesium mit praktischer Genauigkeit angenommen werden; der Reflexionsfaktor beträgt bei sauberer Fläche und reinem Material ca. 98 vH.

Hochgradig weiße, im Handel vorkommende Farben besitzen Reflexionsfaktoren zwischen 75 und 80 vH, obwohl die meisten weißen Farben nur 70—75 vH reflektieren; man findet auch solche mit einem Reflexionsfaktor von mehr als 80 vH; 85 vH sind bei Farben selten. Es sei darauf aufmerksam gemacht, daß die im Handel vorkommenden weißen Farben weit mehr in ihren Reflexionsfaktoren abweichen, als vielleicht angenommen wird, und doch ist z. B. ein Unterschied von 80 auf 70 vH ganz wesentlich, besonders dort, wo bei einer Beleuchtungsanlage eine bedeutende Menge von Licht solche weißen Flächen trifft.

Der Reflexionsfaktor von Farben ändert sich, und zwar auch dann, wenn sie an dunklen sauberen Orten aufbewahrt werden; so verliert z. B. weiße Farbe nach etwa einem Jahr ca. 10 vH ihres Reflexionsfaktors. Durch Verblassen der Farben kann ihr Reflexionsfaktor etwas steigen, doch ist das praktisch nur von geringem Wert, da eine Verminderung durch Staub und Schmutz weit rascher vor sich geht. Wie schon gesagt, ist die Bestimmung des Reflexionsfaktors farbiger Flächen sehr schwierig, um so mehr, da auch Schwierigkeiten der Farbenphotometrie hinzukommen. Auch sind die in Pulverform getrockneten Pigmente, wie sie zur Farbherstellung verwendet werden, in bezug auf ihren Reflexionsfaktor keineswegs konstant. Das Erzeugnis ein- und derselben Fabrik ändert sich von Zeit zu Zeit und kann sich wiederum von dem Pigment einer anderen Fabrik völlig unterscheiden. Mit beschränkter Genauigkeit sind in Tab. 18 die Reflektionsfaktoren von Pigmenten in trockener Pulverform angeführt, und zwar in Abhängigkeit vom spektralen Charakter der jeweiligen

Lichtquelle, der für die Reflexion ebenfalls eine Rolle spielt. Sonnen- und Himmelslicht wird von roten, braunen und gelben Farben weniger reflektiert als das gewöhnliche künstliche Licht. Umgekehrt reflektieren grüne und blaue Farben das gelbliche künstliche Licht weniger als weißes Sonnenlicht oder blaues Himmelslicht. Zwecks genauerer Beurteilung sei gesagt, daß die verwendete normale gasgefüllte Wolframlampe etwa 15 Lumen pro Watt hatte bei einer Fadentemperatur von etwa 2780° Kelvin. Die Wolfram-(Vakuum-)Lampe hatte etwa 8 Lumen pro Watt bei einer Fadentemperatur von 2375° Kelvin. Das flammengetönte Licht entsprach dem Licht einer Kerzenflamme, und zwar ist es jenes Licht, das von einer mit geringerer Wattzahl arbeitenden Wolframlampe (Temperatur etwa 2000° Kelvin) erzeugt werden kann.

Tabelle 18. Prozentuale Reflexionsfaktoren üblicher Farbpigmente in trockener pulverisierter Form.

	Blauer Himmel	Mittagssonne	Wolfram-(Tagesl.) Lampe	Wolfram-(Gasgef.) Lampe	Wolfram-(Vak.) Lampe	Flammengetöntes Licht
Amerik. Scharlachrot	11,7	13,7	14,8	16,9	17,7	20,1
Venezianisches Rot .	9,5	10,6	11,3	12,5	13,1	14,2
Toskanisches Rot . .	10,1	10,7	11,1	11,8	12,0	12,8
Indisch-Rot	9,2	9,9	10,3	11,0	11,2	12,0
Gebrannte Siena . .	9,3	10,6	11,2	12,2	12,7	13,5
Rohe Siena	30,3	32,6	34,0	35,7	36,6	38,0
Goldocker	54,8	58,1	60,0	62,3	63,4	65,2
Chromgelbocker . .	28,9	33,0	35,2	38,7	40,4	43,5
Ockergelb	46,0	48,8	50,5	52,5	53,4	55,0
Chromgelb (Mittel-) .	49,6	54,5	57,7	61,3	63,0	66,0
„ (Hell-) . .	70,0	76,5	78,8	81,1	82,0	83,9
Chromgrün (Hell-) .	19,0	19,4	18,5	17,8	17,5	17,3
„ (Mittel-).	14,2	13,6	13,2	12,5	12,0	11,6
Kobaltblau	18,3	16,2	15,2	14,1	13,0	12,9
Ultramarin	9,5	7,4	6,9	6,1	5,7	5,2

Für den praktischen Gebrauch ist es das beste, zu den Ausführungen über die Reflexionsfaktoren der Farben gleich das entsprechende Farbmuster beizulegen*).

*) Das amerikanische Original enthält eine Farbtafel, die E. A. Anderson zum erstenmal in einer sehr guten Broschüre veröffentlicht hat. Die Farbkarte Tafel III wurde in gekürztem Umfang nach Farbmustern der Firma Baumann, Aue i. S., angenähert zusammengestellt. D. Bearb.

Tafel III.

Reflexionsfaktoren farbiger Flächen

(Wände und Decken) haben sowohl auf die natürliche als auch auf die künstliche Beleuchtung einen bedeutenden Einfluß und sind für die Bestimmung des Nutzkoeffizienten (Verhältnis des an die Arbeit abgegebenen Lichtes zum Gesamtlampenlicht in Innenräumen) besonders wertvoll. Der Reflektionsfaktor irgendeiner farbigen Fläche kann annähernd durch einen Vergleich mit diesen Mustern ermittelt werden.

Nr. 1 78 vH

Nr. 2 25 vH

Nr. 3 70 vH

Nr. 4 60 vH

Nr. 5 70 vH

Nr. 6 28 vH

Nr. 7 16 vH

Nr. 8 57 vH

Nr. 9 45 vH

Nr. 10 35 vH

Nr. 11 17 vH

Nr. 12 45 vH

Nr. 13 42 vH

Nr. 14 16 vH

Luckiesh-Lellek, Licht. Verlag von Julius Springer in Berlin.

Das von einer farbigen Fläche reflektierte Licht ist bis zu einem gewissen Grad durch die Farbe dieser Fläche gesättigt[19], was sich insbesondere bei stark indirektem Licht von Decken bemerkbar macht, wo dann das Licht einen der Decke entsprechenden Farbengrad erhält. Bewußt läßt sich dieser Umstand vorteilhaft ausnutzen, er kann aber in solchen Fällen vielfach störend sein, wo das Licht durch benachbarte farbige Außenflächen (Wände und Decken der Nebenhäuser) bestimmte Tönungen erhält.

Farben für Wände und Decken.

Für Arbeitsräume in Fabriken, Bureaus usw. gibt es im allgemeinen zufriedenstellende Farbschemata. Die weiße Farbe ist für Decken und den oberen Teil der Wände in Fabriken am besten geeignet, für den unteren Teil der Wände ist ein graues Grün, ein Olivengrün oder dunkles Chamois das beste. Ein gleicher, hellerer Farbengrad ist auch für den Anstrich bestimmter Einrichtungsstücke zu empfehlen, da das den Gesamteindruck des Raumes hebt. Es besteht der Brauch, die verschiedenen Rohrleitungssysteme in verschiedenen Farben anzustreichen; dieser Futurismus ist absolut unnötig, es genügt, wenn die einzelnen Ventile oder Eckstücke durch besondere Farben gekennzeichnet werden. Oft findet man Heizkörper und Rohre in schwarzer Farbe gehalten, obwohl zur Verwendung dieser drückend wirkenden Farbe auch keinerlei Berechtigung vorliegt. Der Verfasser vermeidet überall dort, wo es angängig ist, die Verwendung von reinem Weiß, das nur zu oft hart, kalt und wenig einladend wirkt; durch eine schwache Beimischung von Creme kann man diese Wirkung stark abschwächen. In Krankenhäusern, Badestuben und anderen Innenräumen würde statt des aufdringlichen Weiß eine leichte Elfenbeintönung viel angenehmer wirken.

Für die Decken der Bureaus hat sich ein leicht gelblich getöntes Weiß, also ein Creme, zur Zufriedenheit bewährt. Wir können annehmen, daß der Reflexionsfaktor der Wände, um angenehm auf das Auge zu wirken, nicht mehr als 50 vH betragen soll; der beste und sicherste Bereich liegt zwischen 35 und 50 vH. Mit einer durch Grau stark gedämpften Chamoisfarbe wurden sehr gute Ergebnisse erzielt. Für fast von der gleichen Wirkung hält der Verfasser ein mittleres Graugrün. In hohen Räumen ist es wünschenswert, den oberen Teil der Wände in der Farbe der Decke zu halten, was einen geeigneten Fries für die Decke ergibt.

In Räumen, die nach Norden liegen, sollten statt Graugrün die Chamois- oder andere warme Farben benutzt werden. Dessenungeachtet sind diese Farben auch für südlich gelegene Räume geeignet, obwohl für solche Räume eine kühlere Farbe, wie z. B. Graugrün, bevorzugt wird. Chamois ist dem Graugrün allgemein überlegen und man wird es in Zweifelsfällen stets bevorzugen.

Das Farbenproblem in Fabriken hat auch eine psychologische Seite. Für den kalten Winter hätte ein Chamois gewisse Vorteile; für die Sommermonate sind kühlere Farben, wie Graugrün, unzweifelhaft vorzuziehen. Da aber nur eine Farbe in Frage kommen kann, erscheint Graugrün zweckmäßig. Im allgemeinen soll es dem Arbeiter nicht schwer fallen, sich in der Fabrik „warm“ zu fühlen. Da sich aber mit der Arbeit noch immer der Gedanke des Schweißes verbindet, scheinen kühlere Farben im allgemeinen wünschenswerter zu sein als die gelblichen.

Farbanstrich der Maschinen.

Das gesamte Industriezeitalter findet den Fabrikanten in dem Bestreben, die Maschinen, Werkzeuge und anderen Werkvorrichtungen entweder schwarz oder mit ähnlichen dunklen Farben anzustreichen. Schon in den Anfängen der Industrie erhöhte dieser Anstrich in den schlecht beleuchteten und unordentlich gehaltenen Fabriken den Eindruck der Ungemütlichkeit, aber auch in unseren modernen, gut beleuchteten und instandgehaltenen Industrien verfehlen die dunklen Werkzeugmaschinen nicht ihre deprimierende Wirkung. Man kann den Anstrich ohne weiteres heller halten, ohne daß gleich jeder Fingerabdruck oder Schmutzfleck zutage treten muß, aber ganz abgesehen hiervon, dürfen wir den Beleuchtungswert der Farbe nicht unberücksichtigt lassen. Ein weißer Anstrich der Maschinen und aller übrigen Einrichtungen wäre unerträglich; durch eine gedämpfte Farbe mit einem Reflexionsfaktor von etwa 20—25 vH würde aber durch Reflexion eine ziemliche Lichterhöhung erzielbar sein. Von Wichtigkeit ist die Wahl der Farbe in der nächsten Umgebung des Arbeitsvorganges. Die Planscheibe einer Drehbank, gewisse Flächen einer Fräsmaschine, die Umgebung der Matrizen einer Presse und viele andere Flächen können in einem waschbaren Weiß oder Hellgrau gehalten sein. Durch die Reflexion würde viel Licht auf das Arbeitsstück und in die umgebenden Schatten geworfen werden. Wir sehen viele Möglichkeiten, um den Beleuchtungswert der Farbe auszunutzen. Bestimmte Regeln lassen sich hierfür nicht geben, es müssen eben alle für einen gegebenen Fall maßgebenden Umstände in Betracht gezogen werden.

Die Blendung von einer Lichtquelle oder von ihren reflektierten Bildern rührt zum Teil von großen Helligkeitskontrasten her. Glanzlichter auf farbigen Flächen mit geringen Reflexionsfaktoren blenden mehr als solche mit hohen Reflexionsfaktoren; die Helligkeit der spiegelnden Reflexion ist eine Erscheinung der Flächenreflexion und wird durch die streuende Reflexion nicht beeinflußt. Dadurch erklären sich die stark bemerkbaren Glanzlichter polierter, dunkler Flächen gegenüber dem weit geringer bemerkbaren Licht auf polierten hellen Flächen — ein Vorteil hell gestrichener Flächen.

Reflexion der unsichtbaren Strahlung.

Die Reflexionseigenschaften der Farben bei ultravioletten und ultraroten Strahlen haben vom Standpunkt der Beleuchtung keine unmittelbare Bedeutung. Man weiß, daß Zinkoxyde im Lichtbild dunkler erscheinen als andere weiße Pigmente. Das erklärt sich dadurch, daß Zinkoxyde ultraviolette Strahlen von geringerer Wellenlänge als etwa 366 mμ absorbieren, was auch Pfund durch seine Versuche bestätigt.

In der ultraroten Region sind die Farben in ihren Reflexionseigenschaften ebenfalls verschieden; es bestehen bis jetzt wenig systematische Untersuchungen auf diesem Gebiete. Für Gegenden mit heißem Klima ist der Farbanstrich von Außenflächen von Bedeutung. Ein weißer Anstrich, der viel Sonnenlicht reflektiert, ist im allgemeinen besser als ein dunkler, der viel von der einfallenden Energie absorbiert. Diese Energieabsorption kann man leicht feststellen, indem man z. B. verschiedenfarbige Behälter von gleicher Form und gleicher Bauart der gleichen Strahlung aussetzt und ihre Temperaturzunahme mißt. Sogar bei verschiedenfarbig gestrichenen Metallstreifen, die man bei Sonnenschein in den Schnee legt, wird man feststellen, daß diese Streifen je nach ihrer Temperaturerhöhung verschieden rasch im Schnee einsinken. Mit diesem einfachen Versuch kann man sich zumindest relative Vergleichswerte schaffen.

XIII. Die wirkungsvollste Lichtintensität.

Wir haben in den früheren Kapiteln über den Einfluß der Beleuchtung auf unsere Tätigkeit bzw. auf das Sehen gesprochen und wollen nun versuchen, die für unsere Arbeit bzw. für das Sehen günstigste Lichtintensität in mehr oder minder genauem Grade festzulegen. Dabei können wir uns in erster Linie mit der Frage einer ausreichenden, also blendungsfreien Beleuchtung und weniger mit der Frage der geeigneten Beleuchtung befassen. Es ist Tatsache, daß Blendung und verminderte Sichtbarkeit bei geringeren Lichtmengen schwerer fest- und abzustellen sind als bei hohen. Es wurde schon verschiedentlich gesagt, daß für unsere Raumbeleuchtung weit höhere Intensitäten wünschenswert wären, als wir sie heute haben. Aus Erfahrung wissen wir, daß sich bei direkter Mittagssonne schwarzer Druck auf weißem Papier nicht sehr angenehm liest, obwohl wir Einzelheiten auf Flächen mit geringeren Reflexionsfaktoren ohne Unbehagen unterscheiden können. Aus all dem sehen wir, daß das erwünschte Helligkeitsniveau zwischen den jetzt üblichen einigen FK unserer Umgebungsbeleuchtung und den 10000 FK eines Hochsommermittags zu suchen ist.

Fuß-Kerzen, Reflexionsfaktoren und Helligkeit.

Als Maßstab für die unmittelbare Beleuchtung dienen uns im allgemeinen die FK, während uns für das Sehen mehr die Helligkeit interessiert. Für die Sehtätigkeit haben wir zunächst mit dem Lichtreiz, also mit der Helligkeit zu rechnen, unabhängig von den FK und den Reflexionsfaktoren, die für die Beleuchtung als solche in Frage kommen. Um der Sehtätigkeit entsprechend Rechnung zu tragen, muß sich der Beleuchtungsfachmann selbstverständlich aber auch die in Frage kommenden Helligkeiten veranschaulichen können.

Wenn wir ein wenig überlegen, erkennen wir, daß die Intensität Ursache und die Helligkeit Wirkung ist; das Bindeglied zwischen beiden ist der streuende Reflexionsfaktor der beleuchteten Fläche. Es ist üblich, anstatt von der „streuenden oder diffusen" Reflexion abgekürzt nur von der Reflexion zu sprechen, da die Spiegelreflexion nur für polierte oder glänzende Flächen in Frage kommt, und die auf diese Spiegelreflexion zurückzuführende Helligkeit nicht von der Intensität, sondern von der Helligkeit der Lichtquelle abhängt, wie das im Zusammenhang mit den Abb. 52 und 53 besonders behandelt wurde.

Der Verfasser hat zwischen Helligkeit und Intensität eine Beziehung ausgearbeitet, um viele der in früheren Kapiteln gemachten Ausführungen in FK und streuenden Reflexionsfaktoren darzustellen. Praktisch kann sogenanntes Weiß durch einen 80 proz. Reflexionsfaktor gut veranschaulicht werden. Wenn wir das für die untere Skala vieler in den Kap. VIII und IX gegebenen Abbildungen berücksichtigen, werden wir uns die gemachten Angaben vor allem mit Bezug auf die Helligkeit sehr schnell veranschaulichen können. Der Einfachheit halber zeigt die obere Skala Fuß-Kerzen bei einer dunkelgrauen Fläche mit 8 vH Reflexionsfaktor. Wir sehen, daß diese Skala tatsächlich auch Helligkeiten darstellt, obwohl ihr Maßstab in FK gehalten ist. Für den Zweck des Buches hat sich diese Beziehung als sehr praktisch erwiesen. Einfacher wäre es, eine Helligkeitseinheit zu benutzen, doch würden sich viele der Zusammenhänge dann nicht so leicht veranschaulichen lassen.

Abb. 54 zeigt uns die Beziehungen zwischen Helligkeit, Reflexionsfaktor und Intensität. Auf der linken Skala finden wir die FK, die zur Beleuchtung von Flächen mit verschiedenen streuenden Reflexionsfaktoren (untere Skala) erforderlich sind, um die Helligkeit eines „Millilambert" hervorzurufen. Um also z. B. für eine Fläche mit 20 vH Reflexionsfaktor die Helligkeit von 1 Millilambert zu erzielen, finden wir aus der Kurve den korrespondierenden Wert von 4,64 FK als die erforderliche Beleuchtungsintensität. Für 80 vH Reflexionsfaktor beträgt sie nur $^1/_4$ des Wertes, also 1,16 FK; für einen 10 proz. Reflexionsfaktor verachtfacht sich dieser Wert auf 9,28 FK usw. Um den Ablesebereich des Diagrammes zu erweitern, ist die obere Skala für einen Reflexionsfaktor von 0—10 vH beziffert, und die mit der gleichen Kurve korrespondierenden Werte in FK lesen wir auf der rechten Skala ab. Z. B. bei einem Reflexionsfaktor von nur 2 vH ist die zur Erzielung der Helligkeit von 1 Millilambert erforderliche Intensität 46,4 FK usw.

Wir sehen aus Abb. 54 besonders deutlich den erforderlichen sehr großen Bereich an FK, um gewöhnliche Flächen mit verschiedenen Reflektionsfaktoren gleich hell erscheinen zu lassen.

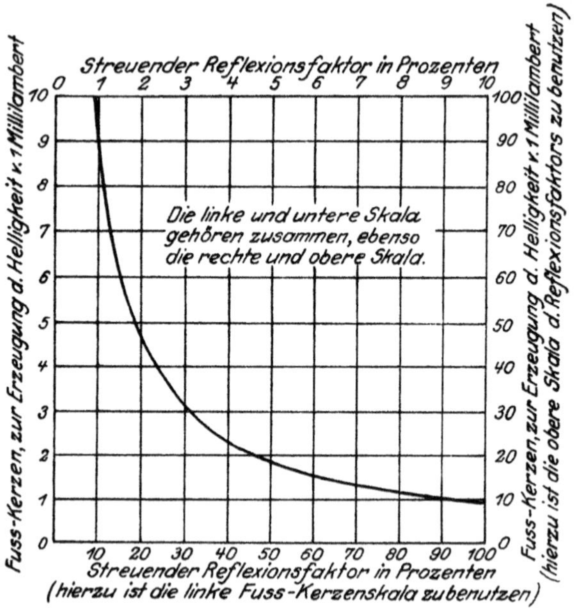

Abb. 54 zeigt die Beleuchtungsintensitäten in Fußkerzen für Flächen von verschiedenen streuenden Reflexionsfaktoren, die nötig sind, um die Helligkeit eines Millilamberts zu erzeugen. Die linke Skala und untere Skala ist für einen Reflexionsfaktor größer als 10 vH zu benutzen; für kleinere Werte gilt die obere und rechte Skala.

Sehr oft wird gerade dieser Umstand nicht genügend gewürdigt; bei Sehversuchen z. B., die gewöhnlich mit einem Hintergrund von üblicher weißer Farbe gemacht werden, sind die Ermittlungen als Funktion der FK gegeben, ohne daß hinzugefügt wird, daß sich diese FK auf einen Hintergrund mit sehr hohen Reflexionsfaktoren beziehen. Wie schon wiederholt auseinandergesetzt wurde, muß die Intensität im Verhältnis zur Abnahme des Reflexionsfaktors gesteigert werden. Die industrielle, ja fast jede Tätigkeit spielt sich in einer Umgebung ab, wo der Reflexionsfaktor der umgebenden Wände oft viel geringer ist als beim sogenannten Weiß; andererseits besitzen auch die betrachteten Gegenstände einen viel höheren Reflexionsfaktor als das sogenannte Schwarz; oft sind wir auch gezwungen, in den Schatten zu schauen, d. h. Einzelheiten und Farbhelligkeitsunterschiede zu erkennen, die unvollkommen beleuchtet sind. Wir müssen also alle Angaben über Intensität, die mit Schwarz auf Weiß bei voller Beleuchtung ermittelt wurden, mit einem großen Sicherheitskoeffizienten multiplizieren, um sie auf unsere übliche alltägliche Sehtätigkeit anwenden zu können.

Zwischen Helligkeit, Reflexionsfaktor und Beleuchtungsintensität bestehen folgende Beziehungen:

$$H = CIR.$$

Es bedeutet:

H = Helligkeit,
C = Konstante,
I = Intensität der Beleuchtung,
R = Reflexionsfaktor (streuend).

Wird I in FK eingesetzt, so ist die Helligkeit in Millilamberts:

$$H = 1{,}076\ IR$$

oder in Kerzen pro Quadratzoll:

$$H = 0{,}00221\ IR$$

Z. B.: Die Helligkeit einer mit 50 FK streuend beleuchteten Fläche mit einem Reflexionsfaktor von 0,8, die also 80 vH des einfallenden Lichtes reflektiert, würde betragen:

$$H = 1{,}076 \times 50 \times 0{,}8 = 43{,}04 \text{ Millilamberts}$$

oder

$$H = 0{,}00221 \times 50 \times 0{,}8 = 0{,}0884 \text{ Kerzen}$$

pro Quadratzoll.

Graphische Darstellung der Funktionen, die die Sehvorgänge beeinflussen*).

Es wird aufgefallen sein, daß die verschiedenen Kurven (Abb. 23, 26, 27, 40, 42 u. 45), die uns die Beziehung zwischen Helligkeit (Intensität × Reflexionsfaktor) und visueller Tätig-

*) Vgl. hierzu und auch zu den anderen einschlägigen Ausführungen das Weber-Fechnersche Gesetz! D. Bearb.

keit, z. B. Sehschärfe, Empfindlichkeit für Helligkeitsunterschiede, Geschwindigkeit der Unterscheidung usw. darstellen, eine gewisse Ähnlichkeit besitzen. Sie entsprechen angenähert einer Funktion

$$y = \log x$$

Diese logarithmische Darstellung ermöglicht es, große Helligkeiten und Intensitätsbereiche in einem gut lesbaren Diagramm zu erfassen; so kann z. B. der große Bereich der Empfindlichkeit unseres Sehvorganges in dieser Zusammendrängung sehr gut dargestellt werden, wie es in den Abb. 22 und 30 der Fall ist; bei den

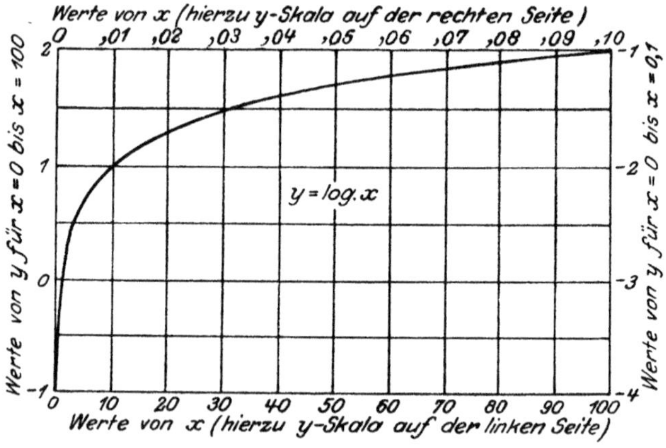

Abb. 55. Die Gleichung der Kurve ist $y = \log x$, wobei y durch die vertikale Skala auf der linken für die zugehörigen Werte von x auf der unteren Skala für einen bestimmten Wertbereich dargestellt wird (von $x = 0$ bis $x = 100$); für einen zweiten Wertbereich ($x = 0$ bis $x = 0{,}1$) gehören die rechte und obere Skala zusammen.

anderen Abbildungen genügte die normale Darstellung im allgemeinen für den Bereich, der uns jeweilig interessierte.

Abb. 55 zeigt uns eine solche logarithmische Funktion $y = \log x$ für zwei Wertskalen. Zur linken y-Skala gehören die x-Werte der unteren Skala von 1—100, die rechte y-Skala hat ihre zugehörigen x-Werte auf der oberen Skala, und zwar von 0—0,1. Wir können uns nun statt der linken Skala eine visuelle Funktion und statt der unteren Skala die Beleuchtungsintensität in FK denken und können sagen, daß eine einigermaßen leistungsfähige Sehtätigkeit etwas über 20 FK erfordern würde; dieser Wert liegt bereits oberhalb des Knies der Kurve und es würde eine weitere und bedeutende Steigerung der Intensität keinen nennenswerten Gewinn für die Sehtätigkeit bringen.

Denken wir uns nun an Stelle der linken Skala die rechte gesetzt und statt der unteren die obere, so können wir folgern, daß für eine einigermaßen wirkungsvolle Betätigung des Sehsinnes die Intensität größer sein sollte als 0,02 FK. Wir sehen, daß wir aus einer solchen Kurve, unter Anwendung verschiedener entsprechender Skalen mehrere Schlußfolgerungen unter verschiedenen Gesichtspunkten ziehen können; umgekehrt können wir aber auch erkennen, welche groben Fehler wir machen, wenn wir alle unsere Schlüsse nur aus der Wertskala einer graphischen Darstellung ziehen.

Der kritische Wert für unsere Betrachtungen liegt oberhalb des Knies der Kurve, wo eine große Steigerung des einen Wertes nur eine ganz mäßige Erhöhung des anderen Wertes zur Folge hat.

Für die Beziehungen der verschiedenen Produktionstätigkeit zur künstlichen Beleuchtung interessiert uns vor allem der Intensitätsbereich zwischen 1 und 1000 FK., oder, auf die allgemein in den geschlossenen Räumen verwendete Lichtintensität eingeschränkt, ein Bereich von etwa 100 FK. Das trifft bei den Abb. 23, 24, 26, 27, 35, 37, 38, 40, 42, 43, 45 u. a. m. zu, so daß wir diese logarithmischen Kurven für unsere Schlußfolgerungen mit Rücksicht auf die jeweils erwünschte Lichtintensität sehr gut benutzen können.

Zusammenfassung der Angaben über Beleuchtungsintensität und Sehen.

Wir wollen in kurzer Zusammenfassung einmal all das betrachten, was für das Minimum, bzw. für einen Bereich der Beleuchtungsintensität, der für das beste Sehen in Frage kommt, bestimmend ist. Es ist zu beachten, daß alle Ergebnisse durch Laboratoriumsuntersuchungen festgestellt wurden, also im Vergleich zu den praktischen Arbeitsbedingungen unter idealen Verhältnissen. Für die Praxis ist also ein entsprechender Sicherheitszuschlag zu nehmen, über den noch gesprochen werden soll.

In folgendem sei mit möglichstem Konservatismus jenes Mindestmaß der Beleuchtungsintensität geschätzt, das für das Auge noch zulässig ist, um annähernd die höchste Leistungsfähigkeit zu erreichen, — im Bereich der hohen Beleuchtungsintensitäten ist der günstigste Intensitätsbereich ebenfalls genannt. Die Werte sind sowohl in FK als auch in Millilambert gegeben, und zwar für Flächen mit einem Reflexionsfaktor von 80 vH bzw. 8 vH.

Tab. 19 faßt vor allem die Angaben der Kap. VIII und IX zusammen. Es liegt indessen noch nicht genügend Material auf Grund von möglichst umfangreichen Untersuchungen vor; in den meisten Fällen ist daher nur die untere Grenze der Intensität oder Helligkeit gegeben, bei der eine angemessene Leistungsfähigkeit des Auges erzielt werden kann. In manchen Fällen dürfte auf Grund der bisherigen Untersuchungen diese Leistungsfähigkeit mit steigender Helligkeit trotzdem noch wesentlich zunehmen.

Am Fuße der Tabelle sind einige Daten aus der Arbeit von P. G. Nutting[44] „Wirkung von Helligkeit und Kontrast beim Sehen“ entnommen; er spricht von einem „Unterscheidungsfaktor“, womit er die Helligkeit, geteilt durch den gerade noch wahrnehmbaren Helligkeitsunterschied in einem Helligkeitsfeld, meint. Z. B.: In einem großen Feld von bestimmter Helligkeit werden wir einen etwas dunkleren oder helleren Teil oder Fleck unterscheiden können; der für die Wahrnehmung des Fleckes notwendige Helligkeitsunterschied hängt von der Helligkeit des Hintergrundes ab. Der Unterscheidungsfaktor von Nutting, den er für einen großen Bereich von Helligkeiten bestimmt hat, wird ein Maximum innerhalb des Bereiches von 10—100 Millilamberts sein, also eine Helligkeit, die durch 12—115 FK auf einer Fläche mit einem Reflexionsfaktor von 80 vH oder von 115—1150 FK bei einem Reflexionsfaktor von 8 vH erzeugt wird.

Tabelle 19. Daten über den Helligkeitsbereich für ein wirkungsvolles Sehen. Diese Daten sind zum größten Teil den zitierten Abbildungen entnommen.

	Millilamberts	Fuß-Kerzen	
		80 vH R	8 vH R
	(a)	(b)	(c)
Abb. 23. Die beste Region für Sensibilität bei Helligkeitsunterschieden liegt oberhalb	9	10	100
Abb. 26. Die beste Region zur Unterscheidung feiner „schwarzer“ Einzelheiten auf hellem Hintergrund liegt oberhalb	9	10	100

Tabelle 19 (Fortsetzung).

	Millilamberts (a)	Fuß-Kerzen 80 vH R (b)	Fuß-Kerzen 8 vH R (c)
Abb. 37. Die beste Region für schnelle Unterscheidung eines „schwarzen" internationalen Prüfobjektes auf einem helleren Hintergrund liegt oberhalb	10	12	120
Abb. 40. Die beste Region für schnelle Unterscheidung eines kleinen „schwarzen" Punktes auf hellerem Hintergrund liegt oberhalb	87	100	1000
Abb. 42. Die beste Region für schnelles Lesen von „schwarzem" Druck auf hellerem Hintergrund liegt oberhalb	17	20	200
Abb. 45. Die beste Region für Unterscheidung von „schwarzen" Stäben auf einem helleren Hintergrund liegt oberhalb	90	100	1000
Abb. 45. Die beste Region für Unterscheidung von „schwarzen" Stäben auf hellerem Hintergrund (vorher und nachher wurden Täuschungsbeispiele gegeben) liegt oberhalb	35	40	400
Abb. 57. Das gleiche, aber mit geringerem Kontrast liegt oberhalb	180	200	2000
Abb. 22. Minimaler Helligkeitsunterschied wird wahrgenommen bei	300	350	3500
Nuttings Angaben: die Augenblicksschwelle ist ein minimaler Prozentsatz der Helligkeit des Adaptationsfeldes bei etwa	300	350	3500
Abb. 22. Die beste Region zur Wahrnehmung von Helligkeitsunterschieden ist	9—2600	10—3000	100—30000
Nuttings Angaben: bester Bereich für die Augenblicksschwelle	100—1000	115—1150	1150—11500
Nuttings Angaben: bester Bereich des Unterscheidungsfaktors	10—100	12—115	115—1150

Tabelle 20. Visuelle sensitometrische Daten.

Feldhelligkeit*) in Millilamberts	Helligkeit der Augenblicksschwelle	Helligkeit der Augenblicksschwelle in Hundertteilen der Feldhelligkeit	Minimal wahrnehmbarer Helligkeitsunterschied	Unterscheldungsfaktor nach Nutting H/dH
0,000001	0,00000093	93,0	(1,00)	1,0
0,00001	0,0000042	42,0	(0,66)	1,5
0,0001	0,000019	19,0	0,395	2,5
0,001	0,000087	8,7	0,204	4,5
0,01	0,00039	3,9	0,078	12,8
0,1	0,00175	1,75	0,037	27,0
1,0	0,0082	0,82	0,021	48,2
10,0	0,036	0,36	0,018	57,5
100,0	0,191	0,19	0,017	58,1
1000,0	2,14	0,21	0,024	41,7
10000,0	(232,0)	(2,32)	(0,048)	(20,9)

Die Daten über die Augenblicksschwelle stammen aus der Veröffentlichung von Nutting[44] über die Arbeit von Blanchard und Reeves und von ihm selbst. Ein 60 cm im Quadrat großes Feld von bestimmter Helligkeit wurde aus einer Entfernung von 35 cm betrachtet. Die Helligkeit dieses großen Feldes wurde plötzlich verlöscht und ließ ein kleines Feld von 0,3 × 0,3 cm zurück, dessen Helligkeit vom Augenblick des Verlöschens des großen Feldes so lange verändert wurde, bis die Versuchspersonen den kleinen Fleck wahrnahmen. Dieser Versuch wurde innerhalb eines sehr großen Helligkeitsbereiches (0,000001—10,000 Millilamberts) durchgeführt und die Augenblicksschwelle (das ist die geringste Helligkeit des kleinen Fleckes von 0,3 × 0,3 cm, die unmittelbar nach dem Verlöschen des großen Feldes wahrgenommen werden konnte) für diesen Gesamtbereich ermittelt. Innerhalb einer Helligkeit von 100—1000 Millilamberts hatte die Augenblicksschwelle eine Größenordnung von 0,2 vH der Feldhelligkeit. Bei Helligkeitswerten unterhalb oder oberhalb dieses Bereiches erhöhte sich dieser Prozentsatz schnell, was für die übliche Sehtätigkeit wichtig ist; es wird auch interessieren, die Unterscheischeidungsgeschwindigkeit für jenes Helligkeitsniveau zu ermitteln, in welchem das Auge sofort den kleinsten Teil jener Helligkeit

*) Um den Helligkeitswert in FK umzusetzen, sind die Millilamberts für einen Reflexionsfaktor von 80 vH mit 1,16 und für einen solchen von 8 vH mit 11,6 zu multiplizieren.

unterscheiden kann, auf die es vorher eingestellt war. Wir werden finden, daß dieses Helligkeitsniveau bei einer Fläche mit einem Reflexionsfaktor von 80 vH dem Wert von 115—1150 FK und bei einem Reflexionsfaktor von 8 vH dem Wert von 1150—11500 FK entspricht.

Diese Daten über die Augenblicksschwelle sind so wichtig, daß wir sie in der Tab. 20 aufgenommen haben, wo sie auch in Prozenten des Helligkeitsfeldes eingesetzt ist. Schließlich sind hier auch die minimal bemerkbaren Helligkeitsunterschiede und der Wert des Unterscheidungsfaktors nach Nutting angeführt. Die eingeklammerten Zahlen sind zweifellos errechnet oder geschätzt worden.

Die beste Intensität der Beleuchtung ohne Rücksicht auf die Kosten.

Soweit als es die bisherigen Untersuchungen gestatten, können wir die untere Grenze der wirkungsvollsten Beleuchtungsintensität festlegen. Die obere Grenze können wir ruhig mit einem Wert ansetzen, der oberhalb jener Intensität liegt, die wir mit der herrschenden künstlichen Beleuchtung erreichen können. Wenn wir auch den wirtschaftlichen Nachweis für die Berechtigung von Intensitäten mit mehreren 100 oder 1000 FK erbringen könnten, so würden wir doch nur äußerst schwer gegen den Konservatismus des Lichtkonsumenten aufkommen. Wir wollen uns trotzdem ein wenig mit der Frage der Beleuchtungsintensität ohne Rücksicht auf die Kosten befassen.

Bei fast allen menschlichen Tätigkeiten werden wir die Notwendigkeit einer Unterscheidung von Helligkeiten finden; mitunter ist hierbei eine besondere Sehschärfe oder die Unterscheidung kleinster Einzelheiten notwendig. Fast überall ist auch eine Farbunterscheidung inbegriffen, obwohl diese Frage in gewissem Sinne mehr zweiten Ranges ist. Es sind verhältnismäßig wenig Flächen völlig farblos, und oft unterstützt die Wahrnehmung von Farbunterschieden die Feststellung der Helligkeitsunterschiede. Farbiger Hintergrund und farbiges Licht können je nach Umständen nützlich oder schädlich sein, doch wollen wir dieses Moment zunächst außerhalb unserer Betrachtung lassen. Unsere Erörterung soll sich auf weißes oder sogenanntes weißes (gelbliches) Licht mit kontinuierlichem Spektrum stützen. Dies wird auch immer das allgemein verwendete Licht sein, und zwar solange, bis wir den Beweis erbracht haben, daß wir nach dieser Richtung hin etwas Besseres als die Natur zu schaffen vermögen.

Wir haben zu Beginn des Kapitels von der logarithmischen Charakteristik der Sehfunktionen gesprochen und auf die erforderliche Vorsicht bei der Ableitung von Schlußfolgerungen aus derartigen Kurven hingewiesen. Schlußfolgerungen, die sich auf den gegebenen Wertbereich beziehen, finden wir in Tab. 19 zusammengestellt, und zwar in Spalte a die unteren Grenzen der Helligkeiten für ein einigermaßen rationelles Sehen und in Spalte b die entsprechenden Intensitäten in FK. Hier sehen wir, daß für eine Fläche mit einem Reflexionsfaktor von 80 vH eine Intensität von 10 FK als untere Grenze angesetzt ist, die nach der Meinung des Verfassers einen wünschenswerten Wert darstellt. Daß die Sehtätigkeit bei erhöhter Intensität besser und wirkungsvoller wird, zeigen uns alle in Tab. 19 zitierten Abbildungen und auch Tab. 20. Als einen sehr bescheidenen Höchstwert können wir ungefähr 100 FK für einen Reflexionsfaktor von 80 vH und etwa 1000 FK für einen solchen von 8 vH annehmen.

Dort, wo ein genügend weiter Versuchsbereich vorhanden war, liegt der beste Intensitätsbereich zwischen 10 und 3000 FK für einen Reflexionsfaktor von 80 vH oder zwischen 100—30000 FK für einen solchen von 8 vH. Auf Grund des Minimums des wahrnehmbaren Helligkeitsunterschiedes und der Augenblicksschwelle ergibt sich auch der Wert für wirkungsvollstes Sehen, und zwar scheint er für einen Reflexionsfaktor von 80 vH bei 350 FK oder für einen solchen von 8 vH bei etwa 3500 FK zu liegen.

Tabelle 21. Zusammenfassung der Werte aus Tabelle 19.

	Fuß-Kerzen	
	80 vH R	8 vH R
Untere Grenze der wünschenswerten Intensitäten	10—100	100—1000
Bereich der wünschenswerten Intensitäten	10—3000	100—30000
Beleuchtungsintensität für das beste Sehen	etwa 350	etwa 3500

Geringe Kontraste verlangen mehr Licht.

Die in diesem Buch behandelten Laboratoriumsversuche wurden zumeist unter Verwendung größerer Kontraste durchgeführt, z. B. schwarze Einzelheiten auf gewöhnlichem weißen Hintergrund. Solche Versuche lassen die Wichtigkeit hoher Lichtintensität nicht genügend erkennen, es haben auch aus diesem Grunde viele der Abbildungen, besonders jene in den

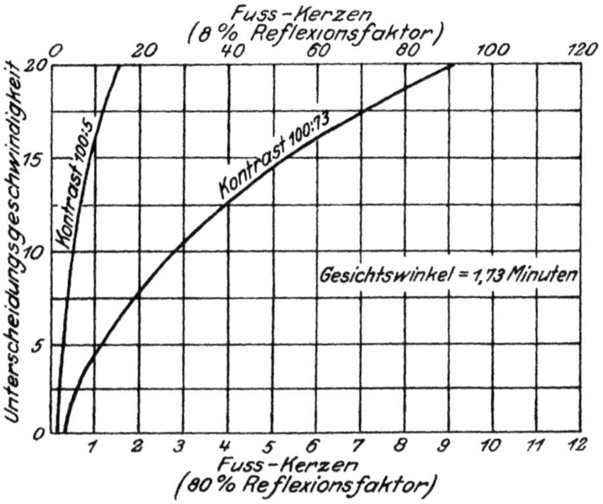

Abb. 56 zeigt den Einfluß der Beleuchtungsintensität (oder der Helligkeit des Hintergrundes) auf die Unterscheidungsgeschwindigkeit bei einem Versuchsgegenstand, der aus Stäben von 3 mm Breite, getrennt durch Intervalle der gleichen Breite besteht und aus einer Entfernung von 19,7 Fuß betrachtet wird. Der Versuchsgegenstand war ähnlich wie *b* in Abb. 44; Täuschungsbeispiele, ähnlich wie *a* und *c* in Abb. 44 wurden vorher und nachher angewendet. Der große Kontrast (100 : 5) bestand aus dem gewöhnlichen „Schwarz“ auf „Weiß“. Der geringe Kontrast (100 : 73) bestand aus hellgrauen Stäben auf „Weiß“. Das Ergebnis stellt den aus Beobachtungen an 21 Versuchspersonen gezogenen Durchschnitt dar.

Kap. VIII und IX zwei Helligkeitsskalen, und zwar für Flächen mit 80 vH bzw. 8 vH Reflexionsfaktor. Die FK-Werte für den 8 vH Reflexionsfaktor sind 10 mal höher als jene beim 80 vH bei gleicher Helligkeit des Hintergrundes. Die einzigen für die Beurteilung der Sehgeschwindigkeit zur Verfügung stehenden Unterlagen bei niedrigeren Kontrasten als das gewöhnliche Schwarz-Weiß geben die Abbildungen 42 und 43 über die Lesegeschwindigkeit und die von Cobb ermittelten Werte in den Abb. 56 und 57. Wir sehen die relativ große Wichtigkeit hoher

Beleuchtungsintensitäten sowohl bei geringen als auch bei großen Kontrasten. Bei diesen Leseversuchen wurden die tatsächlichen Kontraste zwischen Lettern und Hintergrund nicht gemessen.

Die Daten dieser Abbildungen stammen von einem kürzlich von Dr. P. W. Cobb mit 21 Versuchspersonen durchgeführten Versuch mit dem in Abb. 44 geschilderten Test, und zwar für zwei extrem verschiedene Kontraste. In einem Fall bestand der Kontrast in dem weißen Hintergrund und den schwarzen Stäben in b (Abb. 44) und betrug 100: 5, und im Falle des geringen Kontrastes betrug er zwischen Hintergrund und Stäben 100: 73. Vor und nach dem Versuche b wurden die Täuschungsbeispiele a bzw. c angewendet. Die Kurven der Abb. 56 sind das Ergebnis bei Verwendung der Stäbe des Versuchsobjektes b in Abb. 44; die Stäbe hatten eine Breite von 3 mm und waren durch weiße Intervalle der gleichen Breite unterbrochen. Das Objekt wurde aus einer Entfernung von 19,7 Fuß betrachtet, so daß der Gesichtswinkel zwischen den schwarzen Stäben 1,73 Minuten betrug. Das Versuchsobjekt der Abb. 57 hatte Stäbe und Zwischenräume von

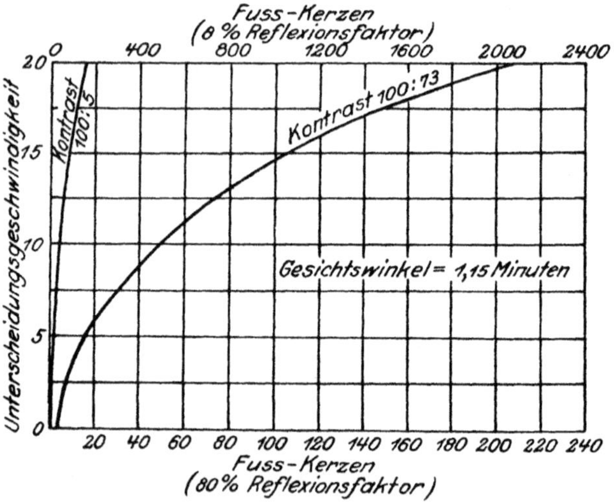

Abb. 57. Ergebnisse einer Untersuchung, ähnlich der in Abb. 56 geschilderten. Die gleichen Versuchspersonen und die gleichen Flächen usw. wurden herangezogen mit der einzigen Ausnahme, daß die Stabe des Versuchsobjektes (und die Intervalle zwischen ihnen) jetzt 2 mm breit waren. Man beachte die relativ hohen Beleuchtungsintensitäten, die erforderlich waren, um dieselben Unterscheidungsgeschwindigkeiten wie in Abb. 56 zu erhalten.

je 2 mm; bei der gleichen Entfernung von 19,7 Fuß betrug der Sehwinkel zwischen den Stäben 1,15 Minuten.

Für den großen Kontrast stieg die Unterscheidungsgeschwindigkeit sehr schnell mit der Helligkeit des Hintergrundes. (FK bei einem Reflexionsfaktor von 80 vH.) Für die gleichen Unterscheidungsgeschwindigkeiten bei gering kontrastierendem Versuchsobjekt waren weit höhere Beleuchtungsintensitäten nötig; man sieht auch, daß die FK-Skala der Abb. 57 die 20fachen Werte hat. Oder mit anderen Worten: eine Verminderung des Sehwinkels von 1,73 auf 1,15 Minuten verlangt die etwa 20fache Helligkeit des Hintergrundes bei gleichen Unterscheidungsgeschwindigkeiten und einem Kontrast von 100 : 73. Bei einem Hintergrund mit einem Reflexionsfaktor von 8 vH sind die oberen Skalen der FK sowohl in Abb. 56 als auch 57 abzulesen; man sieht hierbei ganz hohe Intensitätswerte für kleine Gesichtswinkel bei geringem Kontrast.

Der mittlere Reflexionsfaktor.

Helligkeit bzw. Beleuchtungsintensität haben wir in allen unseren Betrachtungen für die zwei extremen Reflexionsfaktoren von 80 vH und 8 vH zum Ausdruck gebracht; der erste entspricht einem sogenannten Weiß, der zweite einem sehr dunklen Grau. Hätten also unsere Wände stets dieses dunkle Grau und hätten wir Helligkeiten und dunklere Einzelheiten als diese Wände zu unterscheiden, so würden wir mindestens 10mal soviel Licht brauchen als bei weißen Wänden. Ähnlich liegen die Verhältnisse, wenn wir uns statt den dunkelgrauen Wänden dunklen Schatten gegenüberbefinden.

In der Nähe des besten Sehbereiches gibt es einen ziemlichen Bereich von Beleuchtungsintensitäten. Ziehen wir das und auch noch andere Umstände in den Kreis unserer Betrachtungen, so kann der Schluß gefolgert werden, daß wir unsere Beleuchtungsintensität auf einen mittleren Reflexionsfaktor von 40 vH zu stützen haben. Tab. 19 gibt als Durchschnittshelligkeit für ein wirkungsvolles Sehen 350 FK für einen Reflexionsfaktor von 80 vH; bei einem mittleren Reflexionsfaktor von 40 vH stellen etwa 700 FK annähernd die beste Beleuchtungsintensität für Arbeiten dar, wo es in nennenswertem Umfang auf gutes Sehen ankommt. Das gilt unter der Voraussetzung, daß die Arbeit volles Licht bekommt und daß auch alle übrigen Bedingungen im allgemeinen zufriedenstellend sind.

Wollen wir auch im Schatten gut sehen, wo z. B. nur 10 vH der vollen Beleuchtung erhältlich ist, so müßte die Intensität der Beleuchtung außerhalb dieses Schattens 7000 FK betragen. Das führt uns, wie Tab. 19 und 21 zeigen, in den Bereich der etwa doppelt so hohen oberen Grenzwerte für sogenannte weiße Flächen. Es ist also nicht angängig, auf ein wirkungsvolles Sehen im Schatten besonders Bedacht zu legen, hier sind wir an einem Punkt unserer Betrachtungen angelangt, wo wir mit einem entsprechenden Sicherheitszuschlag zu der ermittelten Beleuchtungsintensität jeweils unser Auslangen zu finden haben.

Der Sicherheitszuschlag für die Beleuchtung.

Es ist nicht unbillig, einen solchen in das Beleuchtungsproblem einzubeziehen. Die Bedingungen unserer Werkstätten sind nicht so ideal, wie wir sie bei den Versuchen in unseren Laboratorien hatten. Die Komplikation der Bewegung von Armen und Körper, die wechselnde Adaptation der Augen an die verschiedenen Helligkeiten einer Fläche und auch verschiedene Ablenkungen tragen dazu bei, den praktischen Wirkungsgrad des Sehens herabzudrücken. Sicherheitszuschläge bei mechanischen Konstruktionen stehen zwar in keiner direkten Verbindung zu den Sicherheitszuschlägen für eine gute Beleuchtung und ein gutes Sehen. Es ist aber interessant, festzuhalten, daß wir die auf Grund zuverlässiger physikalischer Daten ermittelten Werte verfünffachen, ja mitunter sogar verzehnfachen.

Beim Sehen liegen die Bedingungen allerdings etwas anders. Wir wissen, daß sich der Wirkungsgrad des Sehens bis zu einer gewissen Grenze in der Steigerung der Beleuchtungsintensität erhöht, bei einer weiteren Steigerung über diese Grenze hinaus aber wieder abnimmt. Aus den Tab. 19 und 21 finden wir, daß sich der beste Intensitätsbereich für sogenannte weiße Flächen bis etwa 3000 FK erstreckt; auch darüber hinaus ist das Sehen noch wirkungsvoll, und wir wollen uns einen Wert von etwa 6000 FK für einen Reflexionsfaktor von ca. 40 vH merken. Die wünschenswerte Intensität bei einer Fläche mit einem Reflexionsfaktor von 40 vH ist etwa 700 FK. Würden wir also auf ein gutes Sehen im Schatten weniger Wert legen, so kämen wir vielleicht auf einen Sicherheitsfaktor von etwa 4, der uns unter Umständen als etwas zu hoch angesetzt erscheinen mag.

Die Größe dieses Sicherheitsfaktors hängt von der Höhe der Beleuchtungsintensitäten ab, die jeweils zur Betrachtung stehen. Bei einer gegebenen Intensität von etwa 10 FK können wir mit Rücksicht auf ein gutes Sehen einen Sicherheitsfaktor von 10 oder sogar 30 leicht rechtfertigen. Es ist uns weniger darum zu tun, einen allgemeinen Wert für diesen Sicherheitsfaktor festzulegen. Es soll vielmehr das Erstrebenswerte eines solchen Faktors angeregt werden und dieser sollte zumindest bedeutend größer sein als 1.

Nochmals zusammengefaßt seien nachfolgend die besten Beleuchtungsintensitäten gegeben; sie sind auf Grund von Laboratoriumsversuchen, also unter günstigen Bedingungen festgestellt, und es ist sicher, daß unsere normalen Arbeitsbedingungen keine geringeren Intensitäten verlangen:

Für das Lesen von schwarzem Druck auf weißem Hintergrund, ohne die Notwendigkeit im Schatten zu sehen .	350 FK
Für das Unterscheiden sehr dunkler Einzelheiten bei einem Hintergrund mit einem 20proz. Reflexionsfaktor . . .	1400 FK
Für allgemeine Arbeiten, wo ein durchschnittlicher Reflexionsfaktor von 40 vH vorherrscht und wo ein Sehen im Schatten nicht nötig ist	700 FK
Für allgemeine Arbeiten wie im vorhergehenden Fall, wo aber das Sehen im Schatten wichtig ist . . . . mindestens	1000 FK
Das Maximum der wünschenswerten Beleuchtungsintensitäten ist nicht weit entfernt von.	3000 FK

XIV. Die wirtschaftlichste Beleuchtungsintensität.

Würde das Licht nichts kosten, dann wäre die wirtschaftlichste Lichtintensität jene, die das wirkungsvollste Sehen ermöglicht, also etwa 350 FK für das Lesen und eine Intensität zwischen diesem Wert und dem Grenzwert von 3000 FK für die allgemeinen Arbeiten; der beste Wert liegt scheinbar zwischen 700 und 1000 FK. Durchschnittlich finden wir bei künstlicher Beleuchtung in geschlossenen Räumen kaum 1 vH dieses letzten Wertes, und auch die natürliche Beleuchtung dieser Räume, vor allem in überfüllten Handels- und Industriebezirken, beträgt nicht viel mehr als 1 vH dieses Wertes.

In der Praxis werden die Kosten dem Bestreben, eine ideale Beleuchtung zu erreichen, eine Grenze setzen. Gehen aber in unserem Jahrhundert die Kosten der Beleuchtung in gleichem Maße herunter als das im vergangenen Jahrhundert der Fall war, dann wird das Licht im Jahre 2000 nur etwa $^1/_{1000}$ der Lichtkosten vom Jahre 1800 betragen. Auch heute sind die Kosten aber schon so gering, daß sie bessere Beleuchtungsverhältnisse rechtfertigen, als wir sie heute zu schaffen überhaupt in der Lage sind.

Kosten der künstlichen Beleuchtung.

Diese sind natürlich gewissen Schwankungen unterworfen, und die nachfolgend gemachten Angaben werden daher mit einigen Bedenken gegeben. E. W. Commery hat im Winter 1923/24 in Cleveland großangelegte Ermittlungen in Zusammenarbeit mit verschiedenen Bauunternehmungen und anderen interessierten Stellen durchgeführt, die in stark gedrängter Form in Tab. 22 sowie in einigen graphischen Darstellungen zusammengetragen sind. Das Beleuchtungssystem bestand aus porzellanemaillierten Blechreflektoren (RLM dome) und gasgefüllten Wolframlampen mit Porzellanemailleschalen, einheitlich in 10 Fuß Höhe angebracht. Der Raum war eine typische Einheit der Fabrikbauten, hatte ein Ausmaß von 100 × 200 Fuß und war gleichmäßig beleuchtet. Die angegebenen FK entsprechen nicht etwa einer sauberen neuen Beleuchtungsanlage, vielmehr ist eine 25 proz. Lichtverminderung durch die üblichen Schädigungsfaktoren berücksichtigt. Die Stärke der benutzten Lampen ist für jeden Fall angeführt. Unter „Material“ ist alles verstanden bis auf die Glühlampen, die einen besonderen Posten bilden. Die Investierungskosten sind von den Betriebskosten getrennt, die Berechnung stützt sich auf 2500 Benutzungsstunden pro Jahr. Verzinsung, Steuern usw. sind mit 10 vH, die Amortisation mit 12,5 vH angenommen. Da die Stromkosten einen beträchtlichen Prozentsatz der Betriebskosten ausmachen und der Strompreis überdies stark schwankt, sind die jährlichen Betriebskosten für einen Strompreis von 1, 3 und 5 Cent pro kWh durchgerechnet. Alle Beträge der Tabelle verstehen sich in Dollar.

Abb. 58 zeigt diese gesamten jährlichen Betriebskosten für die drei Stromtarife unter Berücksichtigung der Lichtintensität

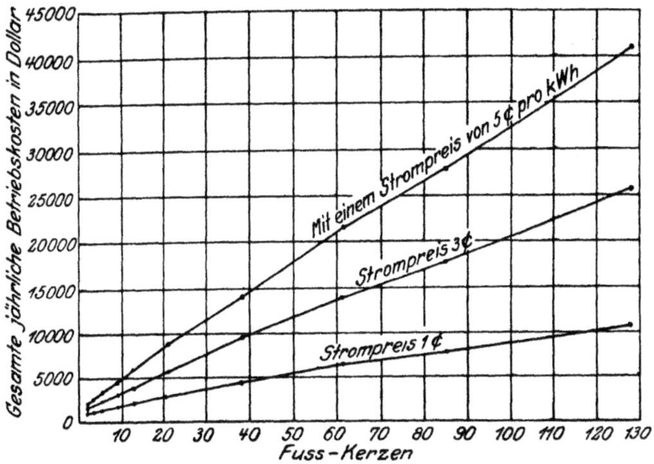

Abb. 58. Jährliche Betriebskosten (2500 Benutzungsstunden) eines Beleuchtungssystems, das für verschiedene Intensitäten eine einheitliche Beleuchtung der Arbeitsflächen gewährleistet. Der betreffende Raum hat eine Größe von 100 Fuß × 200 Fuß. RLM-dome porzellanemaillierte Reflektoren mit Wolframlampen sind einheitlich in 10 Fuß Höhe angebracht.

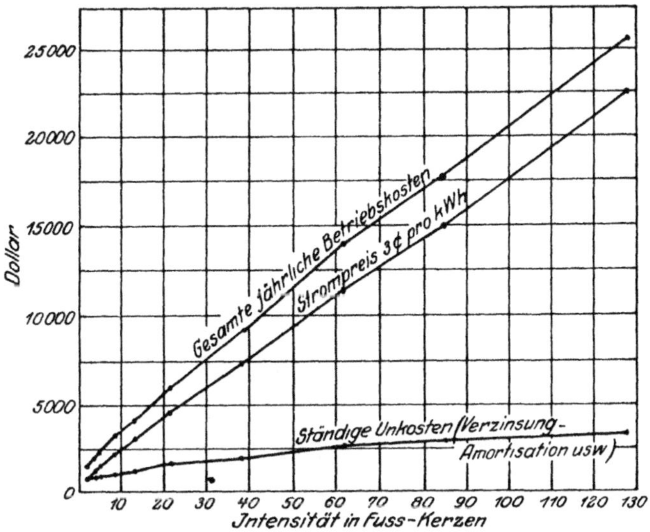

Abb. 59. Ständige Unkosten, Kosten des elektrischen Stromes bei einem Strompreis von 3 ¢ pro Kilowattstunde und gesamte jährliche Betriebskosten bei verschiedenen einheitlichen Beleuchtungsintensitäten für die Arbeitsflächen.

Tabelle 22. Übersicht über die Anlagekosten und jährlichen Betriebskosten (bei 2500 Benutzungsstunden) einer Beleuchtungsanlage in einem Fabrikraum von 100 × 200 Fuß Grundfläche. Die Beleuchtungskörper bestehen aus porzellanemaillierten Blechreflektoren (RLM) und gasgefüllten Wolframlampen mit Emailschalen und sind einheitlich in 10 Fuß Höhe montiert. Entsprechend dimensionierte und instandgehaltene Leitungsanlage ist vorausgesetzt. Die jeweils ermittelte Durchschnittsintensität in FK herrscht einheitlich im ganzen Arbeitsraum, entspricht aber nicht etwa einem eigens gereinigten oder neuen, sondern dem betriebsmäßigen Zustand der Lichtanlage; die Bezeichnung „Materialien" umfaßt alles bis auf die Glühlampen, die gesondert angeführt sind. Die Tabelle bezieht sich auf Cleveland für 1924. Die Beträge sind in Dollar eingesetzt.

Fuß-Kerzen	1.9	3.8	5.5	9.2	13	21	39	61	85	128
Watt pro Lampe	50	75	100	150	200	300	500	750	1000	1500
Anlagekosten:										
Materialien	$807	$819	$936	$1058	$1039	$1499	$1766	$2104	$2814	$2814
Montagekosten	269	273	312	353	364	500	589	701	938	938
Bauunternehmer	285	290	300	374	750	1030	1214	1445	1932	1932
Gesamte Anlagekosten	1361	1382	1579	1785	1843	2529	2980	3549	4746	4746
Kosten pro Auslaß	6,80	6,90	7,90	8,90	9,20	12,65	14,90	17,75	23,80	23,80
Jährliche Betriebskosten:										
Verzinsung, Steuern (10 vH)	136	138	158	179	184	253	298	355	475	475
Amortisation (12.5 vH)	170	173	197	223	230	316	372	444	592	592
Lampenerneuerung	181	221	261	321	425	657	930	1442	1520	1920
Instandhaltung	300	300	300	300	300	300	300	300	300	300
Stromkosten bei einem Strompreis von 1 Cent per kWh	250	375	500	750	1000	1500	2500	3750	5000	7500
Gesamtjährl. Betriebskosten bei einem Strompreis von:										
1-Cent-kWh	1037	1207	1416	1773	2139	3026	4400	6291	7887	10787
3-Cent-kWh	1537	1657	2416	3273	4139	6026	9400	10791	17887	25787
5-Cent-kWh	2037	2707	3416	4773	6139	9026	14400	21291	27887	40787

auf den Arbeitsplätzen. Wir sehen, daß diese Kosten bis zu 130 FK fast in einer Geraden steigen.

Abb. 59 läßt erkennen, daß der Umfang der fixen Kosten (Verzinsung, Amortisation) verhältnismäßig gering ist. Er beträgt

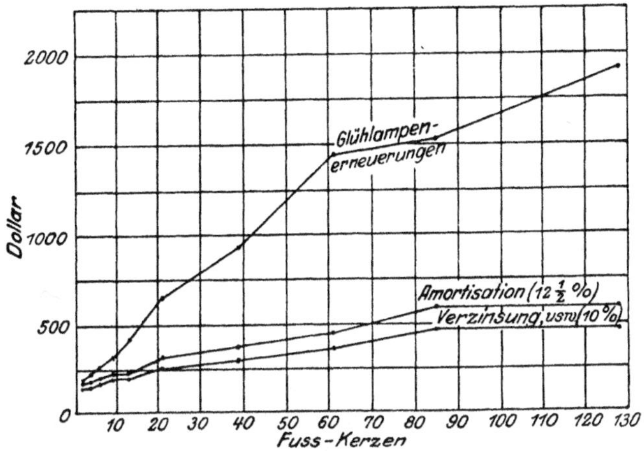

Abb. 60. Glühlampenerneuerung, Amortisation, Verzinsung usw. für verschiedene einheitliche Beleuchtungsintensitäten der Arbeitsflächen.

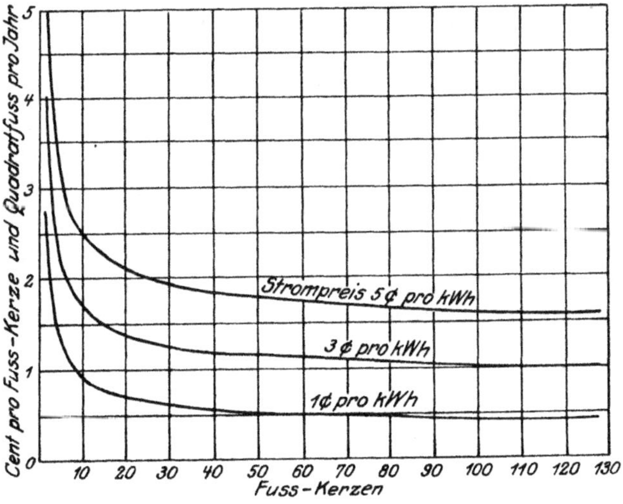

Abb. 61. Die Betriebskosten der Beleuchtung in Cent pro Fußkerze und Quadratfuß pro Jahr, und zwar für einen Stromtarif von 1 Cent, 3 Cent und 5 Cent pro Kilowattstunde.

im allgemeinen weniger als 25 vH der Stromkosten (bei einem Strompreis von 3 Cent pro kWh) und etwa 20 vH der gesamten jährlichen Betriebskosten, eine Benutzungsdauer von 2500 Stunden jährlich und ein Flächenausmaß des beleuchteten Raumes von 100 × 200 Fuß vorausgesetzt.

Abb. 60 zeigt die Kosten der Glühlampenerneuerung im Vergleich zu den Kosten für Verzinsung und Amortisation.

In Abb. 61 sind für alle drei Stromtarife die jährlichen Betriebskosten auf Cent pro FK und Quadratfuß umgerechnet.

Erhöhte Produktion kann höhere Beleuchtungskosten tragen.

Wir haben in Kap. X auf Grund von Untersuchungsergebnissen gesehen, in welchem Maße eine Erhöhung der Beleuchtungsintensität zu einer Erhöhung der Produktion führt. Die Erörterung in Kap. IX zeigte, daß sich die Sehgeschwindigkeit auch weit über die untersuchten Intensitäten von 20 oder 25 FK erhöhte. Es ist recht und billig, zu erwarten, daß auch die Erhöhung der Sehgeschwindigkeit von Einfluß auf eine Produktionserhöhung ist.

In Abb. 49 sehen wir einen Produktionsgewinn von 12,5 vH bei einem Betrag der Lichtkosten von nur 2,4 vH der Löhne und bei einer Beleuchtungsintensität von 20 FK. In Abb. 58 haben wir gesehen, daß sich die Beleuchtungskosten fast gleichmäßig mit der Erhöhung der Beleuchtungsintensität erhöhen. Unter Berücksichtigung dieses Umstandes ist die Abb. 62 entwickelt worden. Die Punkte A, C und E zeigen die Produktionserhöhungen bei einer Erhöhung der Intensität auf 6, 13 bzw. 20 FK; den Ausgangspunkt bildet die ursprüngliche Produktion bei einer schlechten Beleuchtung von 5 FK. Wie diese Kurve der Produktionserhöhung über E hinaus weiter verlaufen würde, soll noch besprochen werden, augenblicklich interessiert uns vor allem die Frage, inwieweit eine Produktionserhöhung eine Steigerung der Beleuchtungskosten noch tragen kann. Die Linie BDF veranschaulicht die Lichtkosten in Prozenten der Löhne, und zwar auf Grund des Lohnsatzes von 30 Cent pro Stunde. Ziehen wir vom Punkt E eine Horizontale zur Rechten, so schneiden wir die Linie der Beleuchtungskosten BDF in F, d. h. der Betrag der Produktionserhöhung bei 20 FK könnte, in Lichtkosten umgesetzt, eine Intensität von 103 FK bezahlen. Das ist eine ganz überraschende Feststellung, die uns sagt, daß wir uns weit mehr Licht kaufen könnten, als wir es heute eigentlich haben. Dabei ist aber noch zu berücksichtigen, daß die Erhöhung der Intensität von 20 FK auf 103 FK auch noch eine weitere Produktionserhöhung nach sich ziehen würde. Eine Weiterführung der Punkte *C* und *A* führt zu analogen Erwägungen.

Nehmen wir einen Lohnsatz von 60 Cent pro Stunde an, dann fällt der Prozentsatz der Beleuchtungskosten in Beziehung

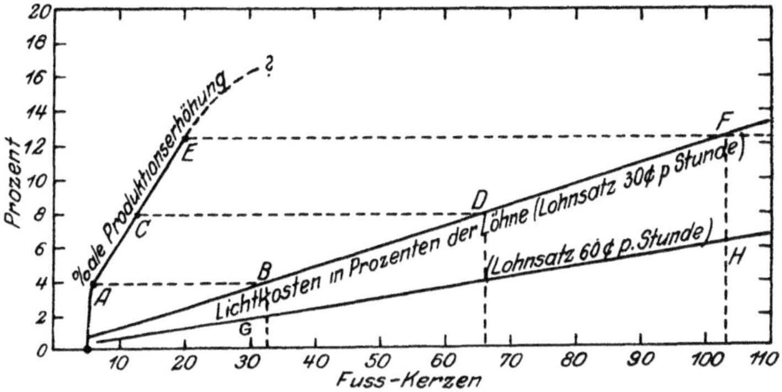

Abb. 62 zeigt, wieviel Licht die tatsächliche Produktionserhöhung bezahlen kann. Die den Punkten *A*, *C* und *E* entsprechenden Daten sind die gleichen wie in Abb. 48. Die Linie *BD*, die nach beiden Seiten hin verlängert ist, stellt die Lichtkosten in Prozenten der Löhne dar (durchschnittlicher Stundenlohn 30 Cent). Die Linie *GH* stellt die Lichtkosten auf der Grundlage einer Verdoppelung der Löhne dar (durchschnittlicher Stundenlohn 60 Cent). In diesem Falle wird die Produktion zur Zeit der alten Beleuchtung als Grundlage angenommen. Indem man z. B. vom Punkt *E* aus eine Horizontale projiziert, zeigt der Punkt *F* die Fußkerzen (103) an, die durch die Produktionserhöhung an neuer Beleuchtung gekauft werden könnten.

zur Lohnliste auf den halben Wert, was in der Linie *GH* veranschaulicht ist. Gehen wir nun hier wie im früheren Fall vor, so kommen wir zu dem Schluß, daß sich bei hohen Arbeitslöhnen (also z. B. bei Qualitätsarbeit) die Verhältnisse noch weit günstiger gestalten. Hier könnte z. B. die Produktionserhöhung bei 20 FK eine Beleuchtung von 206 FK bezahlen.

Wir wollen nun die Vorstufe der schlechten und unrationellen Beleuchtung außer acht lassen und unserem Diagramm, Abb. 63, die Produktion bei 6 FK des rationellen Lichtsystems zugrunde legen. Hier beträgt die Produktionserhöhung bei 13 FK 3,8 vH und bei 20 FK 8 vH. Die horizontale Übertragung des Punktes *A* z. B. (8 vH Produktionserhöhung), gibt uns in Punkt *B* den prozentualen Anteil der Beleuchtungskosten an den Löhnen bei einem Stundenlohn von 30 Cent. Das entspricht einem Intensitätswert von 67 FK, d. h. die 8 vH Produktionserhöhung kann eine weitere Steigerung der Beleuchtungsintensität von 20 auf 67 FK bezahlen. Über die daraus folgende weitere ganz beträchtliche Produktionssteigerung soll noch gesprochen werden.

Es ist ganz interessant zu sehen, wie sich diese Verhältnisse bei anderen Lohnsätzen, z. B. bei 45, 60 und 90 Cent pro Stunde, stellen. Eine Auswertung des Diagramms 63 unter diesem Gesichtspunkt gibt die Tab. 23.

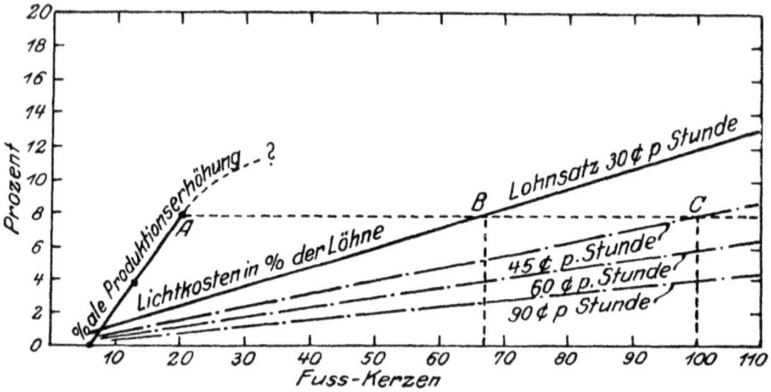

Abb. 63 ähnlich wie Abb. 62 mit dem Unterschied, daß die Produktion bei 6 Fußkerzen des neuen Beleuchtungssystems (Abb. 48) als Grundlage angenommen wird; dadurch wird die Frage verschiedener Beleuchtungssysteme ausgeschaltet. Die Beleuchtungskosten in Prozenten der Löhne sind für verschiedene Lohnsätze dargestellt, wobei 30 Cent pro Stunde den tatsächlichen Lohn in jener Fabrik ausmacht, in der Hess und Harrison ihre Versuche durchführten.

Tabelle 23 zeigt, wieviel Licht durch eine Produktionserhöhung gekauft werden kann, die sich aus einer bestimmten Erhöhung der Beleuchtungsintensität ergibt. Das Beleuchtungssystem und die Anzahl der Arbeitskräfte bleiben konstant, es ändern sich lediglich Beleuchtungsintensität und Lohnsatz.

Produktionserhöhung vH	Tatsächliche Intensität in Fuß-Kerzen	Fuß-Kerzen, die durch eine Produktionserhöhung gekauft werden können, bei einem jeweiligen Lohnsatz pro Stunde von			
		30 Cent	45 Cent	60 Cent	90 Cent
0	6,0	—	—	—	—
2	9,4	17	25	33	50
4	13,0	33	50	67	100
6	16,6	50	75	100	150
8	20,0	67	100	133	200

Obwohl man diese Ermittlungen von Hess und Harrison[43] vielleicht als zu stark betont bezeichnen mag, so können sie einer Kritik doch standhalten. Sie sind die zur Zeit besten Unterlagen, die man von Fabriken erhalten konnte; die vorgenannte Fabrikuntersuchung erstreckte sich auf eine Zeitspanne von 10 Wochen und ist durch umfangreiches Laboratoriumsmaterial unterstützt. Ähnliche aus anderen Fabriken stammende Ergebnisse zeigen eine dankenswerte Übereinstimmung untereinander und mit den Daten von Hess und Harrison, so daß gesagt werden kann, daß eine Erhöhung der Beleuchtungsintensitäten in Fabriken und Bureaus auf 20 FK gleichbedeutend ist mit einem erhöhten Ausbringen von 10—15 vH, und zwar bei Beleuchtungskosten, die etwa 1 bis 3 vH der Löhne betragen. Wenn wir das aber anerkennen, dann können wir folgern, daß eine Beleuchtungsintensität von 100 FK zur Zeit sicherlich als erstrebenswert anzusehen ist.

In Kap. XIII werden Intensitäten von 350—1000 FK als Ideal bezeichnet. Es stehen uns zu wenig Unterlagen über die Produktionserhöhung zur Verfügung, um sagen zu können, inwieweit solche Intensitäten mit Rücksicht auf die Beleuchtungskosten als wirtschaftlich anzusprechen sind. Für den Wert von 100 FK kann man aber heute schon mit ziemlicher Gewißheit eintreten.

Kurvenform der Produktionserhöhung.

Wie bereits früher gesagt, haben viele visuelle Funktionen einschließlich der Unterscheidungsgeschwindigkeit eine ähnliche Charakteristik, der man durch eine logarithmische Darstellung ziemlich gerecht wird. Es ist ein sehr einfaches Darstellungsmittel und würde in diesem Buche vielfach nur deshalb nicht angewendet, weil die übliche Darstellung für die praktisch in Betracht kommenden Intensitäten und Helligkeiten genügte. Eine Diskussion über die Wirtschaftlichkeit der Beleuchtung würde sich sehr überzeugend gestalten, wenn Unterlagen über den Zusammenhang von Beleuchtungsintensität und Produktionserhöhung verfügbar wären. Um diese zu schaffen, besteht das Bedürfnis nach einer Reihe von praktischen Versuchen. Es ist klar, daß solche Versuche eine beträchtliche Menge an Arbeit und erheblichen Kosten verursachen würden; als Laboratoriumsversuche lassen sie sich mit viel einfacheren Mitteln und auch viel präziser durchführen.

Es ist daher wahrscheinlicher, daß auch in Zukunft die Laboratoriumsversuche die Unterlagen liefern müssen, auf die die Pioniere fortschrittlicher Beleuchtungstechnik ihre Tätigkeit stützen können. Es herrscht unter den „Männern der Praxis“ eine ganz

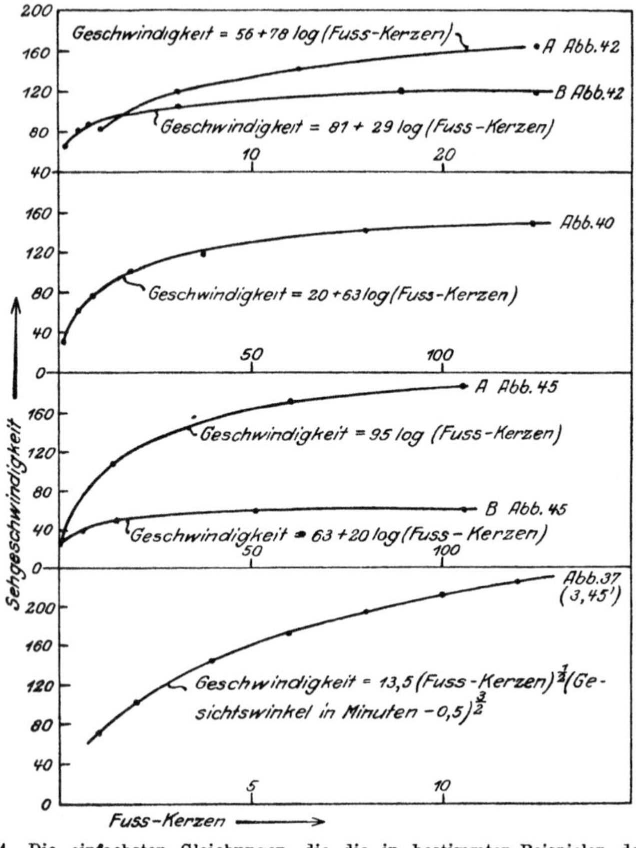

Abb. 64. Die einfachsten Gleichungen, die die in bestimmten Beispielen des Kapitels IX gegebenen Daten ziemlich gut darstellen, sind hier festgelegt und in Kurvenform veranschaulicht. Um zu zeigen, wie annähernd genau sie entsprechen, sind die durch Versuch tatsächlich ermittelten Punkte eingetragen.

ungerechtfertigte Aversion gegen solches Laboratoriumsmaterial; derartige Ermittlungen sind in den meisten Fällen äußerst verläßlich; es fehlt hierbei vielfach nur an einer verständigen Auslegung dieser Daten, um sie für die Praxis brauchbar zu gestalten.

Besondere Studien des Verfassers haben den einfachen logarithmischen Verlauf verschiedener Kurven über das Sehen und die Sehgeschwindigkeit in den meisten Fällen als sehr treffend erkennen lassen. L. L. Holladay hat die Ergebnisse zum größten Teil durchgesehen und überprüft. Selbstverständlich lassen sich auch Gleichungen entwickeln, die den Charakter der einzelnen Funktionen ganz genau umfassen. In der logarithmischen Darstellung kann man aber über den Bereich der verfügbaren Unterlagen hinaus extrapolieren, ohne einen nennenswerten Fehler zu riskieren, vorausgesetzt, daß diese Extrapolation nicht zu weit geführt wird. Ein Bereich von 20—200 FK kommt logarithmisch einem solchen von 2—20 FK gleich.

Abb. 64 zeigt die einfachsten logarithmischen Gleichungen, die sich auf die Lese- oder Unterscheidungsgeschwindigkeit verschiedener Versuchsobjekte beziehen. Wir sehen aus der Übereinstimmung der Linie mit den tatsächlich ermittelten Punkten, wie genau sich diese verhältnismäßig einfachen logarithmischen Gleichungen anwenden lassen. Rechts seitlich zeigt jede Linie die Nummer der in diesem Buch vorkommenden Abbildungen, der die tatsächlich ermittelten Punkte entnommen sind. Jede Kurve hat ihre eigene horizontale Skala in FK, und zwar für eine Fläche mit einem Reflexionsfaktor von 80 vH. Links hat die Kurve ihre eigene Skala der Sehgeschwindigkeit.

Kurz zusammengefaßt sagt Abb. 64 folgendes:

Kurve A (Abb. 42). Die relative Lesegeschwindigkeit von schwarzem Druck auf grauem Hintergrund wird ziemlich genau dargestellt durch die Gleichung

$$S = 56 + 78 \log I\,,$$

wobei S die relative Lesegeschwindigkeit und I die Beleuchtungsintensität in FK bedeutet.

Eine fast vollkommene Darstellung gibt die Gleichung

$$S = 66 + 71 \log (I - 0{,}8)\,.$$

Kurve B (Abb. 42). Die relative Lesegeschwindigkeit von schwarzem Druck auf weißem Hintergrund entspricht ziemlich gut der Gleichung

$$S = 81 + 29 \log I\,.$$

Fast vollkommene Genauigkeit gibt die Gleichung

$$S = 84 + 24 \log (I - 0{,}23)\,.$$

Kurve Abb. 40. Die Unterscheidungsgeschwindigkeit eines schwarzen Punktes auf weißem Hintergrund wird gut dargestellt durch

$$S = 20 + 63 \log I\,.$$

Kurve A (Abb. 45). Die Unterscheidungsgeschwindigkeit von schwarzen Stäben auf weißem Hintergrund wird gut dargestellt (für die Werte von I oberhalb 5 FK) durch

$$S = 95 \log I\,.$$

Innerhalb des Bereiches bis $I = 50$ gibt eine bessere Darstellung die Gleichung

$$\log S = 1{,}57 + 0{,}38 \log (I - 0{,}5)\,.$$

Kurve B (Abb. 45). Die Unterscheidungsgeschwindigkeit von schwarzen Stäben auf weißem Hintergrund bei vorangegangenen und nachfolgenden Täuschungsbeispielen wird gut dargestellt durch

$$S = 63 + 20 \log I\,.$$

Der Verlauf läßt sich auch darstellen durch

$$\log S = 1{,}43 + 0{,}21 \log (I - 0{,}5).$$

Kurve Abb. 37. Die Geschwindigkeit der Unterscheidung eines gespaltenen Ringes (internationales Versuchsobjekt) für 4 Gesichtswinkel (1,25, 1,73, 2,49, 3,45 Minuten) wird ziemlich gut dargestellt durch

$$\log S = 1{,}13 + 1{,}5 \log (V - 0{,}5) + 0{,}5 \log I\,,$$

wobei V den Gesichtswinkel in Minuten des fehlenden Teiles des Ringes darstellt. Die letzte Kurve der Abb. 64 entspricht einem Gesichtswinkel von 3,45 Minuten.

Einfache Gleichungen, die für diese vier Gesichtswinkel Anwendung finden können, sind folgende:

Für	1,15 Minuten	$S = 2{,}7 + 14{,}2 \log I$
„	1,73 „	$S = 12{,}5 + 79 \log I$
„	2,49 „	$S = 42 + 77 \log I$
„	3,45 „	$S = 59 + 150 \log I$

So ließe sich noch eine Reihe von Beispielen anführen, die den ziemlich genauen logarithmischen Verlauf der Sehgeschwindigkeit und anderer visueller Funktionen erhärten. Daraus können wir unsere Rückschlüsse auf den Verlauf der Produktionserhöhung mit steigender Beleuchtungsintensität ziehen. Wir wollen nun nochmals auf die in den Abb. 48, 62 und 63 entwickelten Produktionsversuche zurückgreifen. Die Beziehung zwischen der tatsächlichen Produktion und der Beleuchtungsintensität läßt sich ziemlich genau durch folgende zwei Gleichungen darstellen:

$$\mathrm{P} = 371{,}0 + 65 \log \mathrm{I}\,,$$

oder

$$\log \mathrm{P} = 2{,}577 + 0{,}064 \log \mathrm{I}\,,$$

wobei P das durchschnittliche Ausbringen pro Person und Stunde und I die Intensität in FK bedeutet. Uns interessiert aber in diesem Zusammenhang die prozentuale Produktionserhöhung am meisten. Gehen wir von der Abb. 63 aus, so ist die Produktionserhöhung G in Abhängigkeit von der Beleuchtungsintensität I durch folgende Gleichung gegeben:

$$G = 15{,}17 \log I - 11{,}8 \, .$$

Diese Kurve haben wir in Abb. 65, wobei der Teil AD und darüber hinaus jenen Bereich darstellt, für den es noch keine Versuchs-

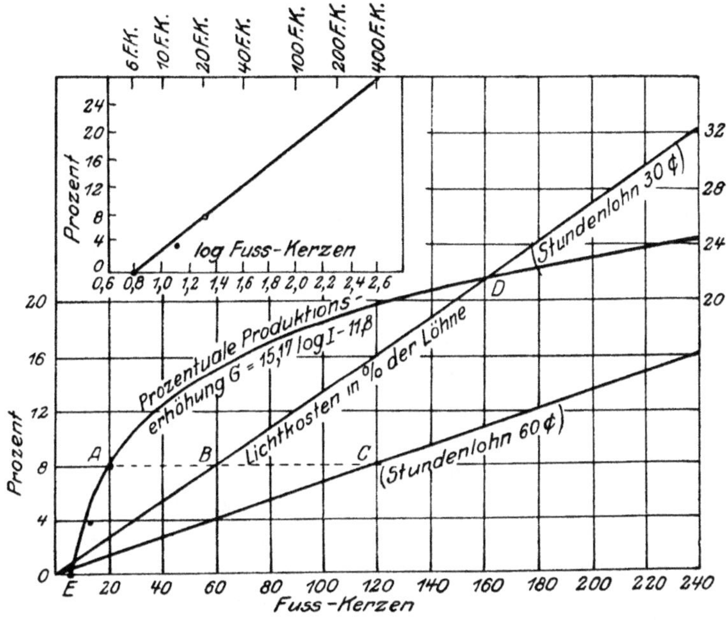

Abb. 65. Für die Angaben über die Produktionserhöhung in Abb. 48 wurde eine Gleichung ermittelt und durch die Kurve *E-A-D* dargestellt. Die Lichtkosten in Prozenten der Löhne (durchschnittlicher Stundenlohn 30 Cent) werden durch die Linie *BD*, die nach beiden Seiten hin verlängert ist, ausgedrückt. *E-A-D* schneidet *B-D* bei 160 Fußkerzen. Die Lichtkosten in Prozenten der Lohne bei einem durchschnittlichen Lohnsatz von 60 Cent sind in der untersten Linie ersichtlich.

unterlagen gibt. Nach dem bisher Gesagten können wir aber diese Extrapolation mit einem gewissen Vertrauen als richtig anerkennen.

Im linken oberen Teil der Abb. 65 wird das Verfahren gezeigt, das zur Entwicklung der logarithmischen Gleichung führt. Die linke Skala gibt die prozentuale Produktionserhöhung bei mehr als 6 FK. Der Logarithmus der FK ist auf der unteren Skala aufgetragen. Nehmen wir an, daß die Beziehung der prozentualen

Produktionserhöhung zu den Logarithmen der FK geradlinig verläuft, so gibt die gezogene gerade Linie eine Tendenz, die den drei tatsächlich ermittelten Punkten einigermaßen entspricht. Die obere horizontale Skala zeigt einige Werte der tatsächlichen FK und wir sehen, daß bis zu einem Werte von 200 FK (von 20 FK ab) die Verlängerung der Linie zwecks Extrapolation nicht übermäßig weit geführt werden muß. Es ist natürlich nicht gesagt, daß diese logarithmische Beziehung den Ergebnissen der Wirklichkeit entsprechen muß, wir haben aber einen guten Überblick, was wir auf einem Gebiet, das bisher durch Versuche noch nicht erforscht ist, zu erwarten haben.

Die Abhängigkeit der Beleuchtungsintensität und der Beleuchtungskosten auf der prozentualen Grundlage der Löhne (bei einem Stundensatz von 30 Cent) zeigt die verlängerte Linie *BD* und Abb. 58 bekräftigt diese geradlinige Beziehung. Die prozentuale Produktionserhöhung *G*, die durch die Kurve *AD* dargestellt ist, schneidet die Linie *BD* in Punkt *D*, und zwar bei 160 FK, d.h., trifft unsere logarithmische Charakteristik zu, dann ist die Produktionserhöhung bei einer Intensität von 160 FK den Beleuchtungskosten gleich. Wir können also sagen, daß eine Fabrik mit einer gut angelegten Beleuchtungsanlage bei einer Erhöhung der Intensität von 6 auf 160 FK eine Produktionserhöhung von 22 vH, ohne einen wirklichen Mehraufwand an Kosten, erreichen könnte, wobei der Vorteil eines verminderten Ausschusses noch nicht berücksichtigt wurde. Bei einem Lohnsatz von 60 Cent pro Stunde wären die gleichen Verhältnisse bei etwa 400 FK anzutreffen (s. die unterste Linie im Diagramm der Abb. 65).

Alle diese Erwägungen über die Produktionserhöhung können wenigstens bis zum Punkt *D* der Kurve mit ziemlichem Vertrauen aufgenommen werden, da der gegenständliche Versuch für eine Tätigkeit aufgenommen wurde, bei der die Sehfunktionen einen wichtigen Teil der verrichteten Arbeit darstellten. Sicher ist, daß wir mit einer Verbesserung des Sehens bis zu einer Erhöhung der Intensität auf 350 FK rechnen können; es liegt sogar der Hinweis vor, daß wir zumindest bei allgemeiner Fabrikarbeit bei einer Beleuchtungssteigerung bis zu 1000 FK mit einer Verbesserung der Sehtätigkeit rechnen können.

Es ist noch wichtig zu sagen, daß sich die an Abb. 65 knüpfenden Erörterungen auf eine g u t a n g e l e g t e B e l e u c h t u n g s a n l a g e stützen. Die Produktionserhöhung, die wir durch Umarbeitung einer schlecht angelegten Beleuchtungsanlage auf rationelle Verhältnisse erreichen können, ist im allgemeinen sehr beträchtlich, wobei eine Erhöhung der Beleuchtungsintensität noch gar nicht berücksichtigt ist.

XV. Sichtbarkeit und Sicherheit.

Wir haben bewiesen, daß für ein gutes Sehen und daher auch für eine leistungsfähige Arbeit eine ausreichende Intensität des Lichtes nötig ist; sie vermindert den Ausschuß, erhöht die Sicherheit, setzt die Augenermüdung herab und trägt das ihre dazu bei, den Arbeitsplätzen ein freundliches Gepräge zu geben. Aber trotz ausreichender Intensität kann die Beleuchtung ungeeignet sein. Die Lichtquellen können blenden, die Schatten können hart sein oder die Richtung des Lichtes nicht entsprechend. All das vermindert die Sehfähigkeit und ruft visuelles Unbehagen mit seinen komplizierten Begleiterscheinungen hervor. Wir haben bis jetzt von ungeeigneter Beleuchtung nicht gesprochen, da es sich hier um eine Frage der Anordnung und entsprechenden Instandhaltung der Beleuchtung handelt, die außerhalb des Rahmens dieses Buches liegt. Es soll aber hierüber einiges gesagt werden, da eine unzweckmäßige Beleuchtung, mag sie auch ausreichend sein, stark an Wert verliert.

Der Wert einer Beleuchtungsanlage ist nicht nur durch die Leistungsfähigkeit der Lichtquelle, durch die Reflexionsfaktoren von Decken und Wänden und durch die jährlichen Betriebskosten charakterisiert; er schließt auch ein wirkungsvolles Sehen und ein gewisses visuelles Behagen in sich ein.

In manchen Industriebetrieben wurde festgestellt, daß 50 vH der Belegschaft schlechte Augen hatte; dieser Hundertsatz steigt mit Erhöhung des Durchschnittsalters und ist zum großen Teil auf schlechte Beleuchtung zurückzuführen. Ein entsprechend abgeblendetes, zerstreutes und ausreichendes Licht kann viel dazu beitragen, die Verschlechterung der Augen mit zunehmendem Alter einzudämmen. Überdies soll man bei der Festlegung der Beleuchtung, die sich auf die Voraussetzung eines normalen, gesunden Auges stützt, auch einen gewissen Zuschlag für schlechte Augen machen.

Blendung.

Gewöhnlich wird dieser Begriff sehr allgemein gebraucht; wir wollen ihn auf jenen Zustand einschränken, der ein unbehagliches Sehen hervorruft. Blendung ist zurückzuführen auf:

a) Übermäßige Helligkeit einer Lichtquelle oder ihres Reflexbildes auf polierter oder spiegelartiger Fläche. Für die allgemeine Raumbeleuchtung sollte die maximale Helligkeit 20 FK pro Quadratzoll nicht überschreiten. Es erscheint zweckmäßig, sie soweit als möglich unter diesem Wert zu halten, was durch eine geeignete Streuung des Lichtes erzielt werden kann.

b) Die vielleicht häufigste Ursache der Blendung liegt in übermäßigen Kontrasten. Es kann z. B. des Nachts im Freien in einer sonst dunklen Umgebung ein brennendes Streichholz blenden. Der Himmel blendet im Freien nicht, es kann aber ein schmaler durch das Fenster dringender Himmelsstreif inmitten verhältnismäßig dunkler Wände ermüdend auf das Auge wirken. Liegt in der Blickrichtung auf die Lichtquelle ein Hintergrund mit ziemlich hohem Reflexionsfaktor oder besitzen die die Lichtquelle umgebenden Wände und Decken einen solchen und erhalten dabei einen nennenswerten Lichtbeitrag, so kann die Blendung durch eine entsprechend vorgesehene Streuung des Lichtes vermieden werden.

c) Eine helle Fläche von kleinem Gesichtswinkel braucht nicht zu blenden, hingegen können wir durch eine große Fläche von gleicher Helligkeit geblendet werden; mit anderen Worten: der Umfang des die Augen unmittelbar treffenden Lichtes ist maßgeblich für die Blendung.

d) Lichtquellen, die der Blickrichtung zu nahe liegen, blenden mehr als solche, die weiter entfernt sind. Sie blenden weniger, wenn sie im ganz oberen als im entsprechend unteren Teil des Sehfeldes liegen.

e) Wenn auch die Lichtquellen zum Schutz der Augen abgeblendet sind, so können ihre Spiegelbilder immer noch blenden. Spiegelnde oder polierte Flächen sollten daher vermieden werden.

f) Auch die Zeitdauer der Blendung ist für die Auswirkung der Blendung an sich maßgebend. Es ist nicht gleichgültig, ob die Blendung nur einen Augenblick dauert oder ob sie mehrere Sekunden anhält. Andererseits kann sich die Netzhaut einer nicht zu hellen Lichtquelle adaptieren, man kann aber nicht sagen, daß das ohne Schaden für das Auge geschieht. Gerade diese Adaptationsfähigkeit des Auges ist es, die eine gewisse Sorglosigkeit der Blendung gegenüber zur Folge hat.

Das sind die Hauptfaktoren der Blendung; es soll nicht versucht werden, irgendwelche Grenzwerte[46] hierfür zu geben. Mit einiger Beobachtungsgabe und gesundem Menschenverstand sind diese Faktoren ziemlich schnell zu erfassen.

Die Frage vereinfacht sich, wenn wir die Blendung in drei Gruppen unterteilen[47]:

Verschleiernde Blendung verdunkelt Einzelheiten durch einen Lichtschleier, den eine helle Lichtquelle in der Nähe der Sehregion ausbreitet; seltener ist das der Fall durch zerstreutes Licht in rauchiger, nebliger oder staubiger Luft.

Glitzernde Blendung ist unbehaglich und vermindert die Sehfähigkeit. Ihre Ursache liegt entweder in der Lichtquelle oder in der Lichteinheit oder aber in deren Reflexionsbildern, die von polierten Flächen zurückgeworfen werden.

Blindmachende Blendung ist auf eine starke Helligkeit zurückzuführen, die zeitweise die Reaktionsfähigkeit der Netzhaut auf Licht vermindert; je nach der Helligkeit der Blendungsquelle bleiben mehre Sekunden oder sogar 1—2 Minuten lang Nachbilder zurück.

Alle diese Blendungsarten vermindern nicht nur die Sehfähigkeit und damit die Leistungsfähigkeit, sie erhöhen auch die Unfallmöglichkeit.

Helligkeiten der Lichtquelle und des Beleuchtungskörpers.

Tab. 24 gibt eine Übersicht der in Frage kommenden Helligkeiten. Die verschiedenen Helligkeiten des Himmels und der Wolken haben wir bereits in Tab. 3 gesehen.

Tabelle 24.

	Approximative Helligkeit in Kerzen pro Quadrat-Zoll
Mittagssonne	1000000
Krater eines gewöhnlichen Kohlenlichtbogens	100000
Glühfaden der Wolfram-Vakuumlampe (8 l. p. W.)	1060
Glühfäden der gasgefüllten Wolframlampe	2400—5000
„ „ „ „ 50 Watt	2630
„ „ „ „ 500 „	4500

Tabelle 24 (Fortsetzung).

	Approximative Helligkeit in Kerzen pro Quadrat-Zoll
Diffuse Birne der 50-Watt-Wolframlampe	8
Emailschale der Wolframlampe	10—15
Quecksilberdampfrohr	15
Hellste sonnenbeschienene Wolke	20
Himmel	0—4

Gut streuende Glasglocken verschiedener Durchmesser, eine 100-Wattlampe enthaltend:

Durchmesser 5 Zoll	4,5
„ 6 „	3,1
„ 7 „	2,3
„ 8 „	1,8
„ 10 „	1,1
„ 14 „	0,6

Empfohlene Größen gut streuender Glasglocken:

Lampengrößen	Glockendurchmesser	
50—75	8	2,5
75—100	10	2,5
100—150	12	3,0
150—200	14	3,5
200—300	16	4,0
300—500	18	5,0

Augenanstrengung.

Ungenügendes oder unzureichendes Licht strengt die Augen an. Bei unzureichendem Licht muß die Arbeit zu nahe ans Auge gehalten werden, was eine Anstrengung der Augenmuskel bedingt. Blendende Lichtquellen lenken die Aufmerksamkeit ab; die Augenmuskel müssen sich anstrengen, das Auge auf die Arbeit zu richten. Blendende Arbeitsstücke veranlassen ein Zusammenziehen der Augenbrauen mit einer sich daraus ergebenden Anstrengung. Wo die Beleuchtung nicht einheitlich ist, muß sich die Pupille ständig der verschiedenen Beleuchtung anpassen.

Augenermüdung.

Bei geeigneter und ausreichender Beleuchtung wird — geeignete Arbeitsbedingungen vorausgesetzt — das Auge nicht stärker ermüdet als der Körper. Obwohl wir uns in steigendem Maße daran gewöhnt haben, durch den Hutrand unsere Augen vor dem größten Teil des Himmels zu schützen, wird sich unser Auge doch verhältnismäßig selten, selbst an hellen Sommertagen unbehaglich fühlen. Augenermüdung stellt sich unter hohen Intensitäten einer blendungsfreien Beleuchtung in viel geringerem Maße ein als bei niedrigen Intensitäten einer sonst zweckentsprechenden aber nicht genügend abgeblendeten Beleuchtung. Eine Augenermüdung ist im allgemeinen dadurch feststellbar, daß die Umgebung im Vergleich zur Arbeit ganz dunkel erscheint. Es ist natürlich, daß sich das Auge, wenn es von der hellen Arbeitsfläche auf eine weniger helle Fläche blickt, ausruht; das sind aber ganz andere Zusammenhänge, die hier nicht zur Erörterung stehen.

Sichtbarkeit.

Blendung verursacht verminderte Sehfähigkeit. Blendende Lichtquellen oder deren Reflexe sind besonders unangenehm, wenn sie in der Nähe der direkten Sehlinie liegen. Das Licht verteilt sich im Auge und es stellen sich in der Netzhaut oder innerhalb der Sehvorgänge gewisse Streuwirkungen ein, die die Sehfähigkeit vermindern. Ist die Lichtquelle sehr hell, so kann das Nachbild eine Zeit lang ein Blindsein verursachen (s. Abb. 34). Sind die Augen ständig ungeeigneten Beleuchtungsverhältnissen ausgesetzt, so vermindert sich allmählich die Sehfähigkeit.

Schwarze Einzelheiten sind auf dem hellen Hintergrund einer kleinen Fläche am besten sichtbar, wenn die unmittelbare Umgebung etwa ebenso hell ist wie diese Fläche.

Sicherheit und Unfälle.

Etwa 20 vH aller industriellen und Verkehrsunfälle[17] sind auf unzureichende und unzweckmäßige Beleuchtung zurückzuführen. R. E. Simpson[48] stellt für Amerika die Behauptung auf, daß die jährliche Zahl der auf unzureichende und unzweckmäßige Beleuchtung zurückzuführenden Unfälle größer ist als die jährliche Zahl an Todesopfern des Weltkrieges. Nach einer vor einigen Jahren aufgestellten Statistik sind mehr als 100000 Arbeitskräfte infolge von Unfällen, die auf unzureichende oder unzweckmäßige Beleuchtung zurückzuführen sind, dauernd arbeitsunfähig. Diese Arbeitskräfte könnten jährlich mehr als 100 Millionen Tonnen Kohle fördern, wovon nur 10000 Tonnen erforderlich wären, um die Arbeitsräume mit einer geeigneten und ausreichenden Beleuchtung auszustatten. Nach Simpson verursachen die industriellen Unfälle Amerikas etwa 2 Milliarden Dollar an jährlichen Kosten. 20 vH dieses Betrages könnten durch eine gute Beleuchtung gespart werden und mit dieser Ersparnis könnte man die gegenwärtigen Lichtrechnungen in ganz Amerika bezahlen. Es wird die Zeit kommen, wo das Licht als Schutzvorrichtung genau so vorgeschrieben werden wird, wie es andere Schutzvorrichtungen schon heute sind.

Verkehr.

Sicherer und schneller Verkehr ist zum großen Teil eine Funktion guter Beleuchtung. Ob in der Fabrik, im Bureau oder auf der Straße, überall dort, wo es eine menschliche Betätigung gibt, können wir von einem Verkehr sprechen. Nach Crum verursachen die Automobilunfälle in Amerika jährlich 1 Milliarde an Kosten. Auch hier können wir ziemlich sicher behaupten, daß etwa 20 vH der Unfälle auf eine unzureichende oder unzweckmäßige Straßenbeleuchtung zurückzuführen sind. Ausreichende Beleuchtung vermindert auch die Verbrechen auf der Straße.

Bisher wenig beachtet war der Einfluß entsprechender und ausreichender Beleuchtung auf die Geschwindigkeit des Verkehrs. Hierher gehört nicht das Kapitel der Lichtsignale, die als eine Art Wegweiser angesehen werden können; es wird aber die Geschwindigkeit, mit der wir z. B. eine Treppe herabsteigen, jeweils eine Funktion der Beleuchtung des Stiegenhauses sein. Eine Verkehrsbeleuchtung muß derart beschaffen sein, daß sie das Gefühl völliger Sicherheit hervorruft. Es muß genügend Licht und es müssen auch Schatten da sein, um Hindernisse zu zeigen, falls diese nicht durch farbige Kontraste gekennzeichnet sind. Die Sichtbarkeit soll durch blendende Lichtquellen im Gesichtsfeld nicht beeinträchtigt werden, auch auf die allgemein anregende Wirkung ausreichenden Lichtes und heller Umgebung sollte man bedacht sein. Diese kurzen Andeutungen sagen uns, daß hier für eine dankbare Tätigkeit des Lichtforschers noch ein sehr weites Gebiet offenliegt. Die Straßenbeleuchtung ist fast überall unzureichend, Hallen und Treppenhäuser mit großem Verkehr sind oft nur höchst mangelhaft beleuchtet; auf Untergrundbahnen, Bahnhöfen usw. könnte durch eine bessere Beleuchtung noch sehr viel zu einer rascheren Abwicklung des Verkehrs beigetragen werden. Auch in vielen Ladengeschäften, wo der Verkaufsverkehr einen lebenswichtigen Nerv darstellt, wäre auf diesem Gebiet noch vieles zu verbessern, obwohl wir hier im allgemeinen schon bessere Verhältnisse vorfinden als an den eben erwähnten Punkten. Überall sehen wir Möglichkeiten, namentlich aber in den überfüllten Städten, wo das Licht durch das Gefühl der Sicherheit und demzufolge einer größeren Betätigung beschleunigend wirken kann.

Verkehrssignale.

In immer größerem Maße finden wir das Licht zur Überwachung und Regelung des Verkehrs in Anwendung und immer mehr tritt die Notwendigkeit nach einer Vereinheitlichung an uns heran. Selbstleuchtende Signale gewinnen immer mehr Anklang, sie können Tag und Nacht in Betrieb sein und in jeder erwünschten Stärke durch eine entsprechende Lichtintensität gegeben werden.

In der Verkehrsüberwachung sind Formen und Farben die wichtigsten Grundlagen eines Signals; sie lassen sich in selbstleuchtenden Signalen zufriedenstellend vereinigen. Die Form allein besitzt nur einen zweifelhaften Wert, da sie von den vielen Menschen mit schlechten Augen von einer bestimmten Entfernung ab nur schwer erkannt wird; diese Schwierigkeit besteht aber nicht im Erkennen von Farben, obwohl die traditionelle Behauptung besteht, daß etwa 4 vH der Menschheit farbenblind ist. Für das Zutreffen dieser Behauptung wäre wohl erst der Beweis zu bringen.

Im Grunde genommen bedarf es nur der zwei Signale: „Halt“ und „Weiter“. Rot und blaugrün sind hierfür wohl die besten Farben; nach der Meinung von Sachverständigen wird es unter 100000 Menschen wohl kaum mehr als einen geben, der diese Farben nicht auseinanderhalten könnte. Wie dem auch sein mag, jedenfalls ist die Gefahr des Verkennens von Farben weit geringer als jene des Verkennens von Formen, die, abgesehen vom schlechten Auge, auch noch durch Nebel, Regen, Rauch und Staub verwischt werden können, während ein stark farbiges Signal weiterhin deutlich sichtbar bleibt. Auch mit Rücksicht auf die Durchlässigkeit von Nebel, Rauch usw. kann ein blaugrünes Licht sich nie so stark verändern, daß es in einer bestimmten Entfernung mit rot verwechselt werden könnte.

Die Praxis hat die Notwendigkeit einer dritten Farbe — einer „Zwischen“-Farbe — als eine Art ordnendes Signal beim Übergang vom „Halt“ zum „Weiter“ gezeitigt. Hierfür eignet sich am besten gelb, da es vom Standpunkt des Farbsehens keinerlei Schwierigkeiten bietet. Nachdem wir die Farbe als das sprechendste und praktischste Moment des Verkehrssignals erkannt haben, wollen wir uns nun auch über die Zweckmäßigkeit der Form ein Urteil bilden. Wir erwähnen als Beispiel eine horizontale Reihe roter Lichter und eine vertikale Reihe blaugrüner Lichter. Zweifellos gibt es hier verschiedene Möglichkeiten; das Gebot der Stunde ist es, sich auf gewisse dieser möglichen Formen zu einigen und sie zu normen.

Mit Rücksicht auf den Zeitwert der Signale scheinen die Farben rot und grün geeignet und deutlich genug zu sein. Selbstverständlich ist auch die Intensität maßgebend, und es wird oft der Fehler gemacht, daß man sich hierbei auf das photometrische Ergebnis oder die Kerzenkraft verläßt. Hier kommt eine Art Blendung als unterstützendes Moment in Frage. Denken wir uns z. B. zwei beleuchtete Glaslinsen gleicher Größe, gleicher Farbe und gleicher Kerzenstärke; ist die eine geschliffen und die zweite mit „Einkerbungen“ von nennenswerter Größe versehen, so wird letztere einen größeren Aufmerksamkeitswert besitzen. Selbstverständlich trifft das nicht zu, wenn die beiden Signale so weit entfernt sind, daß sie uns als zwei Lichtpunkte erscheinen. Die Erklärung hierfür greift in ein noch unerforschtes Gebiet physiologischer Optik; es ist eine gleiche Lichtmenge, die durch ein geschliffenes Glas hindurchgeht, nicht so blendend und Aufmerksamkeit erregend, als wenn sie durch das gleich große aber gekerbte Glas in Form von Lichtbündeln hindurchgelassen wird.

Es ist wohl anzunehmen, daß der ständig wachsende Verkehr zu einem besonderen Studium und einer entsprechenden Anwendung des Lichtes für Verkehrssignale führen wird.

Anhang.

Literatur-Verzeichnis.

Die nachstehende Aufstellung enthält nur jene Quellennachweise, denen Material entnommen wurde, bzw. wo noch besonders wertvolles Material zu den angeschnittenen Fragen nachgeschlagen werden kann. Keinesfalls darf das Verzeichnis als eine ausreichende und in irgendeiner Weise vollständige Literatur über Licht, Farbe und Sehen betrachtet werden. (Die den einzelnen Quellen vorangestellten Zahlen stimmen mit den im Text enthaltenen Hinweisen überein.)

1) Luckiesh, M.: Color and Its Application. 1921.

2) Luckiesh, M.: Ultraviolet Radiation. 1922.

3) Kimball, H. H.: Sky Brightness and Daylight Illumination. Trans. I. E. S. 16, S. 255, 1921; 18, S. 435, 1923.

4) Abbot, C. G.: The Sun. Ann. Astrophys. Obs. vols II and III, 1911.

5) Humphreys, W. J.: The Physics of the Air. 1920.

6) Luckiesh, M.: Light and Shade and their Applications. 1916.

7) Kimball, H. H.: Daylight Illumination. Trans. I. E. S. 11, S. 397, 1916.

8) Luckiesh, M.: Visibility of Airplanes. Jour. Frank. Inst. 187, S. 289, 1919; Aerial Photometry, Astrophys. Jour. 49, S. 108, 1919.

9) Luckiesh, M.: Light and Color in Advertising and Merchandising. 1923.

10) Verhoeff and Bell: Pathological Effects of Radiant Energy on the Eye. Proc. Amer. Acad. Arts and Sci. 51, S. 635, 1916.

11) Luckiesh and Holladay: The Cost of Daylight. Trans. I. E. S. 18, S. 119, 1923.

12) Luckiesh and Mellor: Measurement of Transmission-Factor. Jour. Frank. Inst. 186, S. 529, 1918.

13) Brown, W. S.: Some Principles Governing the Proper Utilisation of Light in Roof Fenestration. Trans. I. E. S. 19, 1924.

14) Higbie and Younglove: Daylighting from Windows. Trans. I. E. S. 19, 1924.

15) Kimball, H. H.: Determination of Daylight Intensity at a Window Opening. Trans. I. E. S. 10, 1921.

[16]) Swan and Tuttle: Planing Buildings for Daylight. Architectural Forum, November 1918; Sunlight Engineering Architectural Forum, June 1918.

[17]) Luckiesh, M.: Artificial Light — Its Influence on Civilisation. 1920.

[18]) Luckiesh, M.: Artificial Daylight. Trans. I. E. S. 9, S. 839, 1914; Electrical World 64, S. 570, 1914; 66, S. 71, 1915.

[19]) Luckiesh, M.: Influence of Colored Surroundings on the Color of Useful Light. Trans. I. E. S. 8, S. 61, 1913.

[20]) Bell, Dr. Louis.: Chromatic Aberration in the Eye. Electrical World 57, S. 1163, 1911.

[21]) Luckiesh, M.: Monochromatic Light and Visual Acuity. Electrical World 58, S. 450 u. 1252, 1911.

[22]) Luckiesh, Taylor and Sinden: Data Pertaining to Desired Illumination Intensities. Jour. Frank. Inst. 192, S. 757, 1921.

[23]) Priest, I. G.: The Spectral Distribution of Energy Required to Evoke the Gray Sensation. Sci. Pap. of Bur. of Stds., Nr. 417.

[24]) Luckiesh, M.: A. Study of Natural and Artificial Light Distribution in Interiors. Trans. I. E. S. 7, S. 388, 1912.

[25]) Harrison, Ward: Effective Lighting of Factories as Judged by Daylight Standards. Trans. I. E. S. 12, S. 409, 1917.

[26]) Smirnoff, A.: Influence of Daylight Illumination Intensities on Electric Current Used for Lighting Purposes. Trans. I. E. S. 19, 1924.

[27]) Anderson, E. A.: Coefficients of Utilisation. Trans. I. E. S. 15, S. 97, 1920.

[28]) Luckiesh, M.: The Lighting Art. 1917.

[29]) Parsons, J. Herbert: Introduction to the Study of Color-Vision. 1915.

[30]) Reeves, P.: Reaction of the Eye to Light. Trans. Opt. Soc. 22, S. 1, 1920—1921.

[31]) Nutting, P. G.: Retinal Sensibilities. Trans. I. E. S. 11, S. 1, 1916.

[32]) Reeves, P.: Effect of Size of Stimulus on the Contrast Sensibility of the Retina. Jour. Opt. Soc. Amer. 1, S. 148, 1917.

[33]) Cobb, P. W.: Influence of Pupillary Aperture on Visual Acuity. Amer. Jour. Psych. 36, S. 335, 1915.

[34]) Reeves, P.: Response of the Average Pupil to Various Intensities of Light. Jour. Opt. Soc. Amer. 4, S. 35, 1920.

[35]) Hecht, Selig: Dark Adaptation of the Human Eye. Jour. Gen. Psych. 2, S. 499, 1920.

[36]) Luckiesh, M.: Growth and Decay of Color-sensations in Flicker Photometry. Phys. Rev. 4, S. 1, 1914.

[37]) Journ. de Physiol. et de Path. Gen. Nr. 4, Juli 1902.

[38]) Dows, C. L., and Brown, W. C.: Incandescent Lamp Temperatures as Related to Modern Lighting Practice. Trans. I. E. S. 16, S. 284, 1921.

[39]) Anderson and Ketch: Depreciation of Lighting Equipment Due to Dirt and Dust. Trans. I. E. S. 19, S. 55, 1924.

[40]) Powell, A. L.: Maintenance of the Lighting System. Bull. Edison Lamp Works, April 1920.

[41]) Anderson, E. A.: Illumination Design Data. Bull. 41 National Lamp Works of G. E. Co., 15. Jan. 1921.

[42]) Luckiesh, M.: Visual Illusions. 1922.

[43]) Hess, D. P., and Harrison, Ward: The Relation of Illumination to Production. Trans. I. E. S. 18, S. 787, 1923.

[44]) Nutting, P. G.: Effects of Brightness and Contrast in Vision. Trans. I. E. S. 11, S. 939, 1916.

[45]) Cobb, P. W.: Relation Between Field Brightness and Speed of Retinal Impression. Jour. Expt'l. Psych. 4, S. 138, 1923. – Some experiments on Speed of Vision. Trans. I. E. S. 19, S. 150, 1924.

[46]) Harrison, Ward: Glare Measurements. Trans. I. E. S. 15, S. 34, 1920.

[47]) Bell, Louis, L. T. Troland, F. H. Verhoeff: Report of Sub-Committee on Glare. Trans. I. E. S. 17, S. 743, 1922.

[48]) Simpson, R. E.: High Cost of Poor Lighting. Trans. I. E. S. 15, S. 576, 1920.

[49]) Transactions Illuminating Engineering Society 17, S. 76, 1922.

Der Kodex zur Beleuchtung von Werkstätten und anderen Arbeitsplätzen, ebenso wie der „Code of Luminaire Design", der von der Illuminating Engineering Society in New York ausgearbeitet und veröffentlicht wurde, stellen wertvolle Hilfsmittel für die Beleuchtungspraxis dar.

GPSR Compliance

The European Union's (EU) General Product Safety Regulation (GPSR) is a set of rules that requires consumer products to be safe and our obligations to ensure this.

If you have any concerns about our products, you can contact us on ProductSafety@springernature.com

In case Publisher is established outside the EU, the EU authorized representative is:

Springer Nature Customer Service Center GmbH
Europaplatz 3
69115 Heidelberg, Germany

Batch number: 10844627

Printed by Printforce, the Netherlands